江苏省空气质量改善路径与策略

赵秋月　胡　岚　李　荔等　主编

中国环境出版集团·北京

图书在版编目（CIP）数据

江苏省空气质量改善路径与策略 / 赵秋月等主编.
—北京：中国环境出版集团，2023.12
ISBN 978-7-5111-5702-7

Ⅰ. ①江… Ⅱ. ①赵… Ⅲ. ①空气污染控制—研究—江苏 Ⅳ. ①X510.6

中国国家版本馆 CIP 数据核字（2023）第 232301 号

出 版 人 武德凯
责任编辑 王 琳
封面设计 彭 杉

出版发行 中国环境出版集团
（100062 北京市东城区广渠门内大街 16 号）
网 址：http：//www.cesp.com.cn
电子邮箱：bjgl@cesp.com.cn
联系电话：010-67112765（编辑管理部）
发行热线：010-67125803，010-67113405（传真）
印 刷 北京鑫益晖印刷有限公司
经 销 各地新华书店
版 次 2023 年 12 月第 1 版
印 次 2023 年 12 月第 1 次印刷
开 本 720×1000 1/16
印 张 15.25
字 数 260 千字
定 价 82.00 元

编　委　会

主编：赵秋月　胡　岚　李　荔

编委：陈凌霄　殷　茵　夏思佳　刘　倩　李慧鹏
宿　杰　林曼菲　施晓雯　张云浩　周德荣
刘苗苗　胡建林

前 言

2014年12月，习近平总书记在江苏考察时将“环境美”作为“强富美高”新江苏建设的鲜明标识。党的十九大报告提出，到2035年基本实现社会主义现代化，生态环境根本好转，美丽中国目标基本实现。党的二十大报告指出，协同推进降碳、减污、扩绿、增长……深入推进环境污染防治。坚持精准治污、科学治污、依法治污，持续深入打好蓝天、碧水、净土保卫战。加强污染物协同控制，基本消除重污染天气。

“十三五”以来，江苏省全面贯彻落实党中央、国务院关于大气污染防治的一系列决策部署，始终把大气污染防治作为生态文明建设的重中之重，全力以赴打好蓝天保卫战，2013—2022年，在江苏省地区生产总值连跨7万亿元台阶的同时，细颗粒物（$PM_{2.5}$）浓度下降56%，优良天数比率提升18.7个百分点，灰霾天越来越少、“水晶天”越来越多，总体形成经济平稳增长、空气质量持续向好的良性互动局面。虽然大气治理工作取得显著成效，但距离空气质量根本好转的“拐点”还有较大差距，大气污染防治形势依然严峻，特别是以$PM_{2.5}$和臭氧（O_3）为代表的二次复合型大气污染问题日益突出，已经成为制约江苏省$PM_{2.5}$浓度持续下降和优良天数比例提升的主要因素。推动$PM_{2.5}$和臭氧污染协同控制，对于实现美丽中国、美丽江苏的目标至关重要。

“十四五”时期，是由全面建成小康社会向基本实现社会主义现代化迈进的关键时期。本书在摸清江苏省社会经济、污染排放现状的基础上，深入研究江苏省污染特征和成因，通过系统建模、情景分析等方法开展减排潜力分析、排放预测和综合研判，提出碳达峰、碳中和目标约束下的江苏省空气质量改善路线，为支撑“十四五”时期及中长期空气质量持续改善提供路线图和时间表。

目 录

第一章 绪 论

第一节 研究背景

改革开放以来，中国东部地区城市化和工业化进程飞速发展，能源消耗急剧增长，导致细颗粒物（$PM_{2.5}$）浓度频繁超过我国《环境空气质量标准》（GB 3095—2012）二级标准，$PM_{2.5}$ 已成为许多地区和城市的首要污染物。为了改善空气质量、保护公众健康，我国政府采取了最严格的大气污染控制措施，于2013 年正式发布了《大气污染防治行动计划》（以下简称“大气十条”），提出以降低 $PM_{2.5}$ 浓度为核心的空气质量改善目标。全国各地深入实施了多种减排政策和措施来减少颗粒物的直接排放和二氧化硫（SO_2）、氮氧化物（NO_x）、挥发性有机物（VOCs）等前体物的排放，$PM_{2.5}$ 的年均浓度水平大幅降低。

为加快改善环境空气质量，满足人民日益增长的美好生活需要，建设美丽中国，2018 年国务院发布了《打赢蓝天保卫战三年行动计划》，旨在通过 3 年努力，进一步明显降低 $PM_{2.5}$ 浓度，明显减少重污染天数，增强人民的蓝天幸福感。江苏省时刻践行习近平生态文明思想，深入贯彻落实习近平总书记视察江苏省时的重要讲话指示精神，落实《江苏省打赢蓝天保卫战三年行动计划实施方案》，持续加大结构调整和污染防治力度，提前部署超低排放改造和化工结构调整，坚定不移打好污染防治攻坚战，区域空气质量稳步改善。

与此同时，臭氧污染日益突出并呈波动上升态势[1, 2]。据统计，江苏省臭氧年均浓度已从 2016 年的 151 μg/m^3 升高到 2022 年的 173 μg/m^3，“十四五”时期以来，江苏省已累计出现 3 d 臭氧重度污染，而“十三五”期间仅 2018 年出现过 1 d 臭氧重度污染。臭氧污染及经过复杂化学反应转化生成的二次细颗粒物污染已经成为当前主要环境污染问题，这也反映在 $PM_{2.5}$ 中一次组分浓度和占比大幅下降，而二次组分占比呈逐年上升趋势，大气氧化性居高不下，大气污染正向“二次生成”的主导型污染转变，治气工作已进入深水区、攻坚区，空气质量改善形势十分严峻，迫切需要开展多污染物协同防控。

当前，江苏省产业结构、能源结构总体仍偏重，“重化型”产业结构、“煤炭型”能源结构、“开发密集型”用地结构尚未根本改变，如何在保证高质量发展的同时，大幅削减前体物的排放浓度；如何在控制 $PM_{2.5}$ 浓度的同时，有效遏制臭氧上升势头；如何在综合考虑健康效益和经济成本的同时，合理确定今后一段时期的 $PM_{2.5}$ 改善目标；如何在污染物减排的同时，协同控制温室气体排放，推进空气质量改善和碳达峰、碳中和目标实现。这些都需要在深入研判本地污染特征和成因的基础上，通过系统建模、情景分析等方法开展减排潜力分析、排放预测和综合研判，持续推进空气质量改善路径研究。

第二节 国内外研究概况

一、排放清单研究进展

大气污染物排放清单的编制分为“自上而下”和“自下而上”两种，“自上而下”主要指的是通过收集统计年鉴、国民经济和社会发展统计公报、环境统计数据等进行清单的编制；“自下而上”主要是指通过实地调研、现场测试和调查等方式得到本地化排放因子，结合排放源活动水平估算得到排放清单[3]。

大气污染物排放清单在主要发达国家已形成完备的技术体系和方法框架，并以此为基础开发了源覆盖广、准确度高、动态更新的国家排放清单，支撑了业务化的空气质量管理工作。从发达国家的经验来看，大气污染源动态清单技术方法体系的建立和完善基本与空气污染治理同步进行。以美国为例，自 20 世纪 70 年代《清洁空气法》实施以来，美国逐步建立了排放源分类标准和编码方式、源测试规范和排放因子库、各类复杂源排放计算模型以及与空气质量模型对接的排放处理模式，形成了完备的清单技术体系和方法框架，在此基础上开发了美国国家污染物排放清单数据库，实现了系统编制和动态更新。美国国家排放清单的建立和完善，为有效实施《清洁空气法》打下了坚实的数据基础。另外，欧洲环境署自 20 世纪 80 年代起，系统设计了欧洲排放清单技术指南规范，针对重点源开展了大量排放因子测试工作，开发了排放因子数据库，推动欧洲各国基于统一技术方法建立国家排放清单，为酸雨污染防治和污染跨境传输应对提供了有力的数据支撑。

2000 年至今，已有研究机构和学者针对亚洲与我国大气污染物排放特征发展和建立了不同空间尺度的排放清单，并逐步将其应用于大气环境科学的研究中。美国阿贡国家实验室研究者 Streets 等[4]基于跨太平洋输送和化学演变计划（Transport and Chemical Evolution over the Pacific Mission，TRACE-P）建立了 2000 年亚洲地区排放清单；基于对 TRACE-P 清单方法的改进与修正，Zhang 等[5]建立了支持大陆化学传输模拟实验-B 阶段（Intercontinental Chemical Transport Experiment-Phase B，INTEX-B）的亚洲人为源排放清单；日本国立环境研究所开发了亚洲区域排放清单（Regional Emission Inventory in Asia，REAS），估算了 1980—2020 年亚洲各国大气污染物排放[6, 7]。

国内外主流排放清单情况见表 1-1。国外主流排放清单的覆盖范围一般较大，采用行业统计数据进行估算。大尺度排放清单在反映不同地区的工艺水平、污染物控制措施与排放状况上的真实性和准确性有限。在中国范围内使用较广的清单是清华大学开发的中国多尺度排放清单（Multi-resolution Emission Inventory for China，MEIC），其与之前的研究（TRACE-P、INTEX-B 和 REAS）相比更多集成了重点行业（电力和水泥）的排放信息[8, 9]。

表 1-1 国内外主流排放清单

主流排放清单	全称	开发机构	覆盖范围
TRACE-P	Transport and Chemical Evolution over the Pacific Mission	美国阿贡国家实验室（ANL）	全球
INTEX-B	Intercontinental Chemical Transport Experiment-Phase B	美国阿贡国家实验室、清华大学	全球
MICS-Asia	Model Inter-Comparison Study for Asia	清华大学	亚洲
REAS	Reginal Emission Inventory in Asia	日本国立环境研究所	亚洲
HTAP	Hemisphere Transport of Air Pollution	美国国家环境保护局（EPA）	全球

续表

主流排放清单	全称	开发机构	覆盖范围
ECLIPSE	Evaluating the Climate and Air Quality Impacts of Short-Lived Pollutants	国际应用系统分析研究所	全球
GAINS	Greenhouse Gas and Air Pollution Interactions and Synergies	清华大学、南京大学	东亚
MEIC	Multi-resolution Emission Inventory for China	清华大学	中国

1. 国内排放清单发展历程

20 世纪 90 年代以来，中国环境管理部门逐步建立了由环境统计、污染源普查、排污申报、总量核查、重点源在线监测等组成的多来源立体环境数据体系，实现了对工业源 SO_2、NO_x 和烟（粉）尘排放量的核算和动态更新，以及对机动车和生活源排放量的统计。自 2005 年起，我国主要大气污染物和温室气体清单编制手册/指南相继发布，行业覆盖范围逐步扩大、污染物类别逐渐丰富，具体见表 1-2。但由于排放源和污染物覆盖不完整，数据质量有待提升，相关数据无法有效支持以 $PM_{2.5}$ 和臭氧为代表的大气复合污染防治工作。在我国部分经济发达、工业生产密集和能源消耗强度大的地区（如京津冀、长三角、珠三角和成渝等地区），部分省级行政区和城市基于自身空气质量管理需求，初步建立了相对完整的大气污染物排放清单[10-12]。但这些清单在源分类体系、活动水平和排放因子获取、源排放计算方法等方面各有不同，数据质量存在差异，可比性和推广性不足。因此，大部分城市环境管理部门缺乏污染源覆盖完整、基于统一数据来源和方法学编制的高分辨率城市排放清单，导致决策者对主要污染物排放总量、时空分布、行业贡献和减排潜力等信息掌握不足。近年来，在国家大气污染防治攻关联合中心的统一领导下，京津冀及周边地区（“2+26”城市）发展和完善了城市尺度排放清单的建立方法，并基于相对细致的城市排放清单初步厘清了地区重污染的成因和来源。

江苏省根据本地实测调研结果，发布了江苏省排放清单编制参考办法，并建立了分年度的多污染物排放清单。在此基础上，为强化 VOCs 精细化管理，江苏省建立了重点行业 VOCs 综合管理系统，覆盖了主要涉 VOCs 的重点行业。该系统根据江苏省本地行业结构特征、工艺水平和治理技术，补充了不同行业的环节

表 1-2 我国主要大气污染物和温室气体清单编制手册/指南

手册/指南名称	年份	覆盖污染源	污染物类别	发布单位/作者	备注
《城市机动车排放空气污染测算方法》（HJ/T 180—2005）	2005	城市机动车	CO、NO_x、HC、PM_{10}	环境保护部（现生态环境部）	
《大气细颗粒物一次源排放清单编制技术指南（试行）》	2014	固定燃烧源、工艺过程源、移动源	一次 $PM_{2.5}$		
《大气挥发性有机物源排放清单编制技术指南（试行）》		化石燃料燃烧源、工艺过程源、溶剂使用源、移动源、生物质燃烧源	VOCs		
《大气氨源排放清单编制技术指南（试行）》		农田化肥、畜禽养殖业以及生物质燃烧、人体排放、化工行业、废物处理和机动车尾气等行业	NH_3		
《大气污染源优先控制分级技术指南（试行）》		工业源、非工业源	SO_2、NO_x、VOCs 和颗粒物		
《大气可吸入颗粒物一次源排放清单编制技术指南（试行）》	2014	固定燃烧源、工艺过程源	一次 PM_{10}		
《道路机动车大气污染物排放清单编制技术指南（试行）》		道路机动车	CO、NO_x、HC、PM_{10}、$PM_{2.5}$		进一步改善了机动车排放源的分类分级方式
《非道路移动源大气污染物排放清单编制技术指南（试行）》		非道路移动源	CO、NO_x、HC、PM_{10}、$PM_{2.5}$		
《生物质燃烧源大气污染物排放清单编制技术指南（试行）》		生物质燃烧源	CO、NO_x、SO_2、NH_3、VOCs、PM_{10}、$PM_{2.5}$		

续表

手册/指南名称	年份	覆盖污染源	污染物类别	发布单位/作者	备注
《扬尘源颗粒物排放清单编制技术指南（试行）》	2014	扬尘源	TSP、PM_{10}、$PM_{2.5}$		
《江苏省重点行业挥发性有机物排放量计算暂行办法》	2016	涉 VOCs 重点行业	VOCs	江苏省环境保护厅（现江苏省生态环境厅）	以下简称《江苏暂行办法》
《公私场所固定污染源申报空气污染防制费之挥发性有机物之行业制程排放系数、操作单元（含设备组件）排放系数、控制效率及其他计量规定》	2016	涉 VOCs 重点行业	VOCs	台湾环境保护主管部门	以下简称我国台湾“排放系数”
《工业企业污染治理设施污染物去除协同控制温室气体核算技术指南（试行）》	2017	发电、镁冶炼、铝冶炼、钢铁生产、平板玻璃生产、水泥生产、陶瓷生产、化工生产	包括 SO_2、NO_x、VOCs、CH_4 4 种大气污染物，CO_2、CH_4、HFCs、PFCs、SF_6 和 NF_3 6 种温室气体	环境保护部（现生态环境部）	
《城市大气污染物排放清单编制技术手册》	2018	工业源、面源、移动源	CO、NO_x、SO_2、NH_3、VOCs、PM_{10}、$PM_{2.5}$、BC、OC	贺克斌	以下简称《技术手册》
《排放源统计调查产排污核算方法和系数手册》	2021	工业源、农业源、生活源、集中式污染治理设施和移动源	SO_2、NO_x、VOCs 和颗粒物	生态环境部	以下简称《系数手册》
《2021 年主要污染物总量减排核算技术指南》	2021	重点减排工程	NO_x、VOCs		主要用于总量计算，可作为参考

注：CO 指一氧化碳，HC 指碳氢化合物，PM_{10} 指可吸入颗粒物，NH_3 指氨气，TSP 指总悬浮颗粒物，CH_4 指甲烷，HFCs 指氢氟碳化物，PFCs 指全氟碳化物，SF_6 指六氟化硫，NF_3 指三氟化氮，BC 指黑碳，OC 指有机碳。

排放源，扩展了排放因子库和治理工艺类型，修正了末端综合治理效率的确定方式，增设了排放源谱库，为清单结果的质量控制（以下简称质控）及江苏省本地 VOCs 精细化管理提供了更加精准的数据支撑，实现了分行业、分地区、分环节的污染源精细化定量更新及年度更新，提升了清单的质控水平。

2. 分类分级体系

大气污染物清单主要考虑人为污染源排放，人为污染源的分类方式多样，本书中的分类分级体系主要参考国家清单平台系统“大气污染源排放清单编制与分析系统”的指导手册，并结合江苏省本地行业结构特征等加以补充调整。根据生产工艺环节可分为化石燃料固定燃烧源、工艺过程源、溶剂使用源、移动源、农业源、扬尘源、生物质燃烧源、储存运输源、废弃物处理源和其他排放源 10 个大气污染源大类，每个大类可以根据部门、产品/燃料、工艺/技术、控制措施进一步细化，建立四级排放源体系。

在此基础上，结合江苏省本地实际污染特征、行业结构特征和工艺生产环节，对排放源分类体系进行调整，在和国家相关文件要求保持一致和对比性的同时，体现本地污染源特征。调整内容如下：

（1）结合实地测试、文献材料调研，基于江苏省本地行业结构特征，更新完善排放因子库、污染收集效率和污染控制措施去除效率；

（2）补充部分行业的 VOCs 排放环节，如火炬、非正常工况，冷却塔、循环水冷却系统释放等环节排放；

（3）针对部分 VOCs 排放环节，增加排放量计算方法选项，如动静密封点、储罐、装卸等环节；

（4）整理参考资料和江苏省本地实测结果，完善工业溶剂 VOCs 含量参考值。

在四级排放源体系的基础上，可将这 10 个大气污染源大类进行归类分析，分为工业源、面源和移动源。

调整后的污染源分类分级体系见表 1-3。

表 1-3 污染源分类分级体系

排放源大类	第一级	第二级	第三级	第四级	备注
化石燃料固定燃烧源	按照污染源用途分为热电厂、工业生产和民用化石燃料燃烧	根据化石燃料种类加以区分，包括燃料煤、燃料油、天然气、高炉煤气、焦炉煤气、柴油等	根据燃烧设备分类，包括工业锅炉、民用炉灶等	末端污染控制措施	电力供热、工业锅炉属于工业源，民用炉灶、民用燃烧属于面源，无移动源
工艺过程源	涵盖不同工业行业	涵盖上述行业的主要产品	涵盖主要生产工艺和技术设备，如新型干法生产线、转炉、电炉等	末端污染控制措施	属于工业源
溶剂使用源	工业行业和面源类型	溶剂用途	溶剂类型	末端污染控制措施	工业企业的有机溶剂使用部分属于工业源，其他排放源属于面源
移动源	道路移动源和非道路移动源	主要车型和机械类型	排放标准和运行状态	按无控制措施情况处理	属于移动源
农业源	畜禽养殖、氮肥施用、秸秆堆肥、固氮植物、土壤本底和人体粪便	畜禽种类、氮肥种类、秸秆种类、固氮植物种类等	—	按无控制措施情况处理	属于面源
扬尘源	堆场扬尘、工地扬尘、道路扬尘和土壤扬尘	涵盖施工工地、道路表面等不同的扬尘排放表面	涵盖扬尘排放表面的不同参数	扬尘控制措施	属于面源
生物质燃烧源	生物质燃料和生物质开放燃烧	生物质锅炉、户用生物质炉灶和开放燃烧等燃烧方式	秸秆、薪柴、生物质成型燃料等生物质燃料类型	末端污染控制措施	工业生物质锅炉属于工业源，生物质开放燃烧属于面源
储存运输源	油气储运和有机化学品仓储	油品种类、天然气和有机化学品的储存、运输、装卸及加油站销售过程	—	油气回收技术	属于面源

续表

排放源大类	第一级	第二级	第三级	第四级	备注
废弃物处理源	污水处理、固体废物处理和烟气脱硝	废水、固体废物和脱硝烟气	固体废物处理的填埋、焚烧和对非技术以及烟气脱硝中选择非催化还原法和选择性催化还原法	按无控制措施情况处理	属于面源
其他排放源	餐饮油烟	炊事油烟	—	油烟净化技术	属于面源

3. 研究热点

一般清单的编制和更新以年为时间单位进行，但是随着全国和江苏省能源及产业结构的调整、污染控制措施的推进，大气污染物排放及空气质量的时空分布特征发生了明显的变化，我国大气污染控制策略也由排放总量控制转向以大气环境质量改善为主的目标控制[13]，这就对排放清单的高时空分辨率有了更高的要求。部分学者基于在线监测数据或动态更新的企业信息，选取部分行业建立了高时间分辨率的动态排放清单，覆盖行业包括燃煤电厂[14]、机动车[15]、船舶[16]、飞机[17]等，当前针对多个典型大气污染源动态排放清单的研究[18]已成为热点。

对于 $PM_{2.5}$ 和 O_3 的典型前体物如 VOCs，排放清单的不确定性仍较大。部分 VOCs 排放源的生产环节较为复杂、活动水平数据难以直接获取，只能通过相关参数加以推算；排放因子测试难度较大，通常使用通用排放因子；由于工艺、原辅材料、控制技术手段等方面的差异，不同行业/企业的源谱成分信息也有较大差异；部分行业及企业已针对 VOCs 控制使用了特定排放控制技术，但由于技术和管理上的原因，各类控制手段对 VOCs 排放的实际削减效果难以有效评估。上述特点为建立可靠的排放清单带来了挑战。

此外，随着近年来“双碳”目标（我国力争 2030 年前实现碳达峰，2060 年前实现碳中和）的提出，碳排放清单逐渐得到了更多的重视。环境保护部在 2017 年发布《工业企业污染治理设施污染物去除协同控制温室气体核算技术指南（试行）》（环办科技〔2017〕73 号），共覆盖 10 个工业行业。目前，在碳排放清单和常规污染物清单结构耦合等方面存在广阔的研究空间。

二、源解析技术研究进展

源解析是一种对大气中颗粒物、VOCs 的来源进行定量或定性分析的技术[19]。源解析技术方法主要包括扩散模型和受体模型。扩散模型是从源出发基于大气扩散模式自下而上的源解析技术，受体模型是从环境受体出发的自上而下建立的源解析技术，两种模型互为补充，不可互相代替[20]。

以排放量为基础的扩散模型[21]是以污染物为研究对象的模型，利用这种模型可以很好地建立有组织排放源与大气环境质量之间的定量关系，但是无法应用于源强难以确定的无组织排放源。受体模型的提出较晚，20 世纪 60 年代，Blifford 和 Meeker 首次提出了受体模型[22]。受体模型通过分析研究环境空气中源样品的物理性质、化学性质，定性识别对受体有贡献的污染源并定量确定各类污染源对受体的贡献率。扩散模型与受体模型的对比如表 1-4 所示。与扩散模型相比，受体模型不用追踪颗粒物的传输过程，不依赖排放源的排放条件、地形、气象等数据，无须考虑大气复杂的化学过程，很好地避开了在扩散模型应用中遇到的很多困难。

表 1-4　扩散模型与受体模型的对比

对比条件	扩散模型	受体模型
必要的基本资料	排放因子；气象条件；颗粒物的生成、变化、清除过程等	环境与污染物的物理化学资料（粒度分布、化学组成、形貌、状态等），颗粒物的区域分布等
可得的结果	排放量预测，环境浓度预测；排放量与环境浓度之间的关系；为符合环境标准确定允许排放量	污染源对环境浓度贡献率的定性、定量确定，只能得出几种污染源的贡献率
存在的问题	排放量不易测准，排放量的时间变化难以掌握，模式中的各种假设导致结果的不确定性	无法获得每个污染源的贡献率，结果只限于样品采样地区，不能用于预测

受体模型的研究方法主要分为显微法和化学—统计学方法。显微法适用于分析形态特征比较明显的气溶胶，一般进行定性分析或半定量分析[23]，通常采用扫描电子显微镜（SEM）、场发射扫描电子显微镜（FESEM）、透射电子显微镜

（TEM）、光学显微镜（OM）、图像分析（IA）等手段对颗粒物进行分析，以观测单个颗粒物的颜色、大小、几何形状、光学性质等，进而定性鉴别其来源[24]。

化学—统计学方法的范畴比较广，主要包括相关分析法、富集因子法、化学质量平衡（CMB）法和因子分析类方法［因子分析法、主因子分析—多元线性回归法）、正交矩阵因子分析（PMF）法等］。在这些方法中，相关分析法、富集因子法、因子分析法只能用于定性分析，主因子分析—多元线性回归法、正交矩阵因子分析法和化学质量平衡法可用于污染源的定量解析。

富集因子法是戈登于 1974 年首先提出来的，它用于研究大气气溶胶粒子中金属元素的富集程度，判断和评价气溶胶粒子中元素的自然来源和人为来源。1972 年，Miller 等[25]首次提出化学质量平衡受体模型。20 世纪 80 年代，Cooper 等[26]将化学元素计算方法命名为化学质量平衡法，基于质量守恒推算不同排放源中某一组分的含量值与源浓度贡献值乘积的线性加和。正交矩阵因子分析法最初由 Paatero 和 Tapper[27]提出，利用权重计算出污染物中各化学组分的误差，然后通过最小二乘法来确定因子，判断主要污染源及计算其贡献率[28-30]。因子分析法是一种常见的多元统计分析方法，其基本原理是把一些具有复杂关系的变量或样品归结为数量较少的几个综合因子，常见的有主因子分析和目标转移因子分析[31]。主因子分析也称主分量分析，中心思想是数据降维，是一种在损失较少数据信息的前提下，把多个指标转化成为个数较少的几个综合指标的多元分析方法[32]。

当前在颗粒物和 VOCs 源解析工作中，基于化学质量平衡法和正交矩阵因子分析法的 CMB 模型与 PMF 模型运用最为广泛。CMB 模型原理简单，需要精确的源信息，对受体个数没有要求，但无法解析未知源。许多 VOCs 在大气中化学活性强，在大气中容易发生光化学反应，寿命短，CMB 模型缺乏对源成分谱变化的考量[33]。PMF 模型解析能力强，可进行数学统计优化，无须预先掌握污染源成分谱，但因子数目的确定与识别是该方法的难点，PMF 模型往往无法将共线性源区分开来，而是将其作为一类污染源提取出来[34]，因此可能无法完全对应到现实排放源的类别中。

1. 颗粒物源解析受体模型研究进展

20 世纪 60 年代，Blifford 和 Meeker 首次提出将受体模型用于研究美国城市的大气颗粒物组成。自 20 世纪 70 年代起，美国、日本等国家运用受体模型进行了大量的大气颗粒物源解析研究，取得了较大发展。Antony 等[35]利用 EV-CMB 模型对分布于美国明尼苏达州的 8 个监测点的 $PM_{2.5}$ 的监测数据进行源解析研究，解析得到：美国明尼苏达州的 $PM_{2.5}$ 主要来源于土壤风沙尘、富含钙的粉尘、铁隧岩尘、道路尘、机动车尾气排放、生物质燃烧、燃煤尘和二次扬尘，二次硫酸盐和二次硝酸盐对所有监测点的贡献很大，达到 49%～71%；机动车尾气排放次之，贡献率为 20%～70%。Gupta 等[36]运用 CMB 模型对印度加尔各答住宅区和工业区的 PM_{10} 进行源解析，研究结果表明在住宅区，PM_{10} 的主要来源是燃煤尘（42%）、道路尘（21%）、牧场燃烧尘（7%）和木材燃烧尘（1%）；在工业区，PM_{10} 的主要来源是机动车尾气排放（47%），燃煤尘、金属工业尘和土壤尘的贡献率分别为 34%、1%和 1%，并且颗粒物存在明显的季节性。Samara 等[37]利用 CMB 模型对埃及北部一个工业化市区 PM_{10} 中 17 种化学元素、5 种水溶性离子和 13 种多环芳烃进行分析，得知这个市区 PM_{10} 的主要来源是柴油机动车尾气排放，工业石油对距离工业区最近的监测点的 PM_{10} 贡献最大。Eugene 等[38]利用 PMF 模型对美国斯波坎大气颗粒物的来源进行源解析，研究结果表明，该区域 $PM_{2.5}$ 的主要贡献源类是生物质燃烧、硫酸盐粒子、机动车尾气和硝酸盐粒子等。Bzdusek 等[39]运用因子分析法对芝加哥东南部的多环芳烃（PAHs）来源进行解析，结果表明，PAHs 的主要来源是炼焦炉（47%）和交通源（45%），居民木材和煤的燃烧只占 2%～3%。Chen 等[40]运用 PMF、UNMIX 和 EV—CMB 混合的方法，对美国明尼苏达州城区和郊区 $PM_{2.5}$ 进行源解析，分别得出了污染源的贡献值，城区污染源贡献率分别为二次硝酸盐（27%）、二次硫酸盐（26%）、汽油机尾气（20%）、柴油机尾气（12%）、土壤尘（5%）、富含钙尘（4%）、生物质燃烧烟尘（3%）、二次有机碳（2%）、海盐（1%）；郊区污染源贡献率分别为二次硫酸盐（40%）、二次硝酸盐（27%）、生物质燃烧（12%）、煤燃烧（5%）、土壤尘（4%）、富含钙尘（4%）、汽油车尾气（4%）、海盐（3%）、二次有机碳（<1%）和角岩矿尘。

我国从 20 世纪 80 年代后期才开始相关研究，但也取得了一定的成绩。1999 年，Eddie 等[41]利用 PMF 模型对我国香港地区大气环境中 PM_{10} 的来源进行源解析，分析得到我国香港地区 PM_{10} 主要来源于 9 种污染源，分别为硫酸铵、不含氯化物的海盐粒子、土壤风沙尘、海盐粒子、有色金属冶炼、铜粒子、石油燃料燃烧、机动车尾气和溴化物/道路尘。肖锐等[42]用 PMF 模型分析北京市大气污染物及大气中铅的主要来源，大气污染物的主要来源是建筑源、土壤扬尘源和燃煤源，次要来源是燃油源和有色冶金源，铅的主要来源是有色冶金源和燃煤源，次要来源是建筑源和土壤扬尘源。陈涛[43]利用美国国家环境保护局提供的PMF 3.0软件对成都市3个区域的细粒子进行源解析，得到成都市细粒子的主要贡献源是城市扬尘、土壤尘和机动车尾气。王同桂[44]运用因子分析法对重庆市主城3个区域的$PM_{2.5}$来源进行分析，结果表明该地区$PM_{2.5}$的主要来源可以概括为土壤源、燃煤尘、金属冶炼尘和汽车尾气4种，其中燃煤尘始终居首，达到65%。李剑东[45]运用主因子分析—多元线性回归法对长沙市郊区$PM_{2.5}$进行源解析，得出该地区$PM_{2.5}$的主要来源有6类，按其贡献率大小依次为二次颗粒物（27.8%）、土壤扬尘（24.1%）、工业排放（16.4%）、家用燃油（16.1%）、垃圾焚烧（10.0%）和交通排放（5.6%）。

国内外众多研究结果表明，$PM_{2.5}$的主要污染来源为二次硝酸盐、二次硫酸盐，二次源对国内外贡献均较大，其他污染源包括燃烧源（燃煤、燃生物质）、机动车尾气、扬尘。同时，不同排放源在不同时期和不同监测点的贡献有所不同，存在明显的季节性规律。

2. VOCs源解析受体模型研究进展

国外开展VOCs源解析相对较早。20世纪80年代，CMB模型的提出、美国国家环境保护局CMB1.0模型的发布为VOCs源解析研究奠定了基础。CMB模型在大气VOCs源解析中获得了良好的效果[46-48]。Vega[49]和Na[50]使用CMB软件建立受体模型，分别对墨西哥、韩国首尔地区的大气VOCs进行了来源解析，研究发现墨西哥机动车尾气和液化石油气（LPG）的使用与泄漏是空气中VOCs的主要来源，其贡献分别为58.7%和24.2%；首尔地区大气中VOCs的主要来源为机动车所排放的尾气、溶剂的使用、油气的挥发、LPG及天然气（NB），其贡献分别为52.0%、26.0%、15.0%、5.0%和2.0%。Brown等[51]利用PMF模型对美国洛杉矶大气中30多种VOCs进行来源解析，发现燃料挥发源贡献最大，机动车尾气及涂料使用源也有较大贡献。

国内VOCs源解析起步较晚，主要集中在京津冀、长三角、珠三角等地区。王宇亮等[52]采用特征比值法研究北京市冬季大气VOCs的主要来源，发现该地区机动车排放源和燃煤源贡献较大。蔡长杰等[53]利用主因子分析—多元线性回归法研究上海市 VOCs 的主要来源，发现交通尾气排放以及燃料挥发物为主要污染源。Li 等[54]利用 PMF 模型研究北京市 2015 年抗战胜利日阅兵空气质量管控前后 VOCs 的主要来源及贡献变化，结果表明机动车排放源是北京市 VOCs 的最大贡献源，且贡献率在管控期间出现显著降低。Wu 等[55]利用 PMF 模型对广东省鼎湖山区域背景站的 VOCs 来源进行研究，结果表明机动车排放、工业排放及溶剂使用为该区域 VOCs 的主要来源。综合国内外众多研究结果表明，机动车排放对各地 VOCs 的贡献均较为突出，大气中 VOCs 的主要污染源还包括燃料挥发、溶剂使用源、工业排放。

总体来看，受体模型发展至今，出现了 10 余种方法，但没有一种方法是尽善尽美的，各种方法都存在一定的缺陷，在使用中受到一定限制。为了使源解析工作更具实际意义，需要将多种方法联合使用，以互相取长补短，如将受体模型和扩散模型这两类模型结合使用，可以对环境空气中颗粒物的来源进行更加精确的解析[21]。

三、空气质量模型技术研究进展

空气质量模型是用于空气质量研究的一种数学工具，在大气环境管理和科研领域得到了较好的应用。空气质量模型主要经历了三代发展。第一代空气质量模型主要包括高斯模型、箱式模型和拉格朗日扩散模型；第二代空气质量模型加入了气象参数和化学反应机制，以欧拉网格数值模型为代表，包括区域氧化模型、城市模型及区域酸沉降模型等；20 世纪 60 年代后，工业污染已经成为全球性的污染，一些国家开展了对特定区域及全球范围内大气污染物输送、扩散和自净能力的相关研究，进而构建了多种大气污染模式，利用数值方法描述大气中污染物的生成、传输、扩散、化学反应及清除过程，第三代空气质量模型应运而生。当前，研究人员已就空气质量模型应用于大气污染防治措施评估、空气质量达标规划、空气质量改善路径等领域开展了有益尝试。在空气质量改善路径研究领域，国内外专家学者多采用情景分析和空气质量模型模拟相结合的研究方法。

美国在空气质量改善政策路径的制定过程中，通过空气质量、费效分析等模型的组合，开展空气质量改善政策的制定和优化，为强化高架源排放控制、加严机动车排放标准等联邦层面空气质量的改善政策提供了依据。如将 CMAQ、

CAMx 等空气质量模型，BENMAP、COST 等健康和经济效益评估模型联合使用。欧盟支撑空气质量目标和政策法规制定的重要模型工具为 GAINS，GAINS 支持了欧盟《远程越界空气污染公约》下大气污染物减排协议、欧洲委员会关于各国大气污染物排放上限的法令、欧洲清洁空气和大气污染专项战略及后续多项清洁空气政策的制定。

2016 年，清华大学、国家发展和改革委员会能源研究所、清洁空气创新中心联合发布了《京津冀如何实现空气质量达标？——基于情景分析的京津冀地区 $PM_{2.5}$ 达标情景研究》的研究报告，基于相关模型和情景分析方法研究了京津冀地区的达标路径。2022 年，生态环境部环境规划院基于 WRF—CMAQ DDM 方法研究污染源减排的浓度响应，提出全国空气质量改善路线图[56]。目前，研究人员将模拟技术与情景分析技术相结合，制定并优化空气质量达标和改善路径的技术方法，并将其广泛应用于我国京津冀、长三角、珠三角等大气污染防治重点区域[57-62]。

1. WRF—CMAQ 模式

目前，国际上应用最为广泛的空气质量模型是美国国家环境保护局开发研制的多尺度空气质量（Community Multiscale Air Quality）模式，也称 CMAQ 模式。该模型是美国国家环境保护局开发的第三代空气质量预报和评估系统（Models-3）的核心组成之一，是一套三维欧拉网格化的大气化学和传输模拟系统，综合考虑环境大气中的物理过程、化学过程以及不同物种的相关作用过程，适用于大气颗粒物污染、光化学烟雾、区域酸沉降等多尺度的复杂大气环境的模拟，并可以为空气质量预测预报、大气污染防治规划及目标调控提供支持。由于数值模式的优越性，空气质量模型的研发取得显著进展[63-66]。国内专家学者用 CMAQ 模式对臭氧形成、$PM_{2.5}$ 的来源及传输过程、重污染过程中 $PM_{2.5}$ 浓度演变作用规律等问题进行了模拟与分析[67-69]。

目前，在国内应用较多的空气质量模型为三维欧拉网格模型，除 CMAQ 模式以外，比较成熟的还有安博（Ramboll）技术团队在美国国家环境保护局支持下开发的扩展综合空气质量模型（CAMx）、南京大学开发的区域大气环境模式系统（RegAEMS）[70]、中国科学院大气物理所开发的嵌套网格空气质量预报系统（NAQPMS）[71]及多尺度空气质量模式系统（RAMS-CMAQ）[72]、中国气象局 CUACE 空气质量预报系统和大气物理研究所全球环境大气输送模式（GEATM）等[73]。

2. 其他扩展模型

美国国家环境保护局基于空气质量数值模型，使用多维克里金插值方法非线性拟合数百次模型模拟结果，建立了大气污染物排放—空气质量响应曲面模型（Response Surface Model，RSM），从而得到臭氧和颗粒物对 10～20 种不同排放部门和区域的响应关系并将其应用于决策工具中。Xing 等[74]基于 MM5/CMAQ 空气质量模型，通过计算机仿真实验和最大似然估计—实验最佳线性无偏预测（MLE-EBLUPs）方法，确定了臭氧和颗粒物的实验参数并建立了我国大气污染物排放和空气质量的响应曲面拟合。龙世程等[75]针对我国 $PM_{2.5}$ 中一次颗粒物排放占比过高的问题，改进了 RSM 中 $PM_{2.5}$ 拟合模块，在非线性拟合的基础上引入新的线性拟合算法并进行二次拟合，解决了 $PM_{2.5}$ 与一次颗粒物排放拟合能力有限的问题。目前，RSM 已被开发成独立的分析工具，并广泛应用于我国重点污染控制区域的空气质量研究中。

系统分析国际应用系统分析研究所（International Institute for Applied Systems Analysis，IIASA）开发的温室气体—大气污染相互作用和协同（the Greenhouse Gas-Air Pollution Interaction and Synergies，GAINS）模型是用于模拟计算空气污染控制和温室气体减排的费用及潜势，评估政策间相互影响的综合模型。GAINS 模型涵盖了电力热力生产和供应业、钢铁工业、化工、有色金属、交通运输业、其他轻工业等部门，考虑具体地区和具体行业来源的排放物特征，涉及 SO_2、NO_x、$PM_{2.5}$、PM_{10}、NH_3、VOCs 等大气污染物，及二氧化碳（CO_2）、CH_4、一氧化二氮（N_2O）、氯氟碳化物（CFCs）、HFCs、SF_6 等温室气体，分析减排措施所造成的所有主要大气污染物和温室气体的排放情况，可用于评估颗粒物污染、酸化、富营养化和对流层臭氧等污染引起的健康损害、生态破坏、气候变化等终端影响，以及大气污染物与温室气体减排政策带来的空气质量改善、气候变化和健康收益。

总体而言，在空气质量目标与“双碳”目标的约束下，研究开发适应国情的“社会发展—能源消耗—污染排放—空气质量”系统化评估模型、满足实现高效快速的污染物浓度预测需求是当前空气质量模型研究的热点。

第二章

江苏省空气质量改善目标设定

第一节 空气质量概况

一、“十三五”时期空气质量状况

1. 主要污染物年均浓度显著下降

2020 年，江苏省 PM_{10}、$PM_{2.5}$、二氧化氮（NO_2）、SO_2 和 O_3 年均浓度分别为 59 μg/m³、38 μg/m³、30 μg/m³、8 μg/m³ 和 164 μg/m³，全面完成国家下达的考核目标任务。其中，PM_{10}、NO_2 及 SO_2 浓度达到国家标准（分别为 70 μg/m³、40 μg/m³、60 μg/m³）；$PM_{2.5}$ 和 O_3 是江苏省主要大气污染物，仍分别超过《环境空气质量标准》（GB 3095—2012）8.6%（35 μg/m³）和 2.5%（160 μg/m³）。相较于 2015 年，2020 年江苏省 $PM_{2.5}$、PM_{10}、SO_2、NO_2 浓度分别下降了 30.9%、32.9%、65.1%、11.5%，其中 SO_2 浓度下降幅度最大，2019 年 SO_2 浓度已达到个位数；O_3 浓度上升显著，上升幅度为 7.2%。江苏省 2015—2020 年主要空气质量指标变化情况如图 2-1 所示。

“十三五”时期以来，江苏省空气质量优良天数较 2015 年增加 33 d，2020 年达到 296 d，占比为 81%，其中一级优天数占比为 25.1%，二级良天数占比为 55.9%，如图 2-2 所示。轻度污染、中度污染天数逐年下降显著，首要污染物主要为 $PM_{2.5}$ 和 O_3；重度污染天数总体呈下降趋势，偶有反弹；2018 年起严重污染天数清零，如图 2-3 所示。

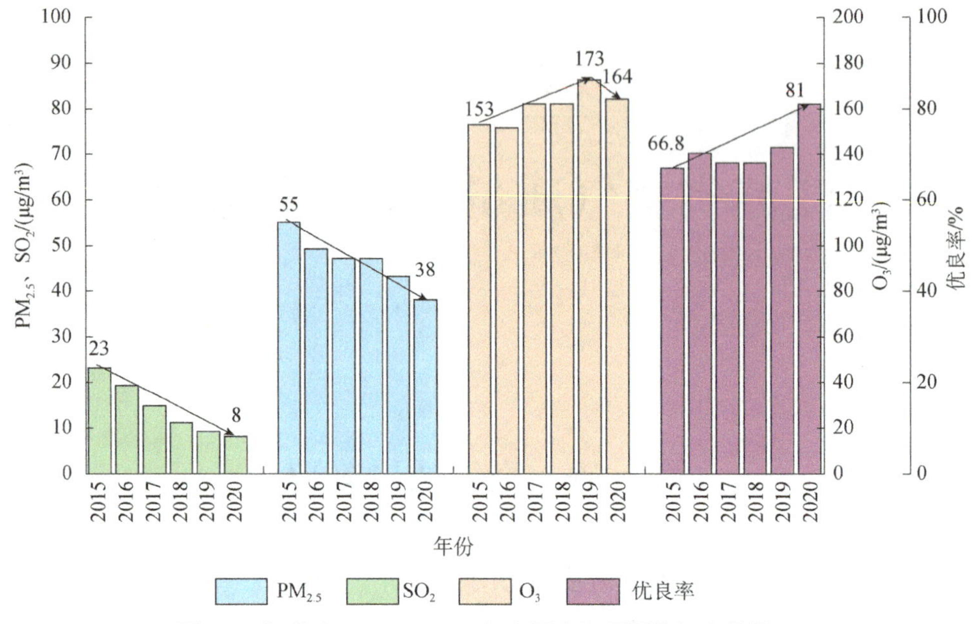

图 2-1 江苏省 2015—2020 年主要空气质量指标变化情况

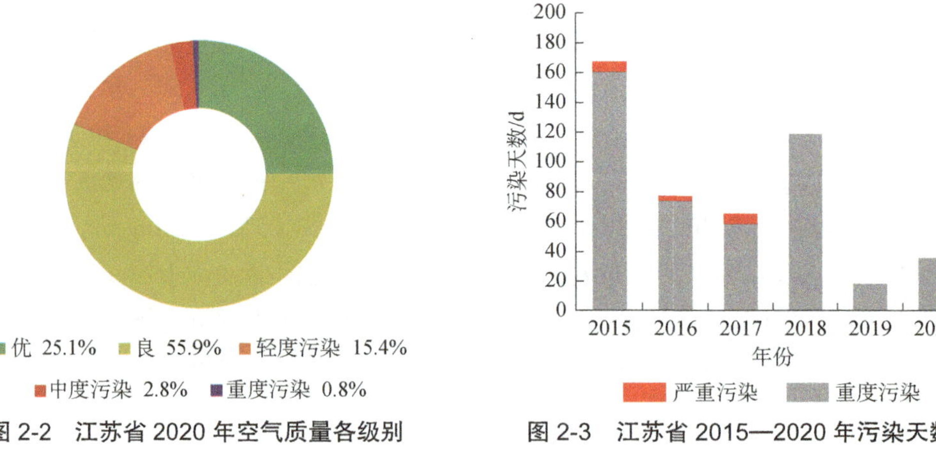

图 2-2 江苏省 2020 年空气质量各级别分布情况

图 2-3 江苏省 2015—2020 年污染天数变化情况

2. PM$_{2.5}$改善差距拉大且潜力收窄

2015—2020 年重点省（直辖市）PM$_{2.5}$浓度变化情况如图 2-4 所示。2015 年以来，我国重点省（直辖市）PM$_{2.5}$浓度总体均呈下降趋势，但江苏省、安徽省、河北省、山东省 PM$_{2.5}$年均浓度均超过《环境空气质量标准》（GB 3095—

2012）中二级浓度限值标准（35 μg/m³）。“十三五”期间江苏省 $PM_{2.5}$ 浓度改善幅度在长三角地区仍偏低，降幅仅高于安徽省。

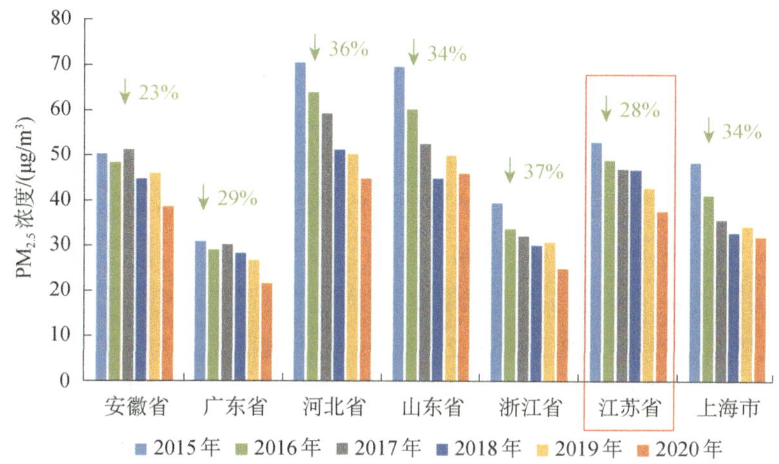

图 2-4 2015—2020 年重点省（直辖市）$PM_{2.5}$ 浓度变化情况

江苏省 2015—2020 年 $PM_{2.5}$ 最高月/最低月均值及差异变化如图 2-5 所示。由图 2-4 可知，江苏省 $PM_{2.5}$ 波动幅度逐年变窄，2015—2020 年，$PM_{2.5}$ 全年最高月均浓度及最低月均浓度分别降低了 42.6%和 41.9%，最高月均浓度与最低月均浓度的差值由 2015 年的 87 μg/m³ 降低至 2020 年的 50 μg/m³。

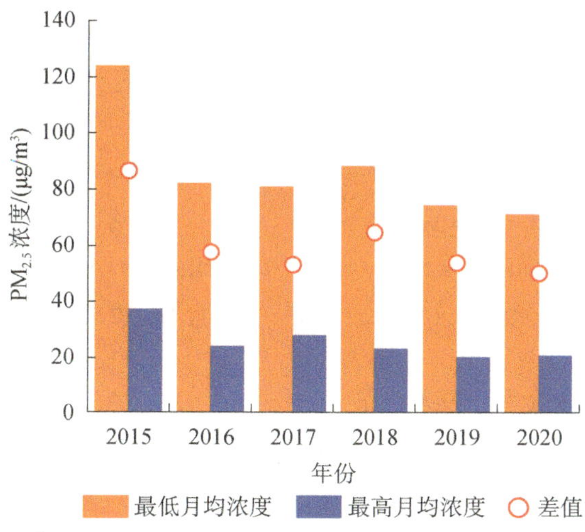

图 2-5 江苏省 2015—2020 年 $PM_{2.5}$ 最高月/最低月均值及差异变化

3. 臭氧污染影响日益突出

臭氧浓度逐年升高，2020 年臭氧最大 8 h 浓度最高达到 257 μg/m³，超过标准 60.6%。臭氧污染天数逐年增加，2015—2020 年江苏省臭氧污染天数累计增幅为 39.0%，2020 年全省臭氧污染天数累计达到 527 d。臭氧浓度超标区域逐年扩大，日最大 8 h 第 90 百分位数浓度高于 160 μg/m³ 的城市从 2015 年的 2 个增至 2020 年的 10 个。臭氧污染时间不断拉长，最早出现时间提前至 2 月，消失时间推迟至 11 月。总体呈现出浓度升高、污染天数增加、范围扩大、出现时间提前等特征。

2015—2020 年重点省（直辖市）臭氧浓度变化情况如图 2-6 所示。2015 年以来，我国重点省（直辖市）臭氧浓度总体均呈逐年上升趋势，臭氧浓度均超过《环境空气质量标准》（GB 3095—2012）一级浓度限值标准（100 μg/m³），河北省、山东省、江苏省近年来臭氧浓度超过《环境空气质量标准》（GB 3095—2012）二级浓度限值标准（160 μg/m³）。江苏省臭氧浓度整体水平虽低于河北省、山东省，但在长三角地区内仍处于高位。

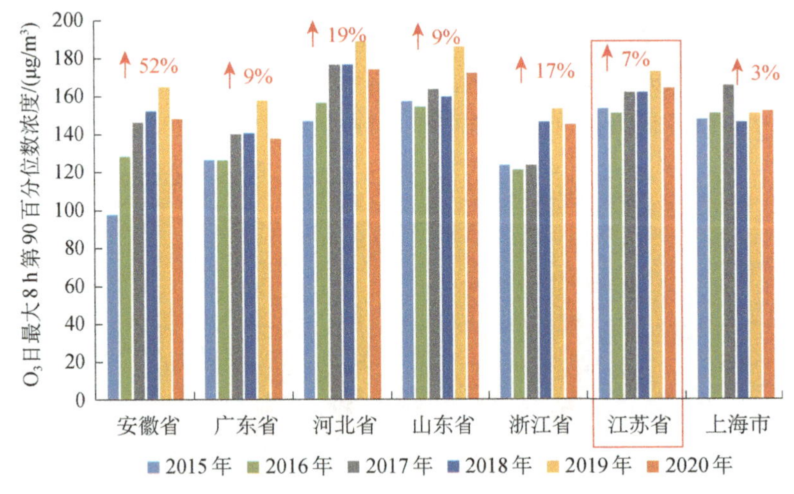

图 2-6　2015—2020 年重点省（直辖市）臭氧浓度变化情况

二、重点区域大气污染特征

1. 苏皖鲁豫、沿江、沿海地区呈较强区域污染特征

江苏省 2020 年各项污染物空间分布及变化如图 2-7 所示。从空间分布上

看，江苏省 2020 年 $PM_{2.5}$ 和 PM_{10} 呈“南低北高，西高东低”的梯度分布特征，苏皖鲁豫交界地区涉江苏省徐州、连云港和宿迁 3 个城市，秋冬季 $PM_{2.5}$ 污染严重，臭氧超标日数增长较快，其中徐州 $PM_{2.5}$ 和 PM_{10} 浓度均处于江苏省最高水平。沿江区域是江苏省臭氧污染最严重的区域，城市群相互传输影响突出，其

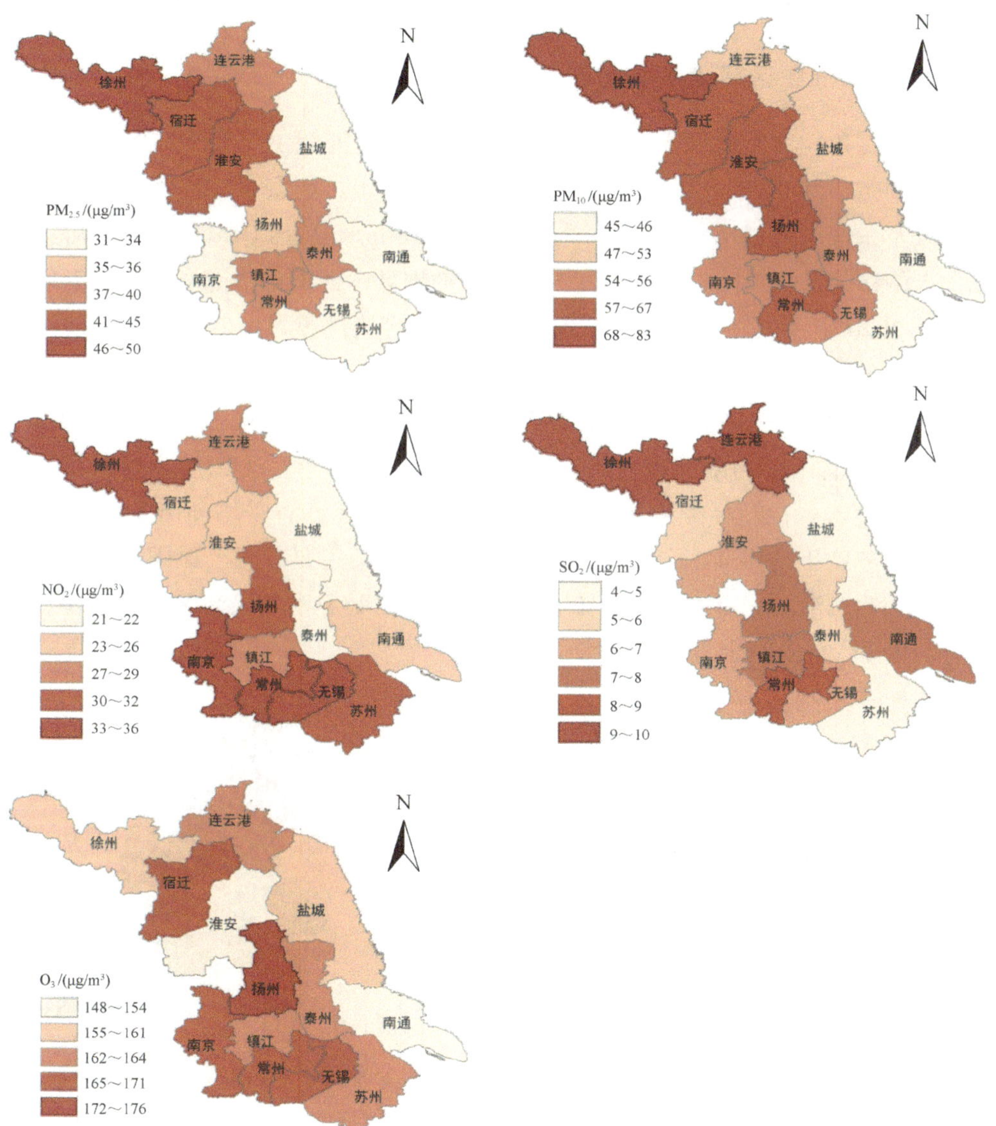

图 2-7 江苏省 2020 年各项污染物空间分布及变化

中，南向气团（浙北—常州—南京）、东北气团（南通—镇江—南京）是最主要的臭氧传输通道。苏南地区 NO_2 浓度总体高于苏中及苏北地区，苏州市、南京市、常州市及无锡市的 NO_2 浓度为江苏省较高水平，徐州市 NO_2 污染在苏北地区最为突出。SO_2 浓度处于较低水平，江苏省各地级市均达到《环境空气质量标准》（GB 3095—2012）二级标准，徐州市和连云港市 SO_2 污染较为突出。

2. 沿江地区区域性臭氧污染问题凸显

从长三角地区整体情况来看，2017 年臭氧高值区域主要集中在皖北（徐州市、宿州市、淮北市）、中部地区（扬州市、镇江市、南京市、马鞍山市、芜湖市）以及东部沿海城市（南通市、上海市、绍兴市）；2018 年以后，臭氧污染区域向东偏移，影响范围扩散到了江苏省中西部地区，而南部沿海城市污染有所降低。至 2020 年，长三角地区中东部城市群臭氧污染严重，尤其“环太湖地区”成为长三角地区臭氧污染最为严重的地区。

江苏省 2018—2020 年臭氧平均浓度与累计超标天数如图 2-8 所示。2018—2020 年江苏省沿江内陆城市（南京市、镇江市、常州市、无锡市、扬州市）臭氧平均浓度与累计超标天数相对较高，臭氧浓度较江苏省平均高出 9.5%，超标天数较江苏省平均多 4 d。江苏省沿江地区臭氧污染主要有两个原因：一是夏季上风向传输对沿江城市群臭氧污染有一定贡献，二是苏南等沿江区域城市在臭氧超标日处于 VOCs 控制区。

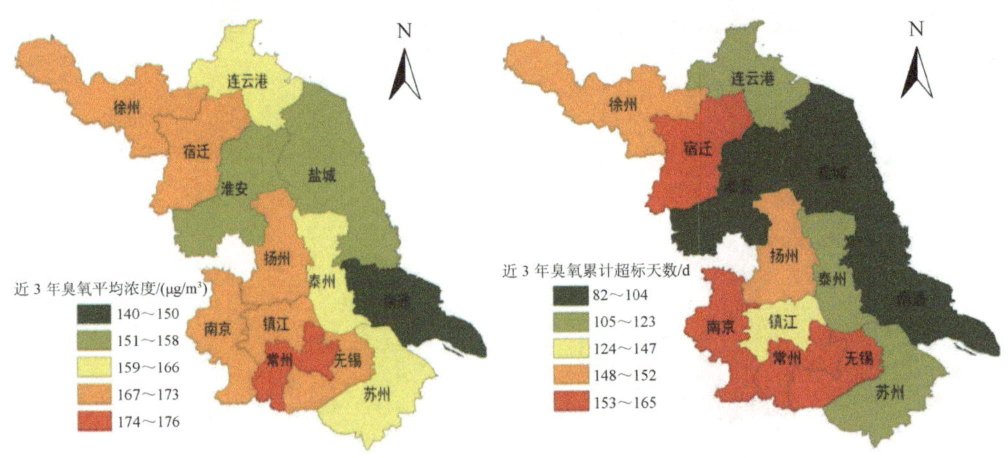

图 2-8 江苏省 2018—2020 年臭氧平均浓度与累计超标天数

3. 沿海城市臭氧污染问题未有缓解

江苏省 2017—2020 年沿海城市（连云港市、盐城市、南通市）各项污染物浓度变化如图 2-9 所示。由图 2-9 可见，SO_2、NO_2、$PM_{2.5}$和 PM_{10}浓度均呈逐年递减趋势。相较于 2019 年，2020 年沿海城市臭氧浓度均有所下降，但仍显著高于 2018 年浓度水平。考虑 2020 年受新冠疫情及超长梅雨期影响较大，沿海城市臭氧污染问题仍较为突出，未有缓解。连云港市传输过程观测结果和江苏省气团来向分析结果显示，海洋气团传输带来的臭氧污染对沿海城市的臭氧浓度抬升有一定贡献。

2019 年 6 月 23—24 日连云港市臭氧雷达观测结果如图 2-10 所示。6 月 23 日上午 10—12 时高空 1.0～1.5 km 处有明显的臭氧污染带，随着边界层大气混合污染向近地面沉降，并与本地臭氧生成叠加，造成臭氧浓度午后的持续峰值。结合 1 000 m 气团来向分析，当日主要受来自我国东北经山东半岛、黄海到达连云港市的气团影响。

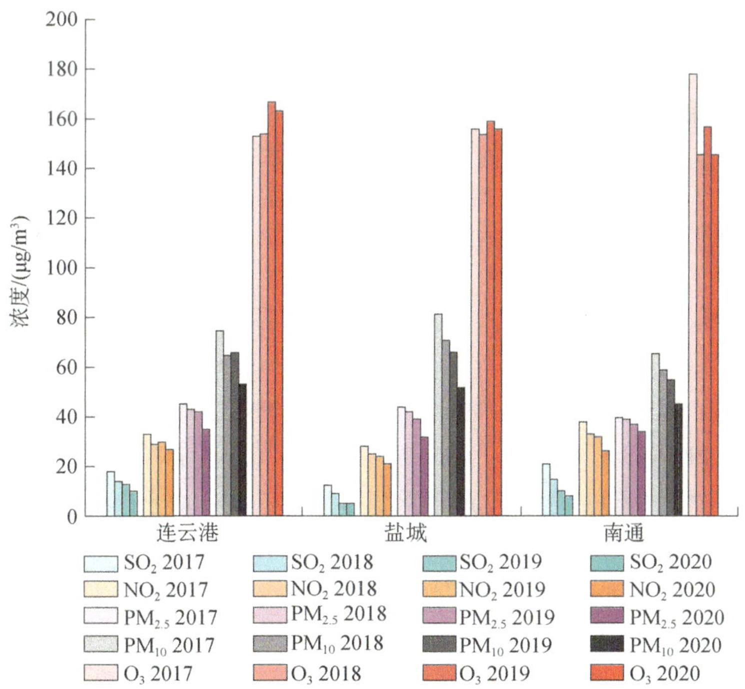

图 2-9 江苏省 2017—2020 年沿海城市各项污染物浓度变化

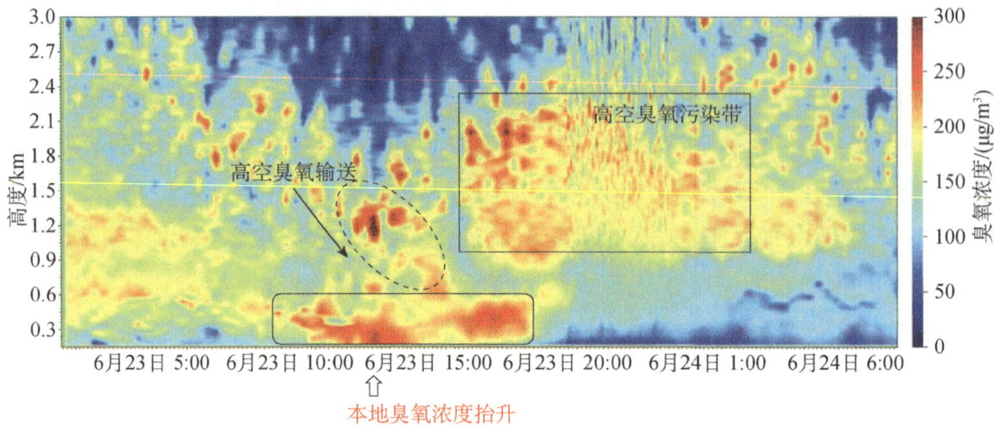

图 2-10　2019 年 6 月 23—24 日连云港市臭氧雷达观测结果

第二节　国外空气质量改善历程

20 世纪 30 年代以来，随着工业化进程的不断加快，欧美发达国家和地区先后经历了煤烟型污染、光化学污染、酸雨等一系列大气污染问题。国际经验表明，环境质量的全面改善具有长期性，欧美日韩等发达国家和地区从政府集中开展大规模治污到环境质量明显改善都经历了 20 年甚至更长时间。

一、颗粒物污染改善历程

欧洲大气污染高峰始于 1952 年英国伦敦烟雾事件，此后欧洲多个城市遭受了严重的烟雾事件的侵袭，自此开启颗粒物治理历程。20 世纪 70 年代，以英国为首的一些欧洲国家采取燃料替代的方式减少燃煤引起的煤烟型污染，1960—1980 年英国 PM_{10} 年均浓度由 200 μg/m³ 降至 30 μg/m³ 左右，1980 年伦敦雾天下降至 5 d，煤炭消费量的削减发挥了重要作用。直到 20 世纪 80 年代，传统的大气污染基本得到治理。2010 年欧盟委员会首次制定了 $PM_{2.5}$ 空气质量标准，2015 年目标标准为 20 μg/m³，2020 年目标标准为 18 μg/m³。但是多数成员国存在超标现象，颗粒物尤其是 $PM_{2.5}$ 污染防治是当前和未来欧洲环境污染治理防治的重点之一。

美国大气污染高峰源于1940—1960年发生的洛杉矶光化学烟雾事件，该事件催生了历史上第一部《空气污染控制法》。1999年，洛杉矶彻底消除一级污染警报天，$PM_{2.5}$浓度降至25.7 μg/m^3，前后经历了约50年的时间。美国对颗粒物污染的控制经历了从TSP、PM_{10}到$PM_{2.5}$的历程，当前以$PM_{2.5}$的控制为主，并且标准的要求有所提升，2006年标准修订时$PM_{2.5}$日均浓度限值由1997年的65 μg/m^{3}加严至35 μg/m^3，2012年标准修订时$PM_{2.5}$的年均浓度首要标准限值由1997年的15.0 μg/m^{3}加严至12.0 μg/m^3。在全国范围内，$PM_{2.5}$年均浓度自2000年以来下降37%。

日本20世纪60年代患哮喘类疾病的病人数量激增，大气污染问题开始得到关注，日本于1968年颁布了《大气污染防治法》，规定通过控制工厂及机动车排放尾气中的颗粒物含量来保护大气环境。1980年，日本TSP浓度降至53 μg/m^3。2009年，日本确定了标准的$PM_{2.5}$环境监测方法，制定了15 μg/m^{3}的$PM_{2.5}$年均浓度标准，该标准相当于世界卫生组织（WHO）第三阶段过渡期目标的水平。经过三十多年的努力，日本空气质量得到明显改善，$PM_{2.5}$年均浓度呈逐年下降趋势。

韩国对$PM_{2.5}$的监测和控制起步较晚，2015年才开始将$PM_{2.5}$纳入国家监测网。2021年，韩国全国$PM_{2.5}$平均浓度为18 μg/m^3，与首次观测的2015年全国平均浓度（26 μg/m^3）相比，下降约30.7%。以首尔为例，2002—2008年，$PM_{2.5}$浓度迅速下降，平均每年下降2.5 μg/m^3；2004年起，$PM_{2.5}$年均浓度低于30 μg/m^3；2008年以后，$PM_{2.5}$年均浓度在23～26 μg/m^{3}波动。

加拿大对$PM_{2.5}$的污染防治工作起步较晚。20世纪90年代末期，加拿大开始在全国范围内对环境空气中$PM_{2.5}$浓度进行监测，1998年$PM_{2.5}$被列入化学物质优先研究名单，2000年$PM_{2.5}$被列入有毒物质名单。1970—1999年，加拿大环境空气中TSP浓度降低了53%，1984—2008年，环境空气中$PM_{2.5}$和PM_{10}浓度降低了54%。

党的十八大以来，江苏省$PM_{2.5}$年均浓度从2012年的73 μg/m^{3}降至2017年的51 μg/m^3，5年间总降幅为30.1%；2022年$PM_{2.5}$年均浓度降至32 μg/m^3，10年间总降幅为56.2%，大气$PM_{2.5}$治理改善取得阶段性成效。江苏省仅用了10年走完了发达国家至少20年的治理路程。

二、臭氧污染改善历程

1. 欧洲

20 世纪 50 年代，欧洲开始开展臭氧监测，是世界上最早关注臭氧污染问题的地区之一。欧洲国家的臭氧污染防治开始较早，按照臭氧浓度的变化趋势以及污染防治工作的进程，可将其大致分为 3 个阶段，分别为起步阶段（1970—1999 年）、发展阶段（1999—2012 年）和攻坚阶段（2012 年至今），各阶段工作重心、法律法规、污染物排放标准等均根据实际的臭氧污染防治成效作出了相应的调整（图 2-11）。

1970—1999 年是欧洲臭氧污染防治的起步阶段。在这一时期，欧洲汽车保有量的大幅提升导致德国、荷兰等国家一些大城市受汽车尾气影响相继发生光化学烟雾事件。20 世纪 80 年代，欧洲臭氧浓度由 20 世纪 50 年代的 30～40 μg/m^3 增至 60 μg/m^3。当时，人们通过美国洛杉矶和日本东京等地区发生的光化学烟雾事件，已经对光化学烟雾的形成原因、形成条件和发生机理等进行了研究。同时，欧洲多地也监测到臭氧浓度的上升[76, 77]，由此臭氧污染问题引起了欧洲各国的关注，欧洲各国开始了对臭氧污染防治的初步探索。欧洲臭氧污染防治起步阶段的防控重点为减少臭氧前体物的排放，尤其是削减 VOCs 的排放量；同时，各成员国采取相应污染治理措施并积极研发减排技术。

1999—2012 年是欧洲臭氧污染防治的发展阶段。虽然欧洲在起步阶段对臭氧前体物进行了减排，但是臭氧浓度仍然逐年增加，直到 2000 年前后臭氧浓度的上升趋势才有所缓和。为进一步加快臭氧污染变化趋势由升到降的转变，欧洲将发展阶段臭氧污染防治的工作重点放在加强对臭氧前体物的进一步减排和实行污染物总量控制上，同时也将臭氧纳入重点防控对象。2002 年，欧洲正式将臭氧作为常规污染物进行监测，并逐步建立了一套科学的臭氧标准及臭氧污染评价体系，在臭氧污染防治工作中发挥了重要作用。在这一阶段，欧洲逐步完善臭氧污染防控的法律体系，制定了统一的指导性标准。在保证各成员国根据实际情况制订的臭氧污染防治措施能够贯彻执行的同时，欧盟开发并推广降低臭氧前体物排放的新技术；同时也注意到 NO_x 减排的重要性，并对臭氧前体物实行了总量控制。

2012 年至今是欧洲臭氧污染防治的攻坚阶段。经过发展阶段的努力，欧洲

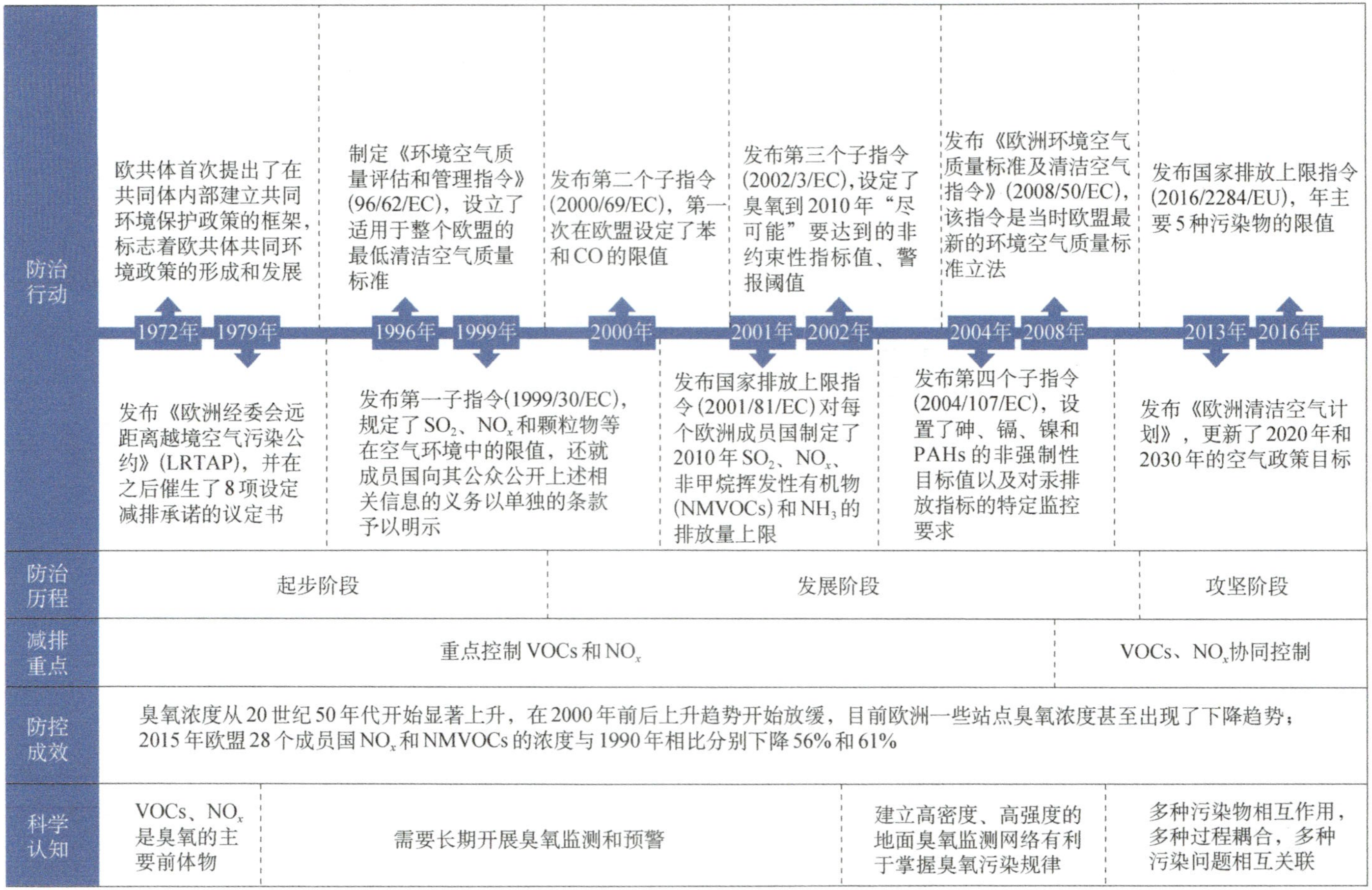

防治行动

年份	防治行动
1972年	欧共体首次提出了在共同体内部建立共同环境保护政策的框架，标志着欧共体共同环境政策的形成和发展
1979年	发布《欧洲经委会远距离越境空气污染公约》(LRTAP)，并在之后催生了8项设定减排承诺的议定书
1996年	制定《环境空气质量评估和管理指令》(96/62/EC)，设立了适用于整个欧盟的最低清洁空气质量标准
1999年	发布第一子指令(1999/30/EC)，规定了SO_2、NO_x和颗粒物等在空气环境中的限值，还就成员国向其公众公开上述相关信息的义务以单独的条款予以明示
2000年	发布第二个子指令(2000/69/EC)，第一次在欧盟设定了苯和CO的限值
2001年	发布国家排放上限指令(2001/81/EC)对每个欧洲成员国制定了2010年SO_2、NO_x、非甲烷挥发性有机物(NMVOCs)和NH_3的排放量上限
2002年	发布第三个子指令(2002/3/EC)，设定了臭氧到2010年“尽可能”要达到的非约束性指标值、警报阈值
2004年	发布第四个子指令(2004/107/EC)，设置了砷、镉、镍和PAHs的非强制性目标值以及对汞排放指标的特定监控要求
2008年	发布《欧洲环境空气质量标准及清洁空气指令》(2008/50/EC)，该指令是当时欧盟最新的环境空气质量标准立法
2013年	发布《欧洲清洁空气计划》，更新了2020年和2030年的空气政策目标
2016年	发布国家排放上限指令(2016/2284/EU)，年主要5种污染物的限值

防治历程：起步阶段（1972—1999年）；发展阶段（2000—2008年）；攻坚阶段（2013—2016年）

减排重点：重点控制VOCs和NO_x；VOCs、NO_x协同控制

防控成效：臭氧浓度从20世纪50年代开始显著上升，在2000年前后上升趋势开始放缓，目前欧洲一些站点臭氧浓度甚至出现了下降趋势；2015年欧盟28个成员国NO_x和NMVOCs的浓度与1990年相比分别下降56%和61%

科学认知：VOCs、NO_x是臭氧的主要前体物；需要长期开展臭氧监测和预警；建立高密度、高强度的地面臭氧监测网络有利于掌握臭氧污染规律；多种污染物相互作用，多种过程耦合，多种污染问题相互关联

图 2-11　欧洲臭氧污染防治历程

臭氧峰值浓度的下降趋势明显，尤其是在郊区站点。但是臭氧污染问题仍然没有得到彻底解决，臭氧超标现象在夏季和不利天气形势下发生的概率依然较大，臭氧浓度日最大 8 h 滑动平均值还保持在欧盟目标值（120 μg/m^3）左右。通过分析臭氧及其前体物的长期变化趋势，研究人员发现，尽管臭氧的降幅比臭氧前体物要小，但是臭氧前体物的减排依然是臭氧浓度下降的主要原因[78]。从此欧洲污染物控制策略打破了以往仅针对单一污染物进行限制的格局，开始更加注重多种污染物之间的相互影响和协同控制。

2. 美国

20 世纪 40 年代，美国洛杉矶首先认识到臭氧污染问题，并提出空气污染与工业排放关系密切。1956 年 HAAGEN SMIT 等提出臭氧形成机制与机动车排放有关，NO_x 和 VOCs 排放对臭氧生成起到至关重要的作用，而且臭氧浓度与 NO_x 和 VOCs 浓度关系呈非线性响应，此发现推动了加利福尼亚州及全美机动车排放标准的建立。

1970—1990 年，美国国家环境保护局和国会一直在推动将 VOCs 减排作为实现臭氧达标的主要路径。但是，《清洁空气法》规定的臭氧达标目标一直没有实现，而且非达标区的数量逐渐增多，这使得 VOCs 减排策略开始受到质疑。1970—1975 年，烟雾箱模拟实验发现，在环境大气 VOCs/NO_x 高值区域，与 VOCs 减排相比，NO_x 减排对臭氧浓度的削减效果更明显，由此前体物的防控从早期的以 VOCs 防控为主逐步过渡为 VOCs 与 NO_x 协同防控。区域防控方面，早期的前体物防控主要集中于臭氧污染地区前体物的减排，随着 20 世纪 70 年代臭氧测量设备的研发及应用，前体物排放量较小的郊区臭氧浓度反而较高，由此证实上风向城市（地区）前体物的排放传输导致下风向城市（地区）臭氧污染加剧，由此臭氧防控从局地管控过渡至区域联防联控。

图 2-12 显示了美国 1980—2018 年的 8 h 臭氧年均值变化情况，38 年间美国臭氧浓度从 0.105 μmol/mol 降至 0.073 μmol/mol，降低了 30.5%。其中，1980—1990 年的 8 h 臭氧年均值降低了 0.012 μmol/mol，年均降幅为 1.0%；1991—2000 年的 8 h 臭氧年均值降低了 0.008 μmol/mol，年均降幅为 0.7%；2001—2010 年的 8 h 臭氧年均值降低了 0.010 μmol/mol，年均降幅为 0.9%；2011—2018 年的 8 h 臭氧年均值降低了 0.004 μmol/mol，年均降幅为 0.5%。可见臭氧浓度整体呈下降趋

势，但是并非持续下降，具有一定波动性，臭氧防控早期（1980—1990 年）趋于平稳。

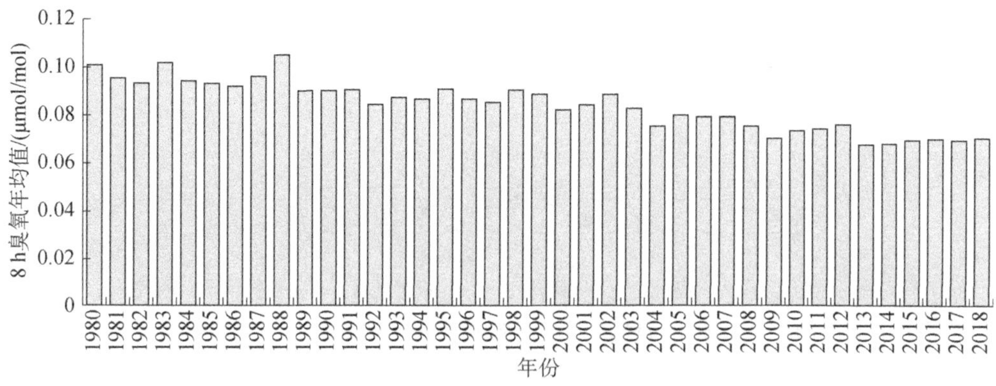

图 2-12 美国 1980—2018 年的 8 h 臭氧年均值变化情况

3. 日本

20 世纪 70 年代以来，针对臭氧等引起大气氧化性增强的污染物，日本政府在科学研究和技术研发支撑的基础上制定了控制法规、标准、政策，并采取控制措施，逐渐取得了一定的控制效果。在治理初期，日本对臭氧生成机理认知不足，没有找到有效的防治措施，治理效果不明显。监测结果表明，直到 20 世纪 90 年代，日本四大工业区的总氧化剂（O_x）日最大 8 h 浓度第 99 百分位数 3 年滑动均值仍处于波动上升趋势，如图 2-13 所示。经过多年的实践积累，日本开始对臭氧前体物 NO_x 和 VOCs 进行协同减排，臭氧污染状况明显改善。自日本出台机动车 NO_x 相关法规后，1992—2013 年机动车监测站 NO_x 年均浓度累计下降 57%，普通监测站 NO_x 年均浓度累计下降 54%；非甲烷总烃（NHMC）年均浓度呈大幅下降趋势（图 2-14）。

2004 年日本实施 VOCs 总量控制后，四大工业区的 O_x 日最大 8 h 浓度第 99 百分位数 3 年滑动均值呈下降趋势，2012 年降至近 20 年来最低点。2000 年前后日本 O_x 发生“警报”的天数为 200 d 以上，而 2010 年以后已基本控制在 100 d 以下，产生“警报”的都、道、府、县个数下降了约 40%。臭氧污染从程度、频率和波及范围上都呈下降趋势。

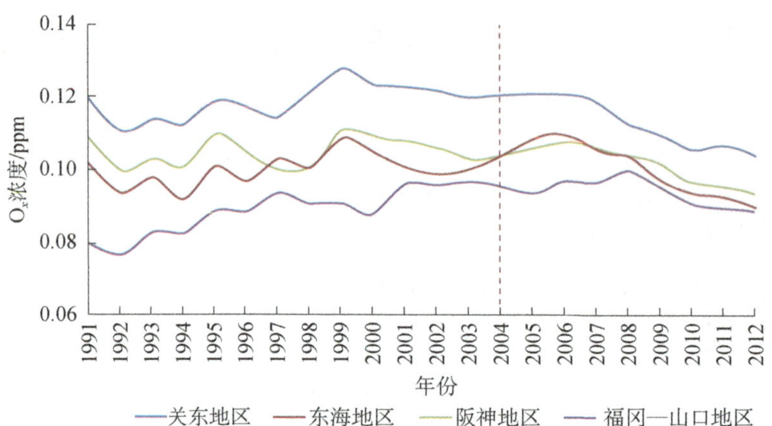

图 2-13 日本四大工业区 O_x 日最大 8 h 浓度第 99 百分位数 3 年滑动均值逐年变化情况

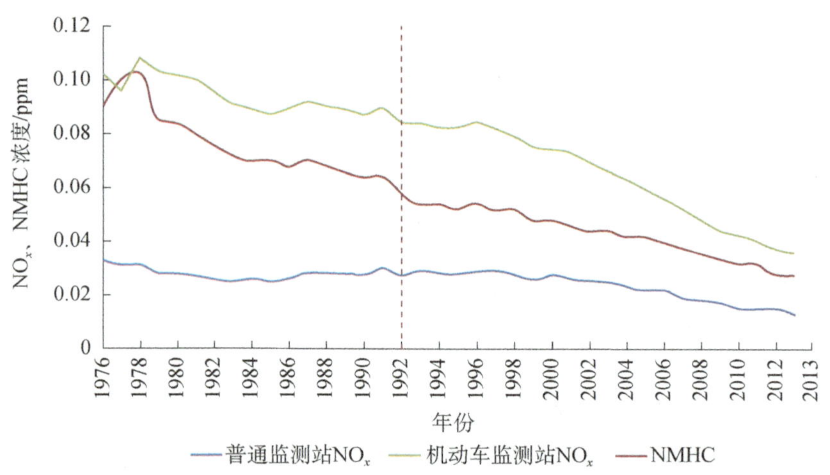

图 2-14 日本 1976—2013 年 NO_x 和 NMHC 的浓度变化情况

三、协同控制经验启示

1. NO_x 和 VOCs 减排潜力

21 世纪以来，美国和欧盟在 NO_x 排放治理上均取得显著成效，如图 2-15 所示。相较于 2005 年，2019 年美国和欧盟的 NO_x 减排比例分别达到 58.1%和 42%；与 NO_x 排放治理相比，VOCs 减排成效相对薄弱，相较于 2005 年，2019 年美国 NO_x 和欧盟 VOCs 减排比例分别为 23.9%和 30%。在关键前体物 NO_x 和 VOCs

的减排推动下，美国 8 h 臭氧浓度从 171 μg/m^3 降至 139 μg/m^3，欧盟臭氧浓度的峰值虽然有所下降，但 8 h 臭氧浓度仍接近欧盟目标值（120 μg/m^3），臭氧前体物尤其是 VOCs 减排的力度仍然有待加大。

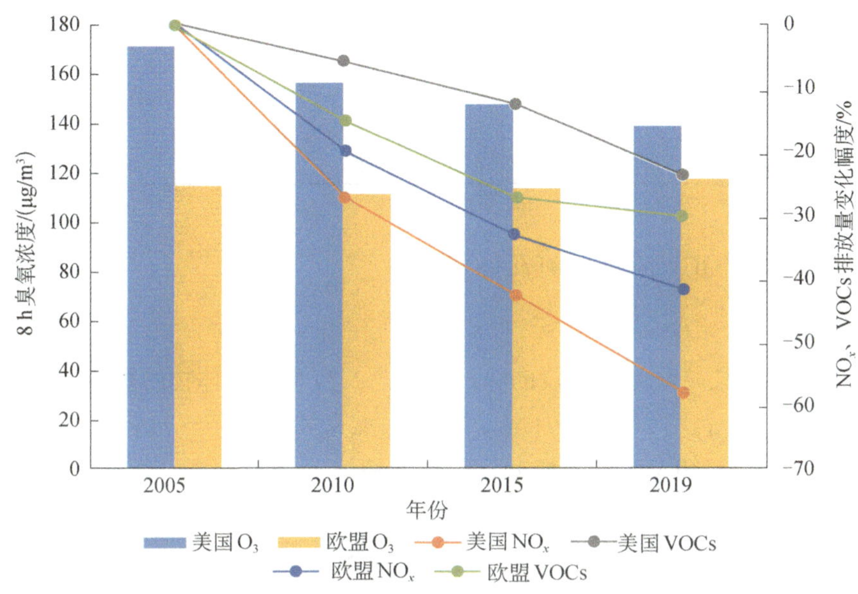

图 2-15　美国与欧盟 8 h 臭氧浓度变化、NO_x 和 VOCs 排放量变化幅度

我国从 2013 年开始将臭氧纳入大气污染物常态化监测。2013 年起，江苏省臭氧最大 8 h 第 90 百分位数浓度逐年波动上升，直至 2019 年才有下降趋势。同时期，臭氧关键前体物 NO_x 的减排取得显著成效，与 2013 年相比，2017 年 NO_x 排放量降幅为 19.1%，2020 年 NO_x 排放量降幅达到 32.5%；江苏省 VOCs 减排成效并不明显，与 2013 年相比，2017 年 VOCs 排放量降幅仅为 0.3%。具体如表 2-1 所示。

表 2-1　江苏省 2013—2020 年臭氧最大 8 h 第 90 百分位数浓度（O_3-8 h-90%）、NO_x 和 VOCs 排放量变化幅度

年份	O_3-8 h-90%/（μg/m^3）	NO_x 排放量变化幅度/%	VOCs 排放量变化幅度/%
2013	139	0	0
2014	154	−7.7	3.7
2015	167	−13.5	0.8

续表

年份	O_3-8 h-90%/（μg/m³）	NO_x 排放量变化幅度/%	VOCs 排放量变化幅度/%
2016	165	−16.6	0.1
2017	177	−19.1	0.3
2018	177	—	—
2019	173	−27.8	—
2020	164	−32.5	—

数据来源：江苏省生态环境状况公报、MEIC 官网。

2. NO_x 和 VOCs 协同控制策略

（1）欧洲

欧洲臭氧污染防治起步阶段的防控重点为减少臭氧前体物的排放，尤其是削减 VOCs 的排放量。1979—1991 年，欧洲国家依次签署了《远程越界空气污染公约》（SO_2、NO_x 和 VOCs 减排）、《索菲亚协议》（NO_x 减排）、《日内瓦协议》（VOCs 减排）。

在欧洲臭氧污染防治起步阶段，臭氧前体物的减排并未对降低臭氧浓度起到显著作用，臭氧浓度仍然逐年上升，直到 2000 年前后臭氧浓度的上升趋势才有所缓和。为进一步加快臭氧污染变化趋势由升到降的转变，欧洲将臭氧污染防治的工作重点转移到加强对臭氧前体物的进一步减排和实行污染物总量控制上，同时也将臭氧纳入重点防控对象。1999 年签订的《哥德堡议定书》，规定了 2010 年 NO_x 和 NMVOCs 的减排目标，2001 年正式通过了《国家空气污染排放限值指令》，规定了欧盟各成员国 NO_x 和 NMVOC 等大气污染物的排放上限。经过努力，欧洲臭氧峰值浓度显著下降。

臭氧峰值浓度虽然下降显著，但是欧洲夏季和不利天气形势下臭氧超标现象依然普遍存在。通过分析臭氧及其前体物的长期变化趋势发现，尽管臭氧的降幅比臭氧前体物要小，但是臭氧前体物的减排依然是臭氧浓度下降的主要原因。2012 年欧盟进一步修订了《哥德堡议定书》，为 SO_2、NO_x、NH_3、VOCs 和 $PM_{2.5}$ 设定了 2020 年的排放控制目标。从此，欧洲污染物控制策略打破了以往仅针对单一污染物进行限制的格局，开始更加注重多种污染物之间的相互影响和协同控制。2016 年欧盟发布了新的国家排放上限指令，该项指令为 NO_x 和 VOCs

等主要污染物设定了 2020—2029 年及 2030 年以后的减排承诺。

（2）美国

1971 年，美国颁布了国家环境空气质量标准，对臭氧设置了管控目标，并要求各州通过制订和实施州行动计划（SIP）来实现逐步达标。1970—1990 年，美国国家环境保护局（EPA）一直推动将 VOCs 减排作为实现臭氧达标的主要路径。但是，臭氧达标的目标始终未实现，而且非达标区的数量逐渐增多，1990 年多达近百个地区超标。这一现象主要由两方面原因造成：一是未对前体物的控制计划进行可靠的预评估，决策者认为集中管控城市地区的 VOCs 排放就可以有效控制臭氧，忽视了前体物协同减排，NO_x 减排力度不够，并且由于 VOCs 排放源复杂繁多，实际上人为排放的 VOCs 减排力度比预期更小，不可控的天然源排放也在很大程度上影响臭氧污染的生成；二是区域传输影响使得下风向地区无法通过自身努力实现臭氧达标。

由于充分认识到 NO_x 在区域臭氧生成中的重要作用，1998 年，EPA 发布了 NO_x SIP Call 规则，要求美国东部 22 个州和华盛顿哥伦比亚特区提交的 SIP 中要减少特定量的 NO_x 排放，因为 EPA 发现这些地区排放的 NO_x 经过区域传输导致下风向地区臭氧超标或干扰下风向地区维持达标状态。2003 年起，EPA 为这些州设定了臭氧季的 NO_x 排放上限，并允许这些州制订灵活的控制策略来满足上限要求。NO_x SIP Call 规则使得电力行业在臭氧季的排放量下降显著，也带来了臭氧浓度显著降低的成效。2008 年，臭氧季 NO_x 的减排量超额完成，从 2003 年的近 85 万 t 大幅下降至 48 万 t 左右。主要超标污染物浓度下降显著，臭氧 8 h 季平均浓度从 2003 年的 $0.565\,4\times10^{-6}$ μg/m^3 降至 2008 年的 $0.489\,1\times10^{-6}$ μg/m^3。整体而言，东部各州大部分已达标。

针对活性有机物的管控历程：1970 年，美国开始管控臭氧，要求削减臭氧前体物，并以 VOCs 管控为主；1971 年，EPA 在臭氧 SIP 中最早识别了活性 VOCs，鼓励地方 SIP 中提出使用低反应活性 VOCs；1971—1974 年，识别有助于臭氧生成的 VOCs；1977 年，EPA 推荐 VOCs 控制政策，提出 4 种非活性 VOCs（甲烷、乙烷、1, 1, 1-三氯乙烷、氟利昂 113）；1990 年，美国开始推进 NO_x 和 VOCs 的协同控制；1991 年，加利福尼亚州最早立法管控活性 VOCs，重点关注低排放机动车和清洁能源；1998 年，EPA 考虑活性 VOCs 管控，成立活性研究工作组（RRWG）；2001 年，加利福尼亚州发布最大增量反应活性（MIR）

值表，建立消费品气体喷涂行业基于活性 VOCs 的管控法规；2002 年，得克萨斯州率先建立针对高活性有机物（HRVOCs）的法规，在臭氧严重超标区管控 HRVOCs，并于 2004 年建立 HRVOCs 排放限制及交易计划（HECT）；2003 年，RRWG 协助 EPA 起草了《臭氧达标 SIP 中 VOCs 管控指南暂时办法》，建议对活性 VOCs 采取管控措施。

3. 对江苏省协同治理的启示

近年来，江苏省 $PM_{2.5}$ 污染严重，臭氧浓度持续攀升，是长三角地区 $PM_{2.5}$ 和臭氧污染最为严重的地区，2017 年臭氧浓度升至 177 μg/m^3，同比上升 7.3%。NO_x 和 VOCs 是硝酸盐、二次有机物和臭氧的共同前体物。江苏省是我国重要的石化、化工、装备制造、钢铁基地，NO_x 与 VOCs 排放量居全国前列。2020 年卫星遥感结果表明，江苏省 NO_2 柱浓度高于长三角其他地区，分别是浙江省、安徽省的 1.4 倍、1.7 倍，甲醛（HCHO）柱浓度是浙江省和安徽省的 1.1 倍。NO_x、VOCs 浓度双高导致大气氧化性增强。江苏省大气总氧化剂浓度（大气氧化性重要衡量指标）也处于高位，分别是河北省、浙江省、安徽省、山东省、广东省的 1.3 倍、1.5 倍、1.4 倍、1.3 倍和 1.7 倍，较强的大气氧化性促进了二次颗粒物的生成。NO_x 与 VOCs 是江苏省臭氧和 $PM_{2.5}$ 复合污染的重要驱动力，臭氧与 $PM_{2.5}$ 污染问题本质上“同根同源”，亟须开展 NO_x 和 VOCs 协同防控。

江苏省现阶段仍处在以 VOCs 为主导的协同控制阶段。臭氧和前体物在不同季节、不同地区存在非线性响应关系，13 个设区市均处于 VOCs 控制区或协同控制区，以 NO_x 为主导的减排方式会使臭氧不降反升；新冠疫情管控期间，交通活动的停摆导致 NO_x 大幅下降，而 VOCs 减排不足，导致白天光化学反应生成的臭氧增加；夜间“滴定效应”减弱和白天光化学反应增强导致大气氧化性增强，同时加剧了硝酸盐的生成[79]。因此，平衡好 NO_x 与 VOCs 减排在局地与区域、短期与长期的收益，对于设计江苏省中长期 NO_x 与 VOCs 减排路径至关重要。目前，江苏省 NO_x 减排效果显著，VOCs 减排力度明显不足。与 2013 年相比，2017 年 NO_x、VOCs 降幅分别为 19.1%、0.3%。基于上述考虑，建议在中长期大气污染物减排路线的设计中，将江苏省重点区域的 VOCs 减排作为核心，将 NO_x 持续深度减排作为重要支撑，通过 NO_x 和 VOCs 协同防控推动 $PM_{2.5}$ 与臭氧的协同控制。

第三节　基于国外经验的空气质量改善预期

党的十九届五中全会提出，到2035年基本实现社会主义现代化远景目标，人均国内生产总值达到中等发达国家水平。《江苏省国民经济和社会发展第十四个五年规划和二〇三五年远景目标纲要》指出，展望2035年，江苏将率先基本实现社会主义现代化……人均地区生产总值在2020年基础上实现翻一番。2020年江苏省人均地区生产总值为12.13万元，约1.8万美元，若翻一番，2035年可达约3.6万美元。3.6万美元的人均GDP达到或略低于2021年韩国、意大利、日本等发达经济体的经济发展水平，这些发达经济体2021年$PM_{2.5}$年均浓度为9～18 μg/m^3。主要发达经济体中，美国、加拿大当前$PM_{2.5}$年均浓度均为9 μg/m^3，当这些国家人均GDP达到3.6万美元左右时，$PM_{2.5}$年均浓度分别为14 μg/m^3、10 μg/m^3。

部分发达国家$PM_{2.5}$浓度分区间年均下降情况见表2-2，若$PM_{2.5}$浓度从40 μg/m^{3}降至30 μg/m^3，则韩国需年均下降2.0 μg/m^3；若$PM_{2.5}$浓度从30 μg/m^{3}降至20 μg/m^3，则韩国需年均下降0.6 μg/m^3；若$PM_{2.5}$浓度从20 μg/m^{3}降至10 μg/m^3，则美国、英国、加拿大、日本、韩国需年均下降0.4～1.0 μg/m^3。若降至10 μg/m^{3}以内，则美国、英国、加拿大、日本需年均下降0.2～0.7 μg/m^3。可以看出，$PM_{2.5}$浓度降至30 μg/m^{3}以后，治理难度将加大。

表2-2　部分发达国家$PM_{2.5}$浓度分区间年均下降情况

$PM_{2.5}$浓度区间/（μg/m^3）	国家	对应年份	年均下降/（μg/m^3）
40→30	韩国（40→30）	2002年→2007年	2.0
30→20	韩国（30→23）	2007年→2019年	0.6
20→10	美国（14→11）	2000年→2009年	0.4
	英国（13→10）	2009年→2015年	0.4
	加拿大（17→10）	1984年→1995年	0.6
	日本（18→10）	2001年→2020年	0.5
	韩国（19→18）	2020年→2021年	1.0

续表

$PM_{2.5}$浓度区间/（μg/m³）	国家	对应年份	年均下降/（μg/m³）
＜10	美国（10→8）	2010 年→2016 年	0.4
	英国（10→8）	2015 年→2020 年	0.5
	日本（10→9）	2020 年→2021 年	0.7
	加拿大（10→8）	1995 年→2006 年	0.2

表 2-3 为我国空气质量标准与《全球空气质量指导值（2021 版）》对比情况。对标发达国家的经济发展与环境空气质量改善历程，至 2035 年我国迈入中等发达国家行列，根据发达国家 3 个区间内 $PM_{2.5}$ 年均下降的平均值估算，以 2021 年为基准，江苏省预计用约 10 年时间将 $PM_{2.5}$ 年均浓度降至 25 μg/m³，再用约 4 年时间将 $PM_{2.5}$ 年均浓度降至 22 μg/m³。预计 2035 年江苏省 $PM_{2.5}$ 年均浓度可降至 22 μg/m³ 左右，达到《全球空气质量指导值（2021 版）》第二阶段要求，接近《全球空气质量指导值（2021 版）》第三阶段要求。

表 2-3　我国空气质量标准与全球空气质量指导值对比情况　单位：μg/m³

污染物	指标	《环境空气质量标准》（GB 3095—2012）		《全球空气质量指导值（2021 版）》				
				第一阶段	第二阶段	第三阶段	第四阶段	指导值
$PM_{2.5}$	年平均浓度	15	35	35	25	15	10	5
	24 h 平均浓度	35	75	75	50	37.5	25	15
PM_{10}	年平均浓度	40	70	70	50	30	20	15
	24 h 平均浓度	50	150	150	100	75	50	45
O_3	暖季峰值（6 个月）浓度	—	—	100	70	—	—	60
	日最大 8 h 平均浓度	100	160	160	120	—	—	100
	1 h 平均浓度	160	200	—	—	—	—	—
NO_2	年平均浓度	40	40	40	30	20	—	10
	24 h 平均浓度	80	80	120	50	—	—	25
	1 h 平均浓度	200	200	—	—	—	—	200

续表

污染物	指标	《环境空气质量标准》（GB 3095—2012）		《全球空气质量指导值（2021 版）》				
				第一阶段	第二阶段	第三阶段	第四阶段	指导值
SO_2	年平均浓度	20	60	—	—	—	—	—
	24 h 平均浓度	50	150	125	50	—	—	40
	1 h 平均浓度	150	500	—	—	—	—	—
	10 min 平均浓度	—	—	—	—	—	—	500
CO	24 h 平均浓度	4	4	7	—	—	—	4
	8 h 平均浓度	—	—	—	—	—	—	10
	1 h 平均浓度	10	10	—	—	—	—	35
	15 min 平均浓度	—	—	—	—	—	—	100

第三章

江苏省大气污染防治进入新阶段

第一节　大气污染特征分析

一、二次污染特征显著

1. 大气氧化性高于其他重点区域，春夏季尤为显著

大气中氧化剂的种类和浓度在一定程度上决定着大气中痕量气体的寿命和含量，被视作衡量大气氧化性的重要指标。参与对流层大气化学过程的主要氧化剂包括臭氧、OH 自由基、过氧自由基（HO_2 和 RO_2）、过氧化物（H_2O_2、ROOH），以及 NO_3 自由基和卤原子等。目前，许多研究以 OH 自由基浓度来反映大气氧化性，在缺少观测资料的情况下，O_x（近似等于 O_3+NO_2）也常用于反映大气氧化性的变化。2020 年，江苏省大气氧化性浓度为 62.4 ppb，与我国典型省级行政区相比，江苏省大气氧化性水平处于高位，分别比河北省、浙江省、安徽省、山东省、广东省高 33.5%、46.1%、37.5%、25.8%、68.3%。

图 3-1 显示了江苏省内地区不同季节大气氧化性的分布情况。春、夏、秋 3 个季节中，江苏省沿江城市大气氧化性均为最高，沿海城市（连云港市、南通市）大气氧化性为最低。冬季各区域城市大气氧化性差异不显著。

沿江地区为江苏省大气氧化性高值区域。如图 3-2 所示，与浙江省北部、珠三角城市群相比，2015—2020 年江苏省沿江地区大气氧化性均为最高，2019 年江苏省沿江地区大气氧化性达到最高水平。

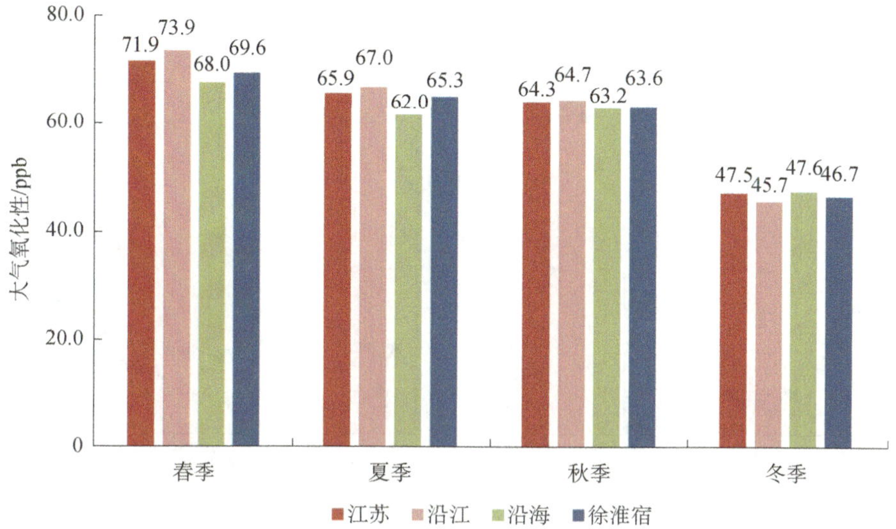

图 3-1　江苏省内地区不同季节大气氧化性分布情况

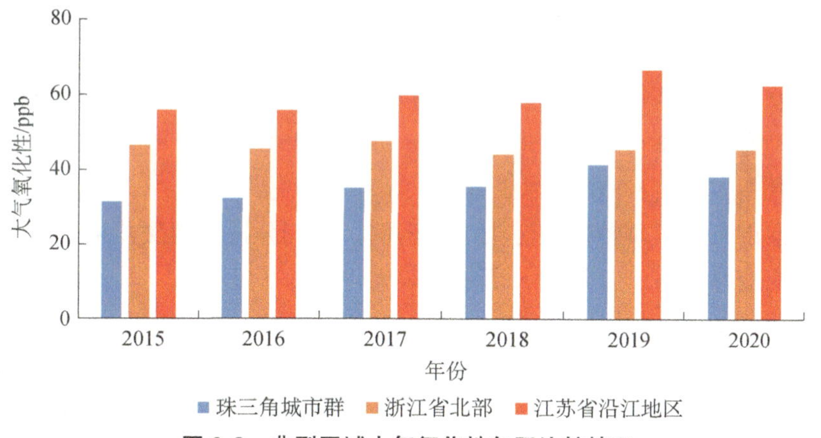

图 3-2　典型区域大气氧化性年际比较情况

2. $PM_{2.5}$ 中二次组分占比越发突出

通过文献搜集我们整理了 2012—2021 年我国典型区域硝酸盐浓度及占比情况，如图 3-3 所示。2012—2017 年，长三角硝酸盐浓度与京津冀相当，显著高于珠三角，低于其他地区，长三角地区硝酸盐浓度占比仅次于其他地区。2018—2021 年，长三角、京津冀、其他地区硝酸盐浓度水平基本相当，但长三角的硝酸盐占比高于其他区域。其中，江苏省大部分城市硝酸盐占比水平较为突出。

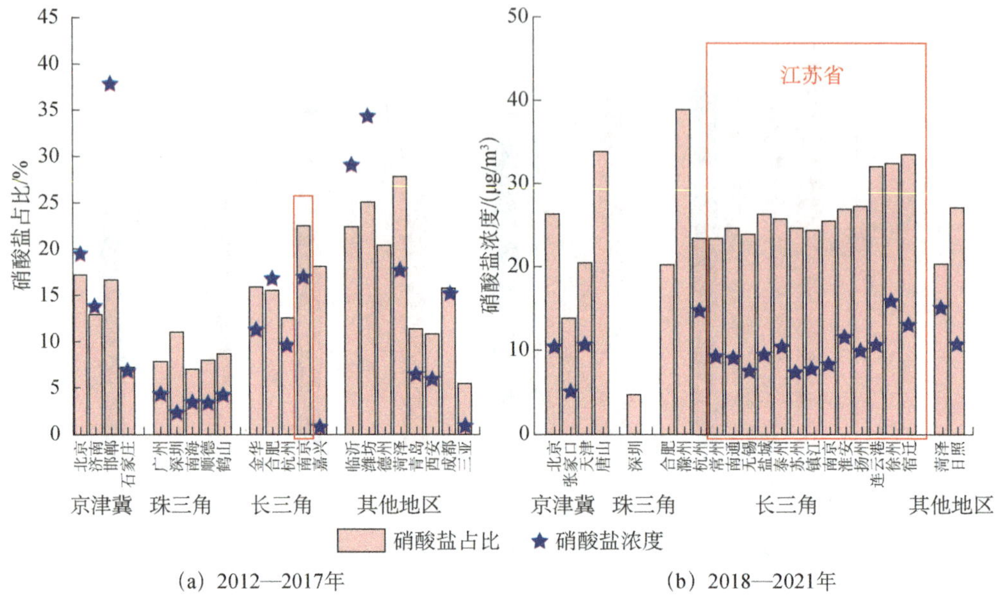

(a) 2012—2017年　　(b) 2018—2021年

图 3-3　典型区域硝酸盐浓度及占比情况

以江苏省典型 $PM_{2.5}$ 污染城市——南京市为例，其硝酸盐浓度从 2014 年开始逐年降低，而其浓度占比逐年上升显著，如图 3-4 所示，表明硝酸盐有所控制，但控制力度不如 $PM_{2.5}$ 中的其他组分。

以南京市一次冬季颗粒物污染过程为例，我们分析了硝酸盐浓度在颗粒物污染事件中的变化情况。如图 3-5 所示，随着 $PM_{2.5}$ 浓度升高，其化学组分浓度呈

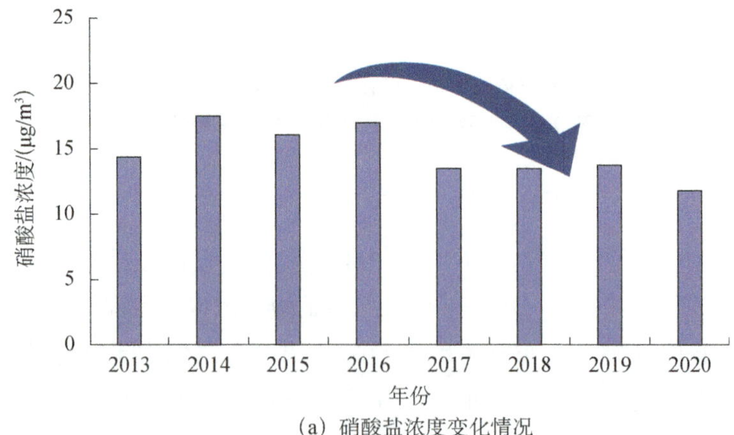

(a) 硝酸盐浓度变化情况

（b）硝酸盐浓度占比变化情况

图 3-4　南京市 $PM_{2.5}$ 组分长期观测（2013—2020 年）

现上升趋势。硝酸盐在 $PM_{2.5}$ 中的占比超过 50%，为颗粒物最主要的化学组分。在污染过程中，硝酸盐浓度的变化决定了 $PM_{2.5}$ 浓度的变化，表明硝酸盐浓度的大幅上升是引起 $PM_{2.5}$ 污染加剧的重要因素。

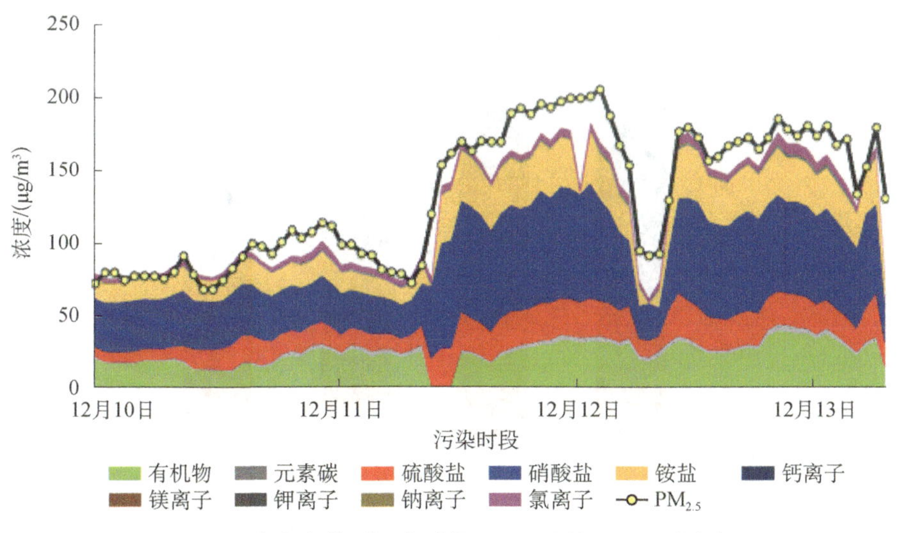

图 3-5　南京市典型污染时段 $PM_{2.5}$ 及其组分观测浓度

2017—2020 年，江苏省典型污染城市（南京市、徐州市、常州市）超级站颗粒物组分观测数据如图 3-6、图 3-7 和图 3-8 所示，3 个城市硝酸盐浓度占比均呈逐年增加的趋势。其中，常州市硝酸盐浓度在颗粒物中的占比最高，2020 年其占比达到 38%。

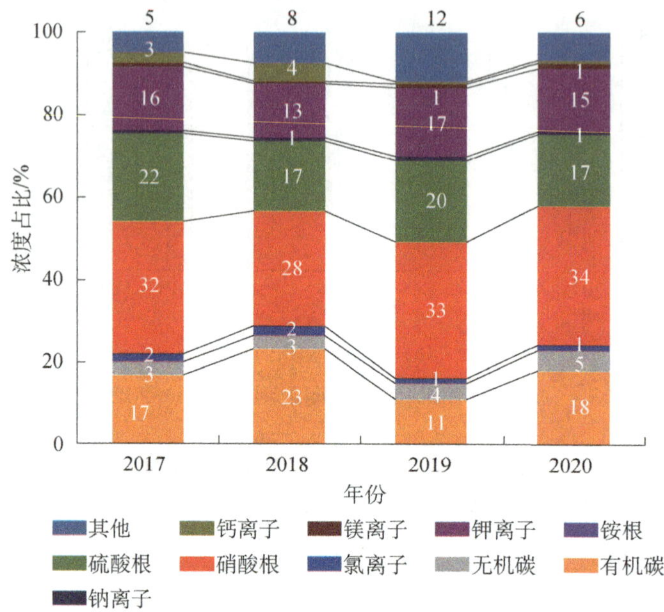

图 3-6 南京市颗粒物组分观测数据

图 3-7 徐州市颗粒物组分观测数据

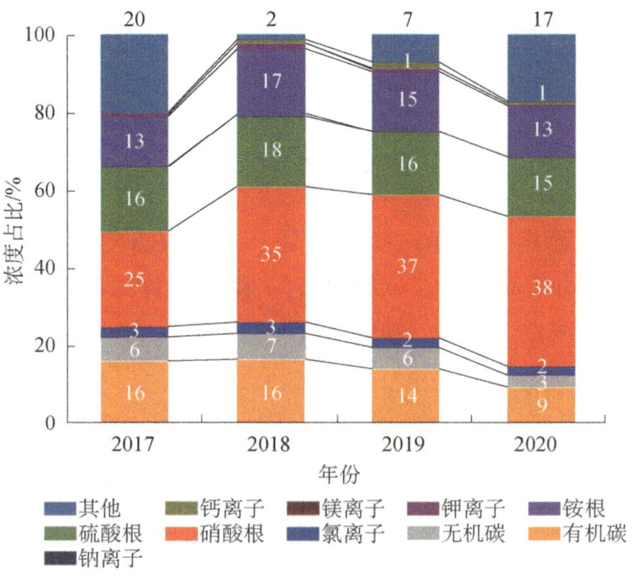

图 3-8　常州市颗粒物组分观测数据

除硝酸盐外，二次有机碳（SOC）也是颗粒物中的重要二次组分。近年来，江苏省 SOC 污染越发严重，其中以冬季污染最为严重。以 2019 年为例，南京市冬季 SOC 浓度及 SOC 在有机碳（OC）中的占比均为所有季节最高，如图 3-9 所示。SOC 的年际变化显示，2016—2018 年，SOC 浓度及占比呈逐年上升趋

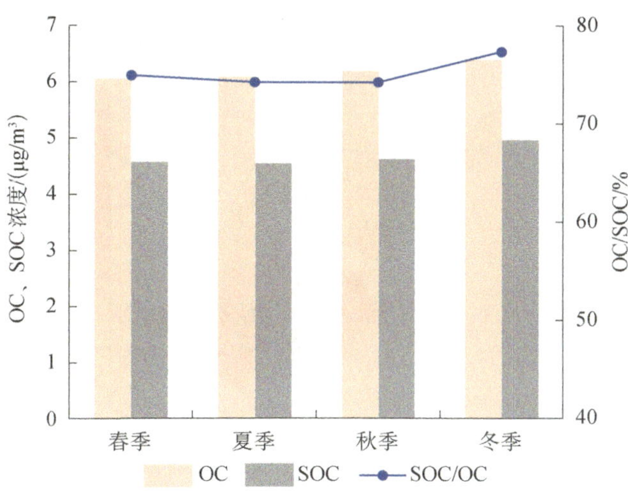

图 3-9　2019 年南京市二次有机碳浓度及二次有机碳在有机碳中的占比情况

势。2019—2020 年，OC 及 SOC 浓度大幅下降，SOC 占比仍处于高位，表明 SOC 已成为 OC 乃至 $PM_{2.5}$ 中的关键组成部分。

二、前体物 NO_x 和 VOCs 浓度较高

2020 年卫星观测结果显示，江苏省处于我国 HCHO 和 NO_2 柱浓度高值区域。局部卫星观测结果显示，江苏省 HCHO 和 NO_2 柱浓度整体表现出沿江偏高的态势，如图 3-10 所示，与地面观测值分布情况较为一致。

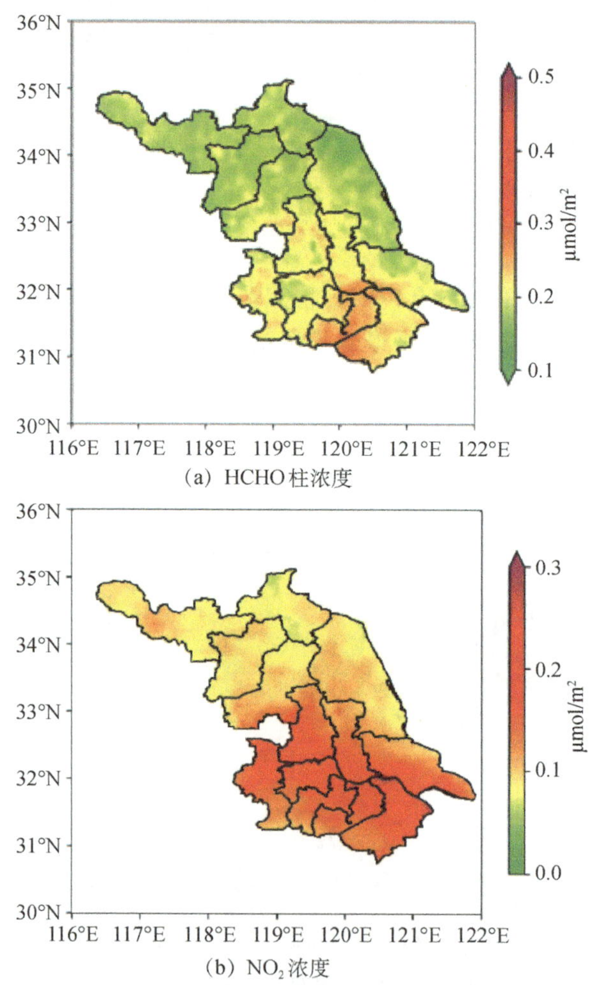

图 3-10 2020 年卫星观测的江苏省 HCHO 和 NO_2 柱浓度结果

主要省级行政区长时间卫星观测的 HCHO 和 NO_2 柱浓度结果比较见图 3-11。HCHO 柱浓度高值区集中在安徽、河北、黑龙江、河南、江苏、山东、浙江等地区；2013—2020 年江苏省 HCHO 柱浓度处于全国较高水平。NO_2 柱浓度高值区集中于安徽、重庆、河北、河南、江苏、山东、山西等地区；2013—2016 年，河北、山东、江苏地区 NO_2 柱浓度较高。

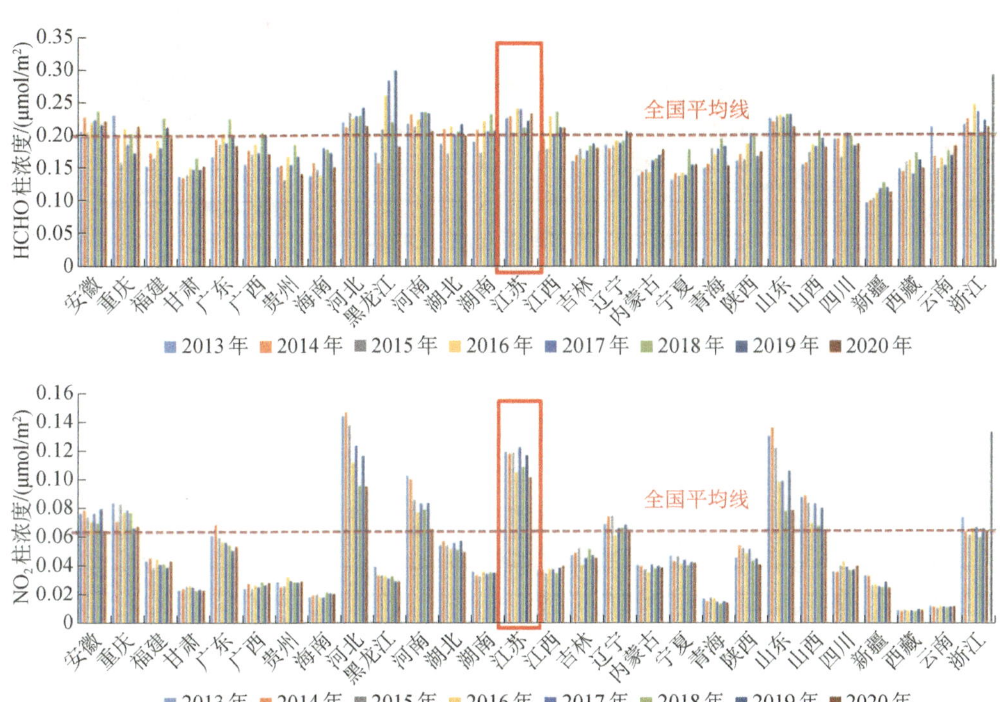

图 3-11　主要省级行政区长时间卫星观测的 HCHO 和 NO_2 柱浓度结果比较

2020 年江苏省地面观测结果表明，VOCs 和 NO_2 的浓度高值区均主要集中在江苏省沿江地区，沿江地区 VOCs 与 NO_2 浓度比其他地区分别高 6.2%、7.8%，如图 3-12 所示。

随着 $PM_{2.5}$ 的持续改善，二次转化对江苏省空气质量产生主导作用的趋势越来越明显。在巩固提升扬尘等一次污染管控的基础上，强化协同控制，减少前体物，降低氧化性，遏制二次污染，应成为今后一个时期大气污染防治的重要策略。而实现空气质量持续改善，重在压减大气中 NO_2、VOCs 浓度的整体水平，

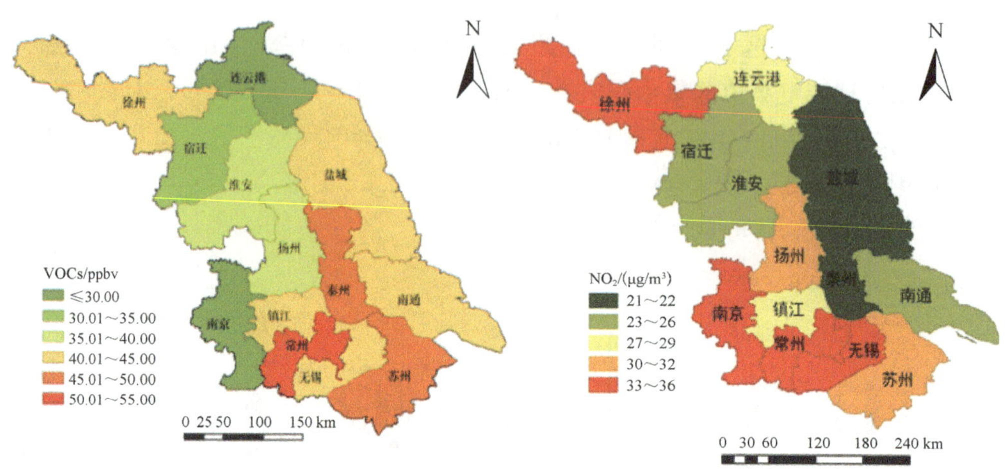

图 3-12 2020 年江苏省地面观测 VOCs 和 NO_2 浓度分布

减排是硬道理。在做好微环境改善的同时，我们应更加关注工业园区等高值区的治理，以及高架源、排放大户的精细化管控。

三、臭氧生成以 VOCs 控制区为主

O_3 和 $PM_{2.5}$ 之间具有很强的关联性，VOCs 和 NO_x 是 O_3 和 $PM_{2.5}$ 二次生成的共同前体物，O_3 浓度会影响大气氧化性从而进一步促进气态前体物向 $PM_{2.5}$ 转化。此外，$PM_{2.5}$ 可通过改变辐射强度、传输扩散等间接影响 O_3 的二次生成。

空气质量模型模拟的江苏省沿江 8 市及苏北 5 市 EKMA 曲线结果显示，现阶段江苏省臭氧生成主要集中在 VOCs 控制区及 VOCs 和 NO_x 协同控制区，如图 3-13、图 3-14 所示。

研究人员利用哨兵五号卫星观测到的臭氧污染季 HCHO 与 NO_2 柱浓度比值，将其作为臭氧敏感性指示剂分析江苏省不同区域臭氧生成主控因子，结果显示，2021 年 5 月，江苏省南部等沿江城市主要处于 VOCs 控制区，其他地区基本都处于 VOCs—NO_x 过渡区，如图 3-15 所示。

特定风向、辐射、温湿度等气象条件对臭氧生成影响较为显著。气象数据统计分析结果显示，易出现臭氧超标的气象条件包括太阳辐射 340～360 W/m^3、海平面气压 1 001～1 007 hPa、日平均气温 26～28℃、相对湿度 65%～75%、风速 2.5～3.5m/s。2019 年以来江苏省臭氧污染风向情况见图 3-16，全省 13 个设区市臭氧超

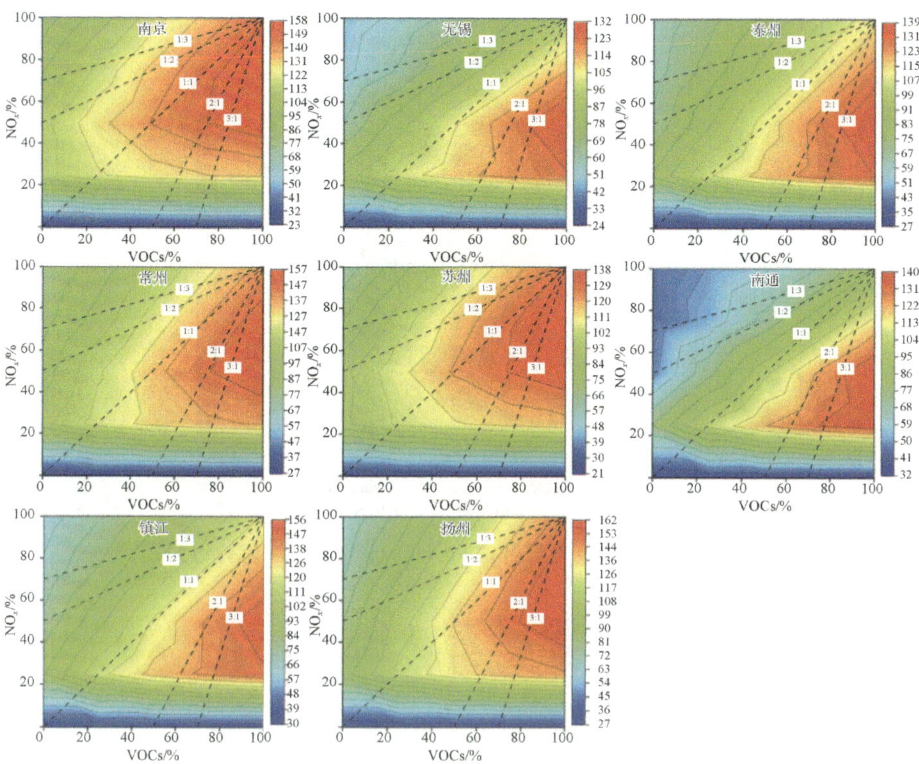

图 3-13　2020 年夏季平均情况下江苏省沿江 8 市的 VOCs 和 NO_x 之间的 EKMA 曲线

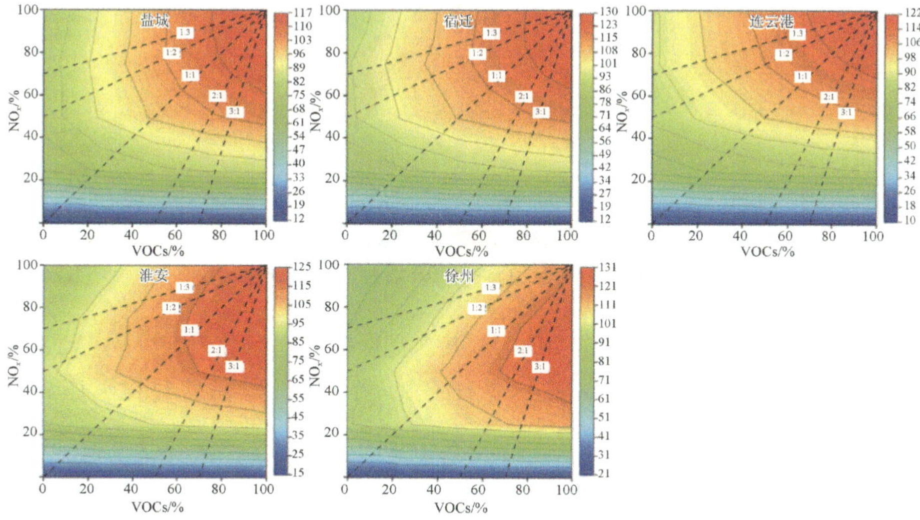

图 3-14　2020 年夏季平均情况下江苏省苏北 5 市的 VOCs 和 NO_x 之间的 EKMA 曲线

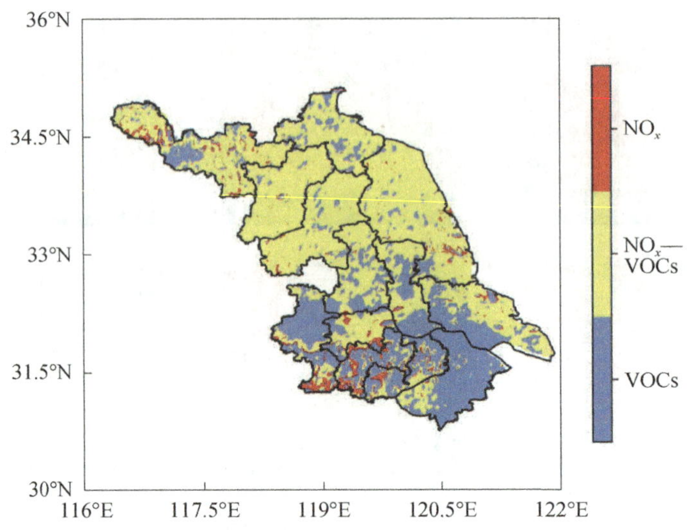

图 3-15　2021 年 5 月江苏省 HCHO 与 NO_2 柱浓度比值分布

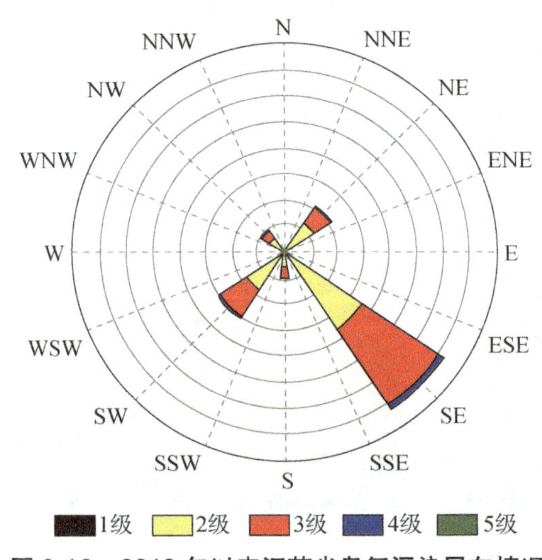

图 3-16　2019 年以来江苏省臭氧污染风向情况

标日中以东南风为主导风向的占 48.6%，其次是西南风和东北风，分别占 20.1%和 14.3%。6—9 月影响江苏省臭氧污染的天气类型主要为副高型和高压脊型。2017—2020 年，副高型、高压脊型天气分别占 6—9 月臭氧污染天数的 36.7%和 28.6%，在副高或副高边缘的控制下，易出现高温、晴热、低湿度、低风速、长日照的天气特征，高空臭氧下传及本地积累容易造成大范围、长时间的臭氧污染，沿江地区更严重。在高空脊/均压或高压的控制下，低层大气以下沉运动为主，主导风向为东南风，风速小、湿度低、天气晴朗，大气静稳，苏北地区臭氧污染更重。通常4—9月，有32.8%的晴天出现臭氧超标，臭氧超标天中，晴天占71.1%，阴天占17.1%，雨天占11.8%。具体来看，梅雨季节湿度相对较高，水平垂直扩散条件不利，也会造成部分时段的臭氧累积，造成臭氧超标。风速与臭氧浓度的高低没有明显相关性，当风速较低时，臭氧高值主要来源于本地生成；当风速较高时，可能由于区域传输造成臭氧超标。

第二节　臭氧污染传输影响分析

1. 沿江城市群臭氧区域传输特征显著

CAMx—OSAT模型模拟结果显示，江苏省臭氧污染贡献约为64%，山东省（9%）、浙江省（6%）也对江苏省臭氧污染造成一定影响。江苏省沿江地区间也易发生污染输送，在受东北气团、西南气团和东南气团影响时，沿线城市环境空气中O_x浓度均出现明显的时间推移特征。江苏省臭氧浓度高值区与前体物排放高值区不完全重合，表明沿江城市群相互传输的影响明显。

2. 沿江地区和东南地区为江苏省最主要的臭氧传输通道

2019—2020年夏季苏南、苏北典型区域气团传输聚类分析结果如图3-17所示，江苏省城市受沿江地区传输通道和东南方向传输通道影响较大。分区域来看，沿江传输通道的污染传输对苏南地区影响较大。臭氧超标期间，沿江地区易受来自沿江传输通道的污染传输，其中从东海途经上海市、苏州市、无锡市、常州市、镇江市和南京市的传输气流占总气团的比例达46%。苏北地区易受到来自东南方向的传输影响，其中从黄海途经盐城市、淮安市、宿迁市的传输气流占总气团的比例达51.5%。

3. 区域传输带来的各项污染物浓度和传输贡献比例总体高于浙江省，且传输影响时间更长、影响范围更广

2019年1月，江苏省、浙江省$PM_{2.5}$区域传输比例分别为33.1%、23.4%，

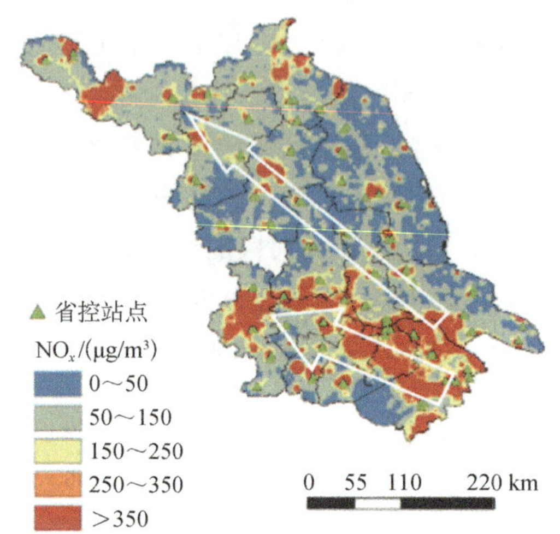

图 3-17 2019—2020 年夏季苏南、苏北典型区域气团传输聚类分析结果

江苏省 $PM_{2.5}$ 的区域传输贡献浓度比浙江省高 12.9 μg/m³。$PM_{2.5}$ 区域传输贡献比例自南向北逐渐增加，江苏省北部临近安徽省、山东省的地区传输比例超过 35%。

从秋冬季典型污染过程情况来看，江苏省基本为中度污染到重度污染，而浙江省基本为良到轻度污染；从污染过程影响时长来看，江苏省区域平均颗粒物浓度持续近 60 h 超过《环境空气质量标准》（GB 3095—2012）中的二级标准（75 μg/m³），是浙江省污染时长的 2 倍，如图 3-18 所示。冷锋携污染物南下到长三角地区后，更倾向于东移出海，造成了江苏省和浙江省污染程度的不同。经统计，2018 年 10 月—2019 年 3 月类似的污染传输过程共出现 41 d，约占整个秋冬季的 1/3。

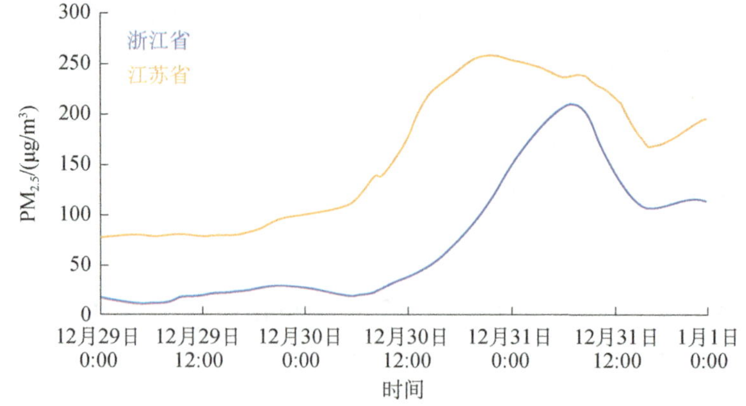

图 3-18 长三角地区典型 $PM_{2.5}$ 污染过程时间序列

第四章

江苏省大气污染物排放特征

第一节　源清单建立技术方法

一、排放系数确定方法

排放系数的主要获取方法包括实地测量法、在线监测法、物料衡算法、排放系数库法等。其中，通过实地测量法获取的排放系数最为准确，但该方法对场地、人工、技术等有一定要求。在不展开实测的情况下，可使用其他方法确定排放因子。其中，排放系数库法操作最为简便，通过参考各清单编制手册或指南的推荐值即可确定相应排放系数，本书总结的排放系数主要参考《技术手册》，工业源部分参考《江苏暂行办法》、《系数手册》、我国台湾“排放系数”等，对《技术手册》未涵盖或未细化部分进行相应补充。基于江苏本地排放清单的建立和更新的经验，可以调用电厂、钢铁、水泥等重点行业企业的在线监测数据，对其活动水平进行更新。

1. 排放系数库法

表 4-1 根据不同排放源大类、行业以及生产环节，给出排放系数确定依据的可选参考资料，依据实际清单的建立、更新工作过程选择排放系数。

溶剂使用源的排放系数确定主要是确定不同类型溶剂的 VOCs 含量，可参考《江苏暂行办法》附件 3 中的表 2-1，《技术手册》附表 G-1 给出的大部分工业溶剂使用排放系数根据产品数量确定 VOCs 排放量，在计算过程中易产生较大误差。面源溶剂使用源的 VOCs 排放量计算相关系数可参考《技术手册》附表 G-1。

表 4-1　排放系数确定依据

排放源	行业	生产环节	排放系数确定依据	说明
化石燃料固定燃烧源	不分行业		《技术手册》附表 D-4	
			《系数手册》中《火力发电热电联产行业系数手册》（序号225）、《工业锅炉（热力供应）行业系数手册》（序号227）等	细化以石油焦等为原料、以循环流化床锅炉等为工艺的排放源的排放系数
工艺过程源	钢铁		《技术手册》附表 E-1	—
			《系数手册》中《炼铁行业系数手册》（序号 193）、《炼钢行业系数手册》（序号 194）等	细化不同球矿冶炼工艺、不同高炉的排放系数
	水泥		《技术手册》附表 E-1	—
			《系数手册》中《水泥、石灰和石膏制造行业系数手册》（序号 167）、《石棉水泥制品制造行业系数手册》（序号169）等	对不同工艺技术的窑尾和窑头排放进行了补充；包含石棉水泥制造环节的排放系数
	玻璃		《技术手册》附表 E-1	—
			《系数手册》中《玻璃制造行业系数手册》（序号 172）等	根据平板玻璃的制造原料对排放系数进行了进一步细分（分为“硅砂+油”和“硅砂+气”）
	砖瓦		《技术手册》附表 E-1	—
			《系数手册》中《砖瓦、石材等建筑材料制造行业系数手册》（序号 171）等	细化不同砖瓦产品种类、工艺类型的排放系数
	石化与化工	有组织排放	《技术手册》附表 E-1、附表 E-2	—
			《江苏暂行办法》中表 2.5-1、表 2.5-2	细化不同石化生产单元的产污系数；给出了更全面的石化化工产品生产的 VOCs 产污系数
			《系数手册》中序号 110 至序号第 145	每个行业给出了更全面的产品类型以及对应产污系数，且进一步细化不同生产方式
			我国台湾“排放系数”	根据废气所含 VOCs 种类细化排放系数，可以对《技术手册》《系数手册》进行补充

续表

<table>
<tr><th>排放源</th><th>行业</th><th>生产环节</th><th>排放系数确定依据</th><th>说明</th></tr>
<tr><td rowspan="12">工艺过程源</td><td rowspan="9">石化与化工</td><td rowspan="3">动静密封点</td><td>《技术手册》附录 E-3、附录 E-4</td><td>—</td></tr>
<tr><td>《江苏暂行办法》表 2.1-4</td><td>分大型、小型石油炼制企业以及工艺单位确定密封点数量参考值</td></tr>
<tr><td>《江苏暂行办法》表 2.1-3</td><td>细化不同化工组件、不同介质的排放系数</td></tr>
<tr><td>有机液体储存和调和</td><td>《技术手册》附录 E-5</td><td>—</td></tr>
<tr><td rowspan="2">有机液体装卸挥发损失</td><td>《技术手册》附表 E-6</td><td>—</td></tr>
<tr><td>《江苏暂行办法》表 2.3-1～表 2.3-6</td><td>根据装载罐车类型、船舶类型等给出了分类更为详细的排放系数数值</td></tr>
<tr><td rowspan="2">废水集输、储存、处理处置</td><td>《技术手册》附表 L-1</td><td>仅给出了 NH_3 的排放因子</td></tr>
<tr><td>《江苏暂行办法》表 2.4-1</td><td>给出了分生产单元、废水中石油类浓度的废水收集/处理设施的 VOCs 产污系数</td></tr>
<tr><td colspan="2" rowspan="3">其他工艺过程源</td><td>《技术手册》附表 E-1</td><td>—</td></tr>
<tr><td>《系数手册》</td><td>—</td></tr>
<tr><td>我国台湾“排放系数”</td><td>—</td></tr>
<tr><td rowspan="3">溶剂使用源</td><td colspan="2">面源</td><td>《技术手册》附表 G-1</td><td>—</td></tr>
<tr><td colspan="2" rowspan="2">工业源</td><td>《江苏暂行办法》附件 3 中的表 2-1</td><td>细化溶剂型涂料类型的 VOCs 含量参考值</td></tr>
<tr><td>《技术手册》附表 G-1</td><td>部分系数根据产品件数确定排放量</td></tr>
<tr><td rowspan="2">移动源</td><td colspan="2">道路移动源</td><td>《技术手册》附表 F</td><td>—</td></tr>
<tr><td colspan="2">非道路移动源</td><td>《技术手册》附表 F-4</td><td>—</td></tr>
<tr><td>农业源</td><td colspan="2">不分排放源</td><td>《技术手册》附表 H</td><td>—</td></tr>
<tr><td>扬尘源</td><td colspan="2">不分排放源</td><td>《系数手册》附表 I</td><td>—</td></tr>
<tr><td rowspan="2">生物质燃烧源</td><td colspan="2">民用生物质炉灶</td><td>《技术手册》附表 J</td><td>—</td></tr>
<tr><td colspan="2">生物质开放燃烧</td><td>《技术手册》附表 J</td><td>—</td></tr>
</table>

续表

排放源	行业	生产环节	排放系数确定依据	说明
生物质燃烧源	生物质锅炉		《技术手册》附表 J	仅给出唯一参考值，不分锅炉规模，不分燃料种类
			《系数手册》中《生物质能发电行业系数手册》《工业锅炉（热力供应）行业系数手册》等系数手册	给出了生物质电厂的产污系数，以及细化散烧和非散烧工艺过程分类的生物质锅炉产污系数
储存运输源	不分排放源		《技术手册》附表 K	—
废弃物处理源	不分排放源		《技术手册》附表 L	—
其他排放源	餐饮油烟		《技术手册》附表 M	—

江苏省重点行业 VOCs 综合管理系统根据江苏省实地勘测获得的本地化样本数据，综合文献资料调研结果，总结了常用工业有机溶剂 VOCs 含量参考值，与其他资料对比结果如表 4-2 所示。《技术手册》中根据喷涂产品种类区分的有机溶剂类型数量较多，仅给出部分示例。

表 4-2 江苏省本地化工业有机溶剂 VOCs 含量参考值及对比

有机溶剂种类	江苏省重点行业 VOCs 综合管理系统		《系数手册》		《技术手册》		
	有机溶剂类型	VOCs 含量/%	有机溶剂类型	VOCs 含量/%	溶剂使用过程	VOCs 排放系数	单位
涂料	溶剂型	75	溶剂型	80	汽车喷涂	21.2	kg/辆
	水性	20	水性	15	自行车喷涂	0.3	kg/辆
	辐射固化—水性	15	UV	15	漆包线涂层	84.37	t/（生产线·a）
	辐射固化—非水性	50			金属家具涂层	0.2	kg/件
	粉末	3	粉末	0	家电涂层	0.2	kg/件
	高固体份	30	高固体份	10	设备制造涂层	0.4	kg/件

续表

有机溶剂种类	江苏省重点行业 VOCs 综合管理系统		《系数手册》		《技术手册》		
	有机溶剂类型	VOCs 含量/%	有机溶剂类型	VOCs 含量/%	溶剂使用过程	VOCs 排放系数	单位
油墨	溶剂型	75	溶剂型	80	传统油墨	750	g/kg 油墨
	水性	20	水性	15	新型油墨	100	g/kg 油墨
	胶印	5	UV	0			
	能量固化	15					
	雕刻凹印	75					
胶粘剂	溶剂型	50	溶剂型	80			
	水性	5	水性	15			
清洗剂	水基	5	水性硬化剂、处理剂、清洗剂等	15			
	半水基	30					
	溶剂型	90					
	洗车水	90					
有机稀释剂	不分技术	100	稀释剂	100			
有机染料	有机染料	60	固化剂	50	染料印染	81.4	g/kg 染料
无机印染	无机印染	0	溶剂型硬化剂、处理剂、稀释剂、去渍油、清洗剂等	100			
颜料	溶剂型	75					
	水性	20					
脲醛树脂	脲醛树脂	6					
酚醛树脂	酚醛树脂	7					
三聚氰胺树脂	三聚氰胺树脂	14					
其他树脂胶	其他树脂胶	7					
其他	粉末	3					

此外，在排放系数库法的使用过程中，发现部分系数与实际排放情况有一定差距：

（1）机动车

《系数手册》给出了本地化的道路移动源排放系数（分江苏省 13 个设区市），但是污染物仅包括 NO_x、VOCs 和 $PM_{2.5}$，且《系数手册》和《技术手册》在使用过程中存在共同的问题：①未包括国六排放标准的机动车；②机动车燃料类型只有汽油、柴油和其他，未给出针对氢能、混动、电动等新能源汽车的排放系数，其他类的排放因子难以反映城市机动车的实际情况；③未包括 CO_2 的排放系数。在有条件的情况下，建议通过开展实地测量进行排放因子确认，若无法开展实测，可通过查阅文献确定。在清华大学吴烨等[80]编制的《中国大城市电动车发展的空气质量影响评估：北京和深圳案例分析》研究报告中，给出了不同种类电车的耗电量参考值（纯电动小客车、纯电动公交车分别为 19.5 kW · h/100 km、84.0 kW · h/100 km），可结合当地用电结构特征计算全生命周期的 CO_2 排放因子；同时给出了国六排放标准的汽油小客车和柴油公交车的 NO_x、VOCs 等大气污染物和 CO_2 的排放因子参考值（表 4-3）。

表 4-3　国六排放标准的汽油小客车和柴油公交车排放因子参考值

排放物种类	汽油小客车	柴油公交车
SO_2	0.001	0.004
NO_x	0.02	2.50
VOCs	0.13	0.02
$PM_{2.5}$	0.001	0.020
BC	0.000 6	0.000 9
CO_2	157	649

（2）造纸

清单系统中造纸行业的 SO_2 排放因子为 8 g/kg 纸浆，但实际造纸过程中废水排放量较多，第二次全国污染源普查中造纸行业 SO_2 排放量较少，仅为 12 g/t 产品，是清单技术指南中造纸行业 SO_2 排放因子的 10 倍，导致清单内系统中部分城市造纸行业排放量估算过高。

（3）铅冶炼

铅冶炼企业 SO_2 和 NO_x 工艺过程的排放因子均为 0，排放量被显著低估，但往往该类企业排放量可达到上千吨的排放水平。根据苗雨等[81]对铅冶炼行业工业炉窑的研究结果，SO_2、NO_x 是铅冶炼沸腾焙烧、烧结、漩涡炉等多个工艺环节排放的主要污染物。

（4）工业生物质锅炉

《技术手册》中工业生物质锅炉的 VOCs 排放系数（以生物质成型燃料为燃料）为 1.13 g/kg 燃料，远高于 Wang 等[82]、Zhang 等[83]对生物质燃料燃烧 VOCs 排放特征研究的结果［不高于 0.7 g/kg 燃料（除麦秆燃料）、0.1～0.2 g/kg 燃料］，且《系数手册》中仅给出 SO_2 和 NO_x 的排放因子，说明存在生物质锅炉 VOCs 排放因子相对较低的可能性。

2. 在线监测法

基于在线监测数据计算排放系数，该方法需收集的数据包括燃料组分、烟气中污染物浓度和氧含量等，公式如下：

$$EF_{\text{final}} = C \times V \tag{4-1}$$

式中，EF_{final} 为最终污染物排放系数，kg/kg 燃料；C 为污染物实测浓度，kg/m^3；V 为单位产品实际烟气量，m^3/kg 燃料。

若是化石燃料固定燃烧源，针对燃料中所含元素（如 C、H、S、O 等），可针对 V 进行进一步的计算，以化石燃料固定燃烧源的燃煤源为例：

$$V = V_1 + V_0 \times (\alpha - 1) \tag{4-2}$$

$$V_0 = 0.0889 \times C + 0.265 \times H + 0.0333 \times (S - O) \tag{4-3}$$

$$V_1 = 0.0889 \times C + 0.529 \times H + 0.0333 \times S - 0.0263 \times O \tag{4-4}$$

$$\alpha = 21 \div (21 - O_c) \tag{4-5}$$

式中，V_1 为理论烟气量，m^3/kg 燃料；V_0 为理论空气量，m^3/kg 燃料；α 为过剩空气系数；O_c 为烟气含氧量，%；C、H、S、O 分别为燃煤收到基各元素质量分数，%，可参考《技术手册》附表 D-1 确定。

3. 物料衡算法

难以开展排放源实测和收集在线监测数据的地区，可通过物料衡算法获取排放系数。可使用物料衡算法的排放源包括化石燃料固定燃烧源、移动源排放源。

采用物料衡算法计算燃煤源 SO_2 和颗粒物产生系数，公式如下：

$$EF_{SO_2} = 2 \times S \times (1 - sr) \tag{4-6}$$

$$EF_{PM} = A_{ar} \times (1 - ar) \times f_{PM} \tag{4-7}$$

$$EF_{BC} = EF_{PM_{2.5}} \times f_{BC} \tag{4-8}$$

$$EF_{OC} = EF_{PM_{2.5}} \times f_{OC} \tag{4-9}$$

式中，EF_{SO_2}、EF_{PM}、EF_{BC}、EF_{OC} 分别为 SO_2、PM、BC、OC 的排放系数，kg/kg 燃料；S 为平均燃煤收到基硫分，%；sr 为硫分进入底灰的比例，%；A_{ar} 为平均燃煤收到基灰分，%；ar 为灰分进入底灰的比例，%；f_{PM} 为排放源产生的某粒径范围颗粒物（如 $PM_{2.5}$ 和 PM_{10}）占总颗粒物的比例，%；f_{BC} 和 f_{OC} 分别是 BC 和 OC 占 $PM_{2.5}$ 的比例，%，可参考《技术手册》附表 D-2、附表 D-3 确定。

移动源中道路移动源和非道路移动机械排放源的 SO_2 排放系数也可使用物料衡算法进行计算，计算公式如下：

$$EF'_{SO_2} = 2 \times S_{油} \tag{4-10}$$

式中，EF'_{SO_2} 为移动源中 SO_2 的排放系数，kg/t 燃料油；$S_{油}$ 为燃油硫含量，kg/t 燃料油。$S_{油}$ 可通过实际调查获取，未开展调查的，可参考《技术手册》推荐值或根据当地的车用燃料油限值取值。

二、收集效率和治理效率的确定

1. 废气收集效率

收集效率的确定可参考《2021 年主要污染物总量减排核算技术指南》，如表 4-4 所示。

表 4-4 VOCs 废气收集效率通用系数 单位：%

	密闭管道	密闭空间	排气柜	外部集气罩	其他收集方式
废气收集效率	90～100	80～100	65	45	10

2. VOCs 废气去除效率

含 VOCs 废气的治理技术种类较多，参考《2021 年主要污染物总量减排核算技术指南》及实测数据，常见 VOCs 末端治理设施的去除效率参考值见表 4-5。

表 4-5　常见 VOCs 末端治理设施的去除效率参考值　　单位：%

工艺技术	VOCs 去除效率	来源
冷凝法—深冷	30	实测
冷凝法—水冷	30	参考资料
膜分离法	80	
吸附—蒸汽解析	70	
吸附—氮气/空气解析	70	
蓄热燃烧法（RTO）	90	
蓄热催化燃烧法（RCO）	85	
直接燃烧法	85	
热力燃烧法	85	
分子筛吸附—热力燃烧法	80	
活性炭吸附—热力燃烧法	70	
催化燃烧法	75	实测
分子筛吸附—催化燃烧法	75	参考资料
活性炭吸附—催化燃烧法	65	
生物滴滤法	30	
生物过滤法	25	
低温等离子体	10	
光解	10	
光催化	10	
臭氧氧化	10	
喷淋吸收—甲醛、甲醇、乙醇、DMF、DMAC、废气	50	
喷淋吸收—非水溶性 VOCs、废气	10	
一级活性炭吸附	30	
二级活性炭吸附	50	实测
吸附浓缩+冷凝回收	30	
沸石转轮+热力焚烧	30	
沸石转轮+蓄热燃烧	30	
催化氧化法	30	
催化还原法	30	
冷凝净化法	30	
其他方法	10	参考资料

3. 脱硫脱硝效率

化石燃料固定燃烧源以及钢铁、水泥、玻璃等部分重点行业都会在末端安装脱硫脱硝设备，常见相关设备的脱硫脱硝去除效率可参考《技术手册》附表 C-1，如表 4-6 所示。

表 4-6 常见相关设备的脱硫脱硝去除效率 单位：%

污染控制措施	SO_2	NO_x	VOCs	$PM_{2.5}$	$PM_{2.5\sim10}$	BC	OC
烟气循环流化床法	50	0	0	0	0	0	0
炉内喷钙法	50	0	0	0	0	0	0
石灰石/石灰—石膏法	80	0	0	57	75	57	57
双碱法	80	0	0	57	75	57	57
海水法	80	0	0	57	75	57	57
氧化镁法	80	0	0	57	75	57	57
氨法	80	0	0	57	75	57	57
密相干法	50	0	0	0	0	0	0
旋转喷雾干燥法	50	0	0	0	0	0	0
其他脱硫技术	40	0	0	0	0	0	0
普通低氮燃烧器	0	22	0	0	0	0	0
高效低氮燃烧器	0	42	0	0	0	0	0
选择性非催化还原法	0	30	0	0	0	0	0
选择性催化还原法	0	42	0	0	0	0	0
其他脱硝技术	0	20	0	0	0	0	0

注：$PM_{2.5\sim10}$ 为粒径范围大于 2.5 μm 且小于等于 10 μm 的颗粒物。下同。

4. 工业除尘效率

化石燃料固定燃烧源以及钢铁、水泥、玻璃、砖瓦等生产环节涉及颗粒物排放的行业都会安装相应的除尘设施。部分除尘设施对 SO_2 及其他污染物也有一定的脱除效率。常见工业除尘设施的去除效率可参考《技术手册》附表 C-1，如表 4-7 所示。

表 4-7 常见工业除尘设施的去除效率 单位：%

污染控制措施	SO_2	$PM_{2.5}$	$PM_{2.5\sim10}$	BC	OC
重力沉降法	0	10	70	10	10
惯性除尘法	0	10	70	10	10
湿法除尘法	20	50	90	50	50
普通静电除尘法	0	93	98	93	93
高效静电除尘法	0	96	99	96	96
过滤式除尘法	0	99	99.5	99	99
电袋复合除尘法	0	96	99	96	96
单筒旋风除尘法	0	10	70	10	10
多管旋风除尘法	0	10	70	10	10
无组织尘一般控制技术	0	10	15	10	10
无组织尘高效控制技术	0	30	50	30	30
其他除尘技术	0	10	70	10	10

5. 其他治理效率

其他排放源的相应污染物控制措施以及去除效率（以面源为主）可参考《技术手册》附表 C-1 确定，如表 4-8 所示。

表 4-8 部分污染控制措施的去除效率 单位：%

污染控制措施	对应的主要排放源	SO_2	NO_x	VOCs	$PM_{2.5}$	$PM_{2.5\sim10}$	BC	OC
一次油气回收	油气储运	0	0	50	0	0	0	0
二次油气回收		0	0	80	0	0	0	0
三次油气回收		0	0	90	0	0	0	0
油烟净化器	餐饮	0	0	60	0	0	0	0
农田人造防风屏障	土壤扬尘	0	0	0	52	73	0	0
农田作物覆盖		0	0	0	75	95	0	0
农田地面覆盖		0	0	0	25	45	0	0
农田建设防风林		0	0	0	21	41	0	0
铺装道路每天洒水 2 次	道路扬尘	0	0	0	46	58	0	0
铺装道路喷洒抑尘剂		0	0	0	30	43	0	0

续表

污染控制措施	对应的主要排放源	SO_2	NO_x	VOCs	$PM_{2.5}$	$PM_{2.5\sim10}$	BC	OC
铺装道路普通吸尘清扫	道路扬尘	0	0	0	9	12	0	0
铺装道路真空吸尘清扫	道路扬尘	0	0	0	22	27	0	0
未铺装道路限制车速	道路扬尘	0	0	0	37	45	0	0
未铺装道路每天洒水 2 次	道路扬尘	0	0	0	46	56	0	0
未铺装道路使用化学抑尘剂	道路扬尘	0	0	0	70	86	0	0
施工场地路面铺装及洒水	施工扬尘	0	0	0	67	83	0	0
施工场地安装尼龙塑胶防尘网（网径 0.5 mm，网距 3 mm）	施工扬尘	0	0	0	17	21	0	0
施工场地安装尼龙塑胶防尘网（网径 1 mm，网距 5 mm）	施工扬尘	0	0	0	8	11	0	0
施工场地覆盖高强度纤维织布	施工扬尘	0	0	0	22	28	0	0
施工场地覆盖尼龙塑胶网防尘布（网径 1 mm，网距 5 mm）	施工扬尘	0	0	0	14	18	0	0
施工场地使用化学抑尘剂	施工扬尘	0	0	0	71	87	0	0
施工场地安装 2.4 m 硬质围挡	施工扬尘	0	0	0	13	16	0	0
施工场地安装 1.8 m 硬质围挡	施工扬尘	0	0	0	8	11	0	0
堆场输送点位连续洒水	堆场扬尘	0	0	0	52	64	0	0
建筑料堆三边用孔隙率 50% 的围挡遮围	堆场扬尘	0	0	0	63	77	0	0
矿料堆定期洒水	堆场扬尘	0	0	0	40	53	0	0
矿料堆使用化学覆盖剂	堆场扬尘	0	0	0	71	96	0	0
煤堆定期洒水	堆场扬尘	0	0	0	49	66	0	0
煤堆使用化学覆盖剂	堆场扬尘	0	0	0	71	94	0	0
建筑料堆使用编织布覆盖	堆场扬尘	0	0	0	64	84	0	0
无控制技术	所有排放源	0	0	0	0	0	0	0

第二节　$PM_{2.5}$和臭氧前体物排放特征

一、江苏省大气污染物排放特征

2019 年，江苏省各类污染源大气污染物的排放总量如下：SO_2为 23.22 万 t，NO_x为 91.72 万 t，CO 为 696.81 万 t，VOCs 为 96.54 万 t，NH_3为 39.12 万 t，TSP 为 273.89 万 t，PM_{10}为 100.19 万 t，$PM_{2.5}$为 43.11 万 t，BC 为 2.50 万 t，OC 为 4.37 万 t。

其中，NO_x的主要排放源为移动源（占比 61.46%），VOCs 的主要排放源为工艺过程源（占比 49.97%），SO_2的主要排放源为工艺过程源（占比 50.73%），TSP 和PM_{10}的主要排放源为扬尘源（占比分别为 67.53%和 49.47%），$PM_{2.5}$的主要排放源为工艺过程源（占比 49.44%），CO 的主要排放源为工艺过程源（占比 79.30%），NH_3的主要排放源为农业源（占比 85.51%），BC 的主要排放源为移动源（占比 69.60%），具体如图 4-1 所示。

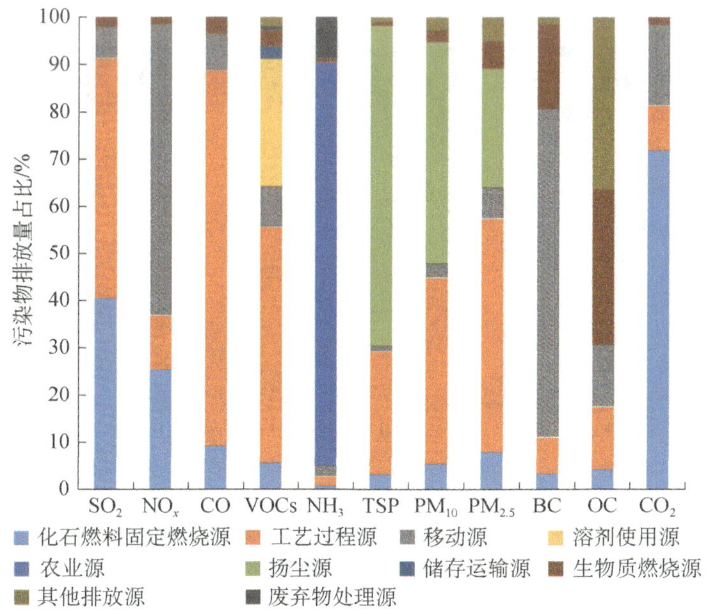

图 4-1　2019 年江苏省各类污染源大气污染物排放量占比

1. 工业源排放特征

2019 年，江苏省工业源大气污染物排放情况：NO_x 排放量为 32.81 万 t，VOCs 排放量为 76.05 万 t，TSP 排放量为 80.26 万 t，PM_{10} 排放量为 38.98 万 t，一次 $PM_{2.5}$ 排放量为 24.56 万 t，CO 排放量为 616.65 万 t，SO_2 排放量为 20.95 万 t，NH_3 排放量为 4.12 万 t，BC 排放量为 0.23 万 t，OC 排放量为 0.67 万 t，CO_2 排放量为 46 337.29 万 t。

其中，工业源 NO_x 主要来自电力供热、冶金和建材行业，贡献率分别为 56.6%、22.7%和 9.1%。VOCs 来源较为复杂，石化与化工行业生产工序流程长，VOCs 释放环节较多，其排放量占工业源排放总量的 32.19%；表面涂层和其他工业的 VOCs 排放占比较高，分别为 26.81%和 7.73%。TSP 主要来自建材、冶金和电力供热行业，排放占比分别为 59.2%、29.3%和 8.7%。一次 $PM_{2.5}$ 主要来自冶金、建材和电力供热行业，排放占比分别为 53.2%、31.0%和 11.3%；PM_{10} 主要来源于建材、冶金和电力供热，排放占比分别为 44.1%、40.5%和 11.0%。SO_2 主要来自电力供热、冶金和建材行业，排放占比分别为 38.4%、24.6%和 18.6%。NH_3 主要来自电力供热的烟气脱硝和石化化工行业，排放占比分别为 71.2%和 17.6%。如图 4-2 所示。

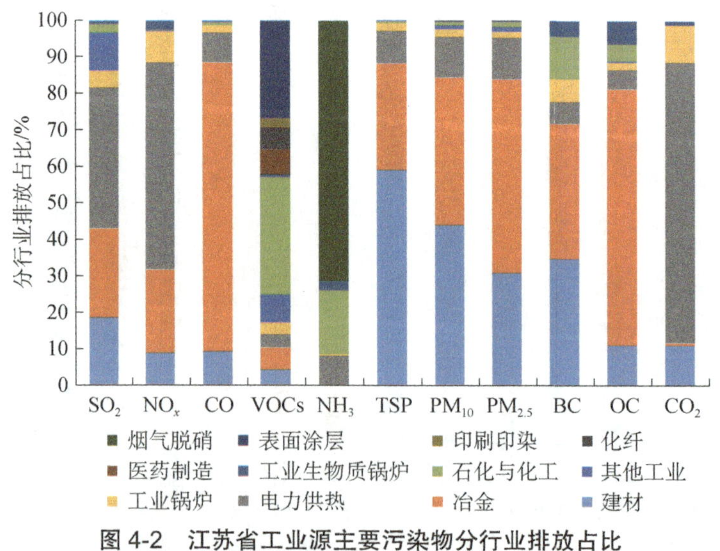

图 4-2 江苏省工业源主要污染物分行业排放占比

江苏省 VOCs 排放总量及排放强度都居全国前列。2018 年，江苏省 VOCs

排放总量居全国前 3，其中工业源单位面积排放强度在全国所有省（自治区、直辖市）中位列第 1。石化、化工、涂装、纺织印染、木材加工、塑料橡胶制品和包装印刷是江苏省 VOCs 排放的 7 个重点行业，占工业源 VOCs 排放量的近 80%。苏南地区（镇江市除外）、沿海 3 市、徐州市 VOCs 排放量居江苏省前列。基于污染源成分谱库建立的江苏省 VOCs 分物种排放清单结果显示，江苏省 VOCs 排放以芳香烃、烷烃占比最大，占比之和超过 50%，其次是烯烃和含氧 VOCs 类物质。其中，臭氧生成潜势最高的苯系物主要来自涂装、印刷等有机溶剂使用行业。如图 4-3 所示。

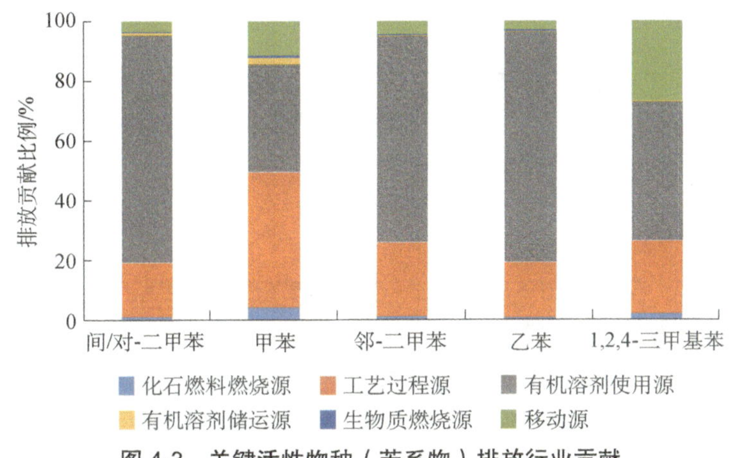

图 4-3　关键活性物种（苯系物）排放行业贡献

2017—2018 年，根据“重点行业 VOCs 综合管理系统”填报数据，江苏省低 VOCs 含量涂料替代工程数量约 350 项，占治理工程总数的 2%～3%，VOCs 减排量占 7%～10%。工业涂装领域溶剂型涂料使用比例超过 70%，水性、高固体分、辐射固化、粉末、无溶剂等环境友好型涂料占比不足 30%，尤其是在电子电器制造、船舶制造等领域，低 VOCs 含量涂料替代技术尚不成熟，难以全面开展替代工作，具体见表 4-9。2019—2020 年，国家建筑用墙面涂料、木器涂料、车辆涂料、工业防护涂料等 6 项强制性涂料产品标准发布，2020 年全面实施。推荐性国家标准《低挥发性有机化合物含量涂料产品技术要求》（GB/T 38597—2020）发布，其首次对“低 VOCs 含量涂料”有了较为科学的定义，有力推进了涂料行业的低 VOCs 含量涂料的替代进程。

表 4-9　重点行业涂料使用现状

单位：%

行业	溶剂型	水性	高固体分	辐射固化型	无溶剂型	粉末型
船舶制造（不含军船）	76	6	18	0	0	0
木质家具制造（含地板）	67	15	8	9	0	1
汽车原厂制造（含轨交）	43	52	2	1	0	2
工程机械制造（含农机）	74	15	5	0	1	5
电子电器制造	79	10	1	10	0	0
集装箱制造	8	92	0	0	0	0
汽车维修	75	15	10	0	0	0
建筑内外墙涂料涂装	2	98	0	0	0	0
地坪涂料涂装	50	3	7	0	40	0
防水涂料涂装	50	5	5	0	40	0
道路标志线涂装	50	2	0	0	48	0

2. 移动源排放特征

2019 年，江苏省机动车、农业机械、工程机械、船舶、飞机和铁路内燃机车 5 类移动源 NO_x 排放量为 58.97 万 t，VOCs 排放量为 8.83 万 t，SO_2 排放量为 1.76 万 t，TSP 排放量为 3.36 万 t，PM_{10} 排放量为 3.25 万 t，一次 $PM_{2.5}$ 排放量为 3.05 万 t，CO 排放量为 55.84 万 t，NH_3 排放量为 0.86 万 t，BC 排放量为 1.87 万 t，OC 排放量为 0.63 万 t。

在移动源中，对 VOCs、CO、NH_3 排放贡献明显较大的为道路移动源，即主要为机动车排放，占比分别为 72.52%、91.86%、100.00%。而 TSP、PM_{10}、$PM_{2.5}$、BC 和 OC 的主要排放源为非道路移动源，占比依次为 66.20%、64.49%、65.39%、70.11%和 66.78%，如图 4-4 所示。13 个设区市中，苏州市、南京市、徐州市、无锡市的道路移动源污染物排放量较为突出。盐城市、淮安市和徐州市非道路移动源污染物排放总量较为突出。

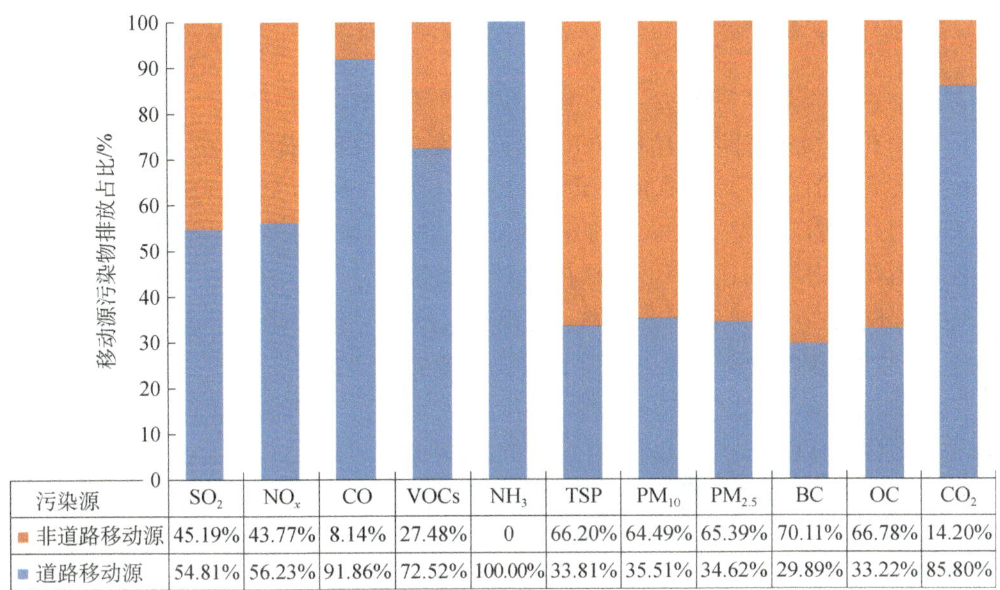

污染源	SO_2	NO_x	CO	VOCs	NH_3	TSP	PM_{10}	$PM_{2.5}$	BC	OC	CO_2
非道路移动源	45.19%	43.77%	8.14%	27.48%	0	66.20%	64.49%	65.39%	70.11%	66.78%	14.20%
道路移动源	54.81%	56.23%	91.86%	72.52%	100.00%	33.81%	35.51%	34.62%	29.89%	33.22%	85.80%

图 4-4　江苏省移动源污染物排放占比

3. 面源排放特征

2019 年，江苏省面源 VOCs 排放量为 32.57 万 t，NO_x 排放量为 2.55 万 t，NH_3 排放量为 34.12 万 t，TSP 排放量为 190.58 万 t，PM_{10} 排放量为 52.48 万 t，$PM_{2.5}$ 排放量为 15.71 万 t，SO_2 排放量为 0.74 万 t，CO 排放量为 27.50 万 t，BC 排放量为 0.53 万 t，OC 排放量为 3.12 万 t，CO_2 排放量为 2 030.14 万 t。

其中，VOCs 的主要面源排放源为表面涂层和储存运输源，其占比分别为 62.59%和 7.99%，NO_x 的主要面源排放源为民用锅炉、民用燃烧和生物质开放燃烧，占比分别为 61.18%、18.30%和 15.32%。NH_3 的主要面源排放源为农业源，占比为 98.02%，其中氮肥施用对农业源 NH_3 排放的影响最大。TSP 的主要面源排放源为扬尘源，占比为 97.04%，道路扬尘源为主要的扬尘源面源排放源。PM_{10} 的最大面源排放源为扬尘源，占比为 89.04%。一次 $PM_{2.5}$ 的最大面源排放源为扬尘源，占比为 68.37%。SO_2 的最大面源排放源为民用燃烧、生物质炉灶和生物质开放燃烧，占比分别为 56.67%、25.92%和 12.23%。BC 的主要面源排放源为生物质炉灶和生物质开放燃烧，占比分别为 53.69%和 27.89%。OC 的主要面源排放源为餐饮业，占比为 50.99%。

4. 空间分布特征

江苏省沿江 8 市 VOCs、NO_x 和颗粒物的排放量均较为突出，其中苏州、南京、无锡和常州 4 市的 NO_x 和 VOCs 排放量最为突出。沿江 8 市 NO_x、VOCs、SO_2 排放量分别占江苏省排放总量的 64.4%、76.3%和 69.4%，TSP、一次 $PM_{2.5}$ 和 PM_{10} 分别占江苏省排放总量的 68.9%、72.1%和 76.9%。沿江 8 市各类污染物在江苏省排放总量的占比中，OC 排放量占比最高，达到 80.3%；NH_3 排放量占比最低，仅为 30.7%。苏州、南京、无锡和常州 4 市 NO_x 排放量占江苏省排放总量的 42.82%，VOCs 排放量占江苏省排放总量的 47.02%。

南京、徐州、苏州、常州 4 市颗粒物排放较为突出。江苏省 PM_{10} 排放量为 111.99 万 t，南京市（14.37%）、徐州市（13.97%）、苏州市（12.43%）、镇江市（9.75%）和常州市（9.00%）排放量较大，为江苏省排放量的 59.53%；江苏省一次 $PM_{2.5}$ 排放量为 47.52 万 t，镇江市（13.85%）、徐州市（12.97%）、南京市（12.28%）、苏州市（10.87%）和常州市（9.10%）排放量较大，为江苏省排放量的 59.07%。

NO_x 和 CO 高值区主要集中在城区、工业区，并呈现沿道路分布的特征。SO_2 和 VOCs 高值区主要分布在城区与工业区。颗粒物高值区主要分布在城市工业区，也呈现沿道路分布的特征。与其他污染物相比，NH_3 的排放呈现明显的面源分布特征，苏北和沿海地区的排放明显高于江苏省其他城市，其点源高值区主要来源于脱硝产生的氨排放。具体如图 4-5 所示。

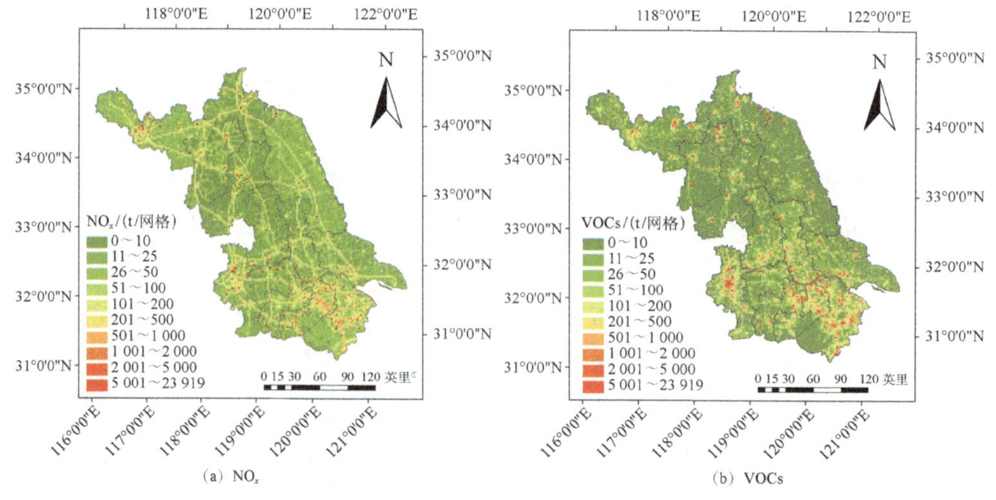

(a) NO_x　　(b) VOCs

① 1 英里≈1.61 km。

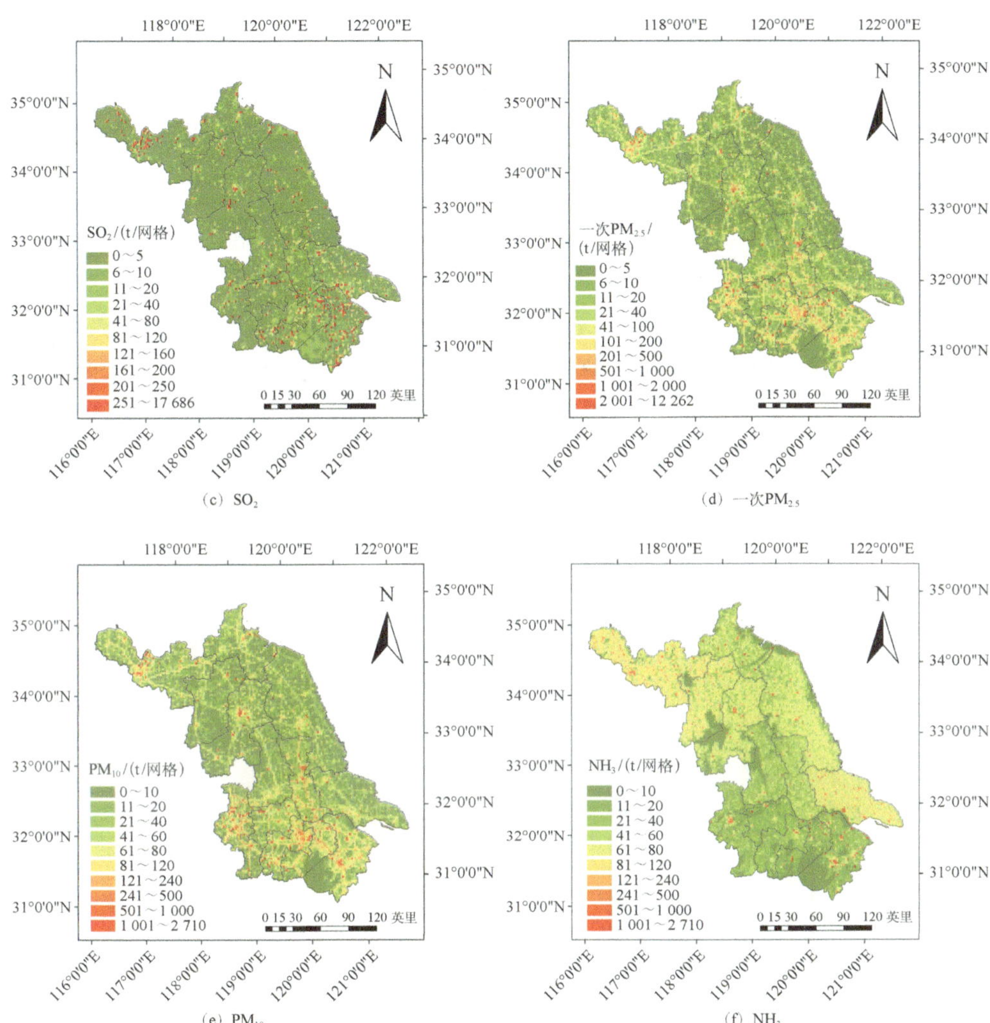

(c) SO$_2$　(d) 一次PM$_{2.5}$

(e) PM$_{10}$　(f) NH$_3$

图 4-5 大气污染源 NO$_x$、VOCs、SO$_2$、一次 PM$_{2.5}$、PM$_{10}$、NH$_3$ 高分辨率排放空间分布特征

二、与其他省级行政区比较情况

1. 排放量和排放强度

NO$_x$ 和 VOCs 排放量和排放强度仍然处于高位。江苏省 SO$_2$、NO$_x$ 排放量位居全国第 3，VOCs 排放量位居全国第 2，单位面积 SO$_2$、NO$_x$、颗粒物和 VOCs 排放量分别为全国第 1、第 3、第 4 和第 4。单位面积 NO$_x$ 排放量分别为全国平

均水平、浙江省、安徽省、山东省、广东省的 6.3 倍、2.3 倍、2.0 倍、1.2 倍、2.1 倍，单位面积 VOCs 排放量分别为全国平均水平、浙江省、安徽省、山东省、广东省的 6.6 倍、1.2 倍、2.7 倍、1.1 倍、1.7 倍，单位面积颗粒物排放量分别为全国平均水平、浙江省、山东省、广东省的 3.5 倍、1.7 倍、1.6 倍、1.2 倍，单位面积 SO_2 排放量分别为全国平均水平、浙江省、安徽省、山东省、广东省的 5.5 倍、3.6 倍、2.5 倍、1.5 倍、4.0 倍①。

2019 年江苏省单位地区生产总值排放强度低于河北省、山东省、安徽省，与广东省、浙江省基本持平，治理水平相对较高，如图 4-6 所示。“十三五”期间，江苏省工业源 SO_2、NO_x、$PM_{2.5}$ 排放量降幅分别达到 62%、57%、25%，实施超低排放改造、燃煤锅炉整治等工程，NO_x 减排量 42 万 t，实施 VOCs 减排工程 8 000 余项，VOCs 减排量达到 26 万 t。

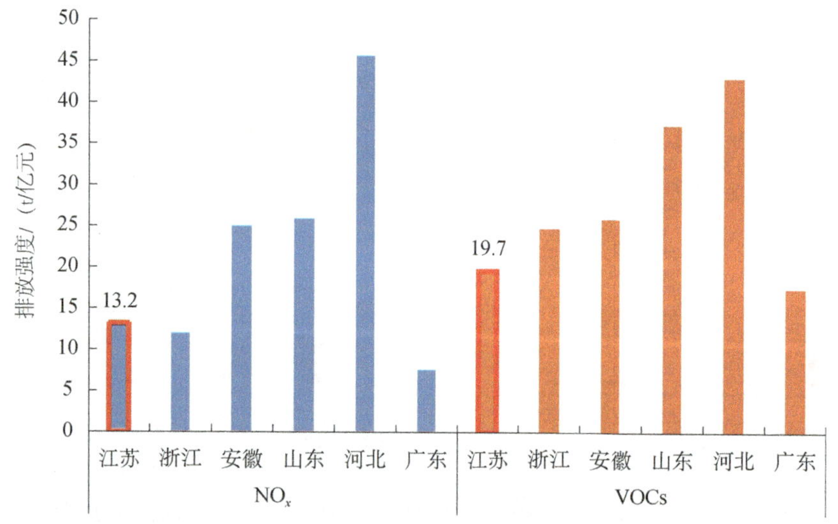

图 4-6 重点省级行政区 NO_x 与 VOCs 单位地区生产总值排放强度

相较于 2014—2015 年，2020 年江苏省主要城市及北京、广州 $PM_{2.5}$ 源解析变化率情况如图 4-7 所示，结果显示，85%的城市燃煤和扬尘贡献显著下降。

2015—2019 年，江苏省扬尘和 SO_2 控制效果最显著，SO_2、NO_x、颗粒物排放量分别下降 53%、20%、18%，燃煤电厂超低改造、水泥和钢铁等非电行业治

① SO_2、NO_x 和颗粒物排放量数据来源为《中国环境统计年鉴 2020》，VOCs 排放量数据来源为清华大学张强教授团队的 MEIC 清单（2017 年版）。

理减排贡献超过 60%，是污染物排放量下降的关键驱动因素；VOCs 排放量降幅仅为 6%，其中“减化”行动和末端治理效率提升带来的减排贡献最为突出。NO_x 和 VOCs 氧化产生的臭氧和二次 $PM_{2.5}$ 污染防治是目前的挑战。

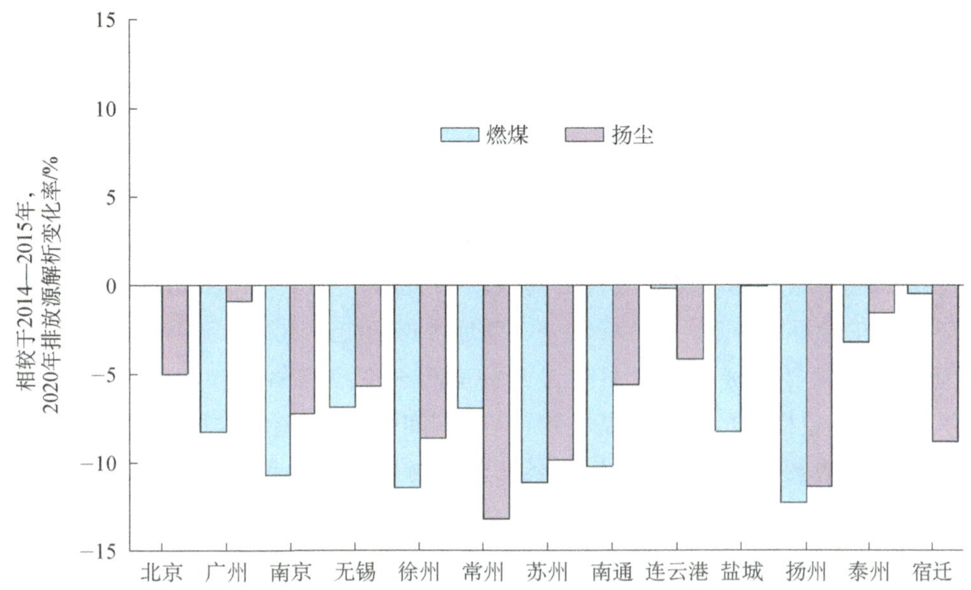

图 4-7 相较于 2014—2015 年，2020 年江苏省主要城市及北京、广州 $PM_{2.5}$ 源解析变化率

2. 减排潜力初步分析

电力行业 NO_x 排放仍有一定压降空间，非电行业 NO_x 治理效果提升空间大。在江苏省 NO_x 重点排放行业中，火电、钢铁行业已完成超低排放改造，水泥、锅炉行业已制定超低排放标准，预计到 2025 年，达到超低排放水平的行业将占江苏省工业 NO_x 排放总量的 90%以上。2020 年 158 家燃煤电厂、燃生物质电厂、燃气电厂 NO_x 小时排放浓度≤50 mg/m^3 的比率分别为 97.4%、36.1%、77.8%。锅炉启动、停炉（机）、事故等非正常情况下烟气污染物短时“高浓度”现象无法避免，并主要集中在启停阶段。钢铁行业 NO_x 排放普遍未能稳定达到超低排放水平，可凝结颗粒物（CPM）排放是烟尘排放量的十几倍，无组织排放控制、清洁运输等改造任务目前尚未完成。

生物质锅炉、燃气锅炉 NO_x 排放量分别占工业锅炉排放总量的 40.9%、36.6%，是减排重点。江苏省生物质锅炉数量超过 5 600 台，是广东、河北、浙江等省级行政区的 2～5 倍，10 蒸吨以下生物质锅炉数量占比达 94.5%，NO_x 排放浓度（尤其煤改生物质锅炉）普遍高于 150 mg/m^3，大量小型生物质锅炉存在燃料掺烧、漏风等问题，烟气含氧量普遍偏高，脱硝设施安装经济可行性低，且无在线监控，日常监管难度大。开展以小型生物质锅炉注销停产为主的生物质锅炉专项整治，对可达标的锅炉予以保留并加强监管，既可以提升生物质锅炉污染管控整体水平，推动生物质锅炉行业高质量发展，又将成为江苏省挖掘减排空间，支撑空气质量持续改善，缓解下一步治气压力的有力举措。

移动源 NO_x 排放量及占比显著上升，对国控、省控站点空气质量影响显著，柴油货车仍是移动源污染防治的重中之重。2015—2019 年，江苏省工业源 NO_x 排放量下降 59%，移动源 NO_x 排放增加 38%。2019 年，移动源排放对 NO_x 贡献占比在南通、宿迁、镇江、淮安、盐城 5 市均超过 70%。江苏省大部分城市移动源的贡献显著提升，且贡献占比普遍高于京津冀与皖鲁豫地区（除北京外）。柴油车超标排放问题仍是关键问题，老旧柴油车超标排放现象普遍，230 辆跟车试验结果显示国四排放标准柴油车实测 NO_x 排放是国三排放标准柴油车的 95%，存在因选择性催化还原技术（SCR）失效导致排放激增的情况。江苏省新能源汽车占比为 1.4%，远低于全国新能源汽车占比最高的深圳（14%）。苏北地区农忙时节农业机械 NO_x 排放量超过机动车的排放量。长江和京杭运河（江苏段）NO_2 质量浓度均比周边城市国控站点监测值高，其中长江航道 NO_2 监测值是周边国控站点的 3 倍，船舶污染控制偏重于硫氧化物和颗粒物污染控制，普遍未安装 NO_x 后处理装置，岸电利用率低。

三、重点区域排放特征

（1）沿江 8 市是臭氧前体物排放的聚集区，也是臭氧及其前体物浓度的高值区，对苏北下游城市臭氧污染有显著贡献

沿江 8 市 NO_x 与 VOCs 排放量分别占江苏省的 66%、72%，单位面积排放强度分别是杭嘉湖城市群和珠三角城市群的 1.2～1.5 倍。沿江地区分布着江苏省 72%的 NO_x 日排放量超过 1 000 t 的高架源，以及 85%以上的石化化工和涂装企业，2021 年统计江苏省 27 个重点行业共计 2.3 万家涉 VOCs 排放企业共排放 VOCs 56.3 万 t，其中沿江 8 市 VOCs 排放量合计占比为 84%。沿江上风向苏

州、南通、无锡 3 市 NO_x 与 VOCs 排放量分别占江苏省的 33.1%和 38.6%，春夏季沿江上风向地区向沿江西部地区自东向西的传输、沿江上风向地区向苏北地区自东南向西北的传输对下风向地区（沿江西部、苏北地区）的臭氧污染贡献分别在 30%、22%以上。具体见图 4-8。

城市群相互传输影响突出。区域主要受东北向、南向气团影响，城市间相互传输影响突出本地前体物排放与其影响区域不重合，臭氧生成主要体现在下风向，对政策制定的科学性要求较高。污染时段对连云港、淮安、盐城 3 市臭氧浓度的贡献分别达到 24%、19%、45%。

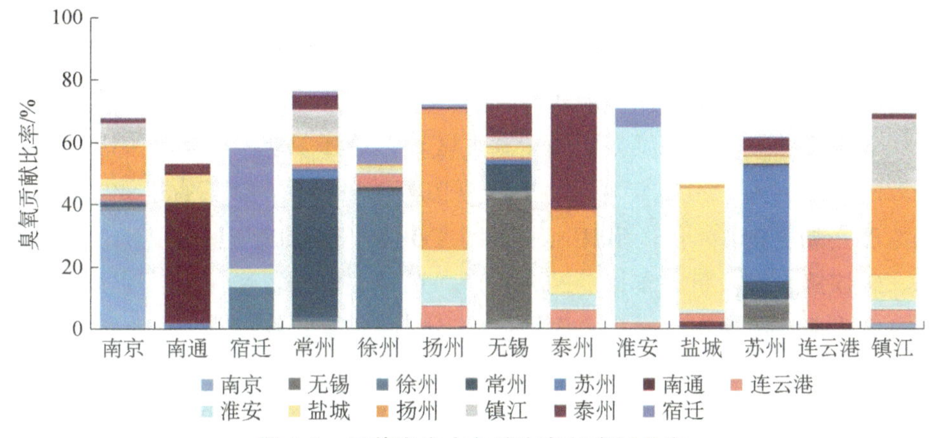

图 4-8　江苏省省内各城市臭氧来源分布

苏北地区是全国氨排放高值区，工业烟气氨逃逸问题对城区 $PM_{2.5}$ 污染的影响需要关注。2015 年以来，化肥利用率提升使江苏省氨排放量下降 10%，氨排放集中在苏北 5 市以及南通市，这 6 市占全省排放总量的 71%，是全国氨排放高值区。农业氨排放约占 80%，主要包括氮肥施用和畜禽养殖排放。城区大气中非农业源对氨的贡献较大，主要包括居民生活、化工生产、机动车排放等。近年来，烟气脱硝特别是非电行业用氨过度和氨逸散情况值得关注。

（2）苏皖鲁豫交界地区受四大结构问题影响，基础排放量大，治理难度高

苏皖鲁豫交界地区涉江苏省徐州、连云港和宿迁 3 市，秋冬季 $PM_{2.5}$ 污染严重，臭氧超标日数增长快。产业结构方面，区域集中了近 8 000 万 t 钢铁、4 000 万 t 焦化、1.4 亿 t 水泥、1.1 亿 t 石化产能。能源结构方面，区域煤炭总消费量达 3.2 亿 t，单位面积煤炭消耗强度同“2+26”城市相当，半数城市耗煤量超过

1 000 万 t。运输结构方面，区域物流业发达，但以公路运输为主，铁路货运量不到 7%，柴油货车 240 多万辆，与“2+26”城市的 300 万辆的数量相当。用地结构方面，道路扬尘、矿山开采扬尘管理不到位，平均降尘量远超长三角地区。

（3）沿海地区污染物新增量亟须平衡，面临巨大的空气质量改善压力

在国家、地区发展战略的引导下，“十四五”期间，沿海地区将成为支撑江苏省高质量发展的新增长极，钢铁、石化等重污染产业将从沿江向沿海地区转移。目前，盛虹炼化一体化、中天钢铁等一批重大产业项目有力推进，以连云港港、盐城港、南通港为核心的沿海港口群布局基本形成，沪苏通铁路、盐通铁路、连徐高铁等相继建成运营，连云港花果山机场即将建成投运，南通新机场被纳入长三角地区一体化发展规划纲要，将带来大量的新增排放量，亟须产业准入、治理水平提升等手段保驾护航。

工业集中区 VOCs 浓度显著高于其他区域，沿江工业园区尤为突出，城区高活性 VOCs 影响大。2020 年夏季手工采样监测结果显示，江苏省工业园区 VOCs 平均浓度是城区的 1.4 倍，沿江工业园区 VOCs 平均浓度是城区的 1.7 倍。城区汽修、餐饮等面源及机动车排放的芳香烃、烯烃、醛酮等 VOCs 活性物种具有较高的臭氧生成反应速率，对臭氧本地生成及峰值浓度影响较大。

第五章

重点行业 NO_x 与 VOCs 减排技术

第一节　电力行业 NO_x 深度减排技术

一、减排技术

1. 深度减排目标

《国务院关于印发打赢蓝天保卫战三年行动计划的通知》（国发〔2018〕22号）、《长三角地区2019—2020年秋冬季大气污染综合治理攻坚行动方案》（环大气〔2019〕97号）等文件要求，长三角地区65 t/h及以上的燃煤锅炉全部完成超低排放改造，燃气锅炉基本完成低氮改造，燃煤电厂基本完成超低排放改造。国际能源署根据当前技术发展情况制定了燃煤电厂、燃气轮机组污染物排放控制目标。其中，2012—2020年污染物排放控制目标为煤粉炉 NO_x＜50～100 mg/m³、循环流化床锅炉 NO_x＜200 mg/m³、燃气轮机组 NO_x＜30 mg/m³，2030年污染物排放控制目标则为 NO_x＜10 mg/m³。结合国内外火电行业污染防治技术进展，江苏省火电行业污染防治实际可达水平。到2025年，在超低排放的基础上继续深度减排（友好减排），煤电机组 NO_x 平均达到25 mg/m³（30 kW及以上机组争取达到20 mg/m³）的要求，燃气轮机组 NO_x 达到25 mg/m³（新建15 mg/m³）的要求。

在“2030年前实现碳达峰、2060年前实现碳中和”的国家战略背景下，按照国家法律法规和产业政策要求，到2030年严控新增装机规模，新建机组与关停机组的装机容量挂钩，煤炭等量、减量替代，污染物等量、减量平衡；鼓励发展现役和新建燃煤耦合农林生物质发电、燃煤耦合垃圾发电、燃煤耦合污泥发电项目；推进生物质发电项目有序发展，科学规划生物质发电布局。为达到“2060年前实现碳中和”的目标，到2050年淘汰效率低、能耗高、役龄长、环保不达标的老小机组，保留清洁高效低碳的机组作为可靠的保供电源。

2. 深度减排技术路径

2019年，江苏省燃煤机组烟尘、SO_2实际平均排放浓度已优于国际能源署2020年制定的燃煤电厂排放控制目标；燃气轮机组燃用天然气，烟尘、SO_2实际排放浓度很低，但NO_x排放强度高于超低排放燃煤机组。因此，江苏省火电行业下一步的减排方向是NO_x。江苏省已发布《燃煤电厂大气污染物排放标准》（DB 32/4148—2021）、《固定式燃气轮机大气污染物排放标准》（DB 32/3967—2021）2项地方标准，《燃气电厂大气污染物排放标准》也即将发布，具体标准限值如表5-1所示。

表5-1 火电厂相关排放限值 单位：mg/m^3

控制项目	燃煤电厂		燃气电厂		燃气轮机	
	现有	新建	现有	新建	现有	新建
颗粒物	10	10	5	5	5	5
SO_2	35	35	35	10	35	35
NO_x	50	50	50	30	30	15

火电行业NO_x深度减排的主要技术路线：燃煤机组进一步优化低氮燃烧控制+强化脱硝措施（优化流场、更换新型催化剂、增加催化剂装载量等）；燃气轮机组、垃圾焚烧和生物质电厂需要燃烧器改型或增设SCR脱硝措施。燃煤机组脱硝增效技术包括优化低氮燃烧器、改造锅炉热力系统或烟气系统、增加催化剂用量、采用宽温催化剂、高效喷氨混合和流场优化技术。燃气轮机组NO_x深度减排技术主要通过增设SCR脱硝设施、优化低氮燃烧器、增加催化剂用量、改用新型催化剂技术、高效喷氨混合和流场优化技术。垃圾焚烧、燃生物质电厂NO_x深度减排技术主要通过优化低氮燃烧器、采用抗碱金属中毒催化剂或末端布置催化剂、采用新型催化剂、优化喷氨流畅均匀性等技术。燃煤机组低氮燃烧先进可达水平为煤粉炉150～200 mg/m^3、循环流化床锅炉100～150 mg/m^3，燃气

轮机低氮燃烧先进可达水平为 20～30 mg/m^3，燃气锅炉则为 30～60 mg/m^3。煤粉炉、燃气轮机、燃气锅炉均可采用 SCR，装载 1～3 层催化剂时脱硝效率达到 60%～92%，循环流化床锅炉则一般采用选择性非催化还原技术（SNCR）（脱硝效率为 60%～80%），也可采用 SNCR-SCR（脱硝效率为 55%～85%）。采用上述可行技术后，江苏省各类燃煤机组、燃气机组的烟囱（烟道）NO_x 排放浓度均可稳定低于 30 mg/m^3。

低氮燃烧技术：仅需对锅炉内部进行改造，适用性强，其对 NO_x 减排效率可达 20%～50%。低氮燃烧器一般配合空气分级燃烧使用，两种技术组合可实现 NO_x 减排效率达到 40%～60%。目前，江苏省燃煤电厂已基本完成低氮燃烧改造，但由于老锅炉炉型的限制，改造效果并不理想，新式锅炉低氮燃烧 NO_x 出口浓度可达 180 mg/m^3，而低氮燃烧改造老锅炉出口 NO_x 浓度为 250 mg/m^3 左右。目前，江苏省内电厂已基本完成低氮燃烧改造，受锅炉型号等限制，进一步优化低氮燃烧器的空间较小。

增加催化剂层数与改用优质催化剂：目前，应用于烟气 SCR 工艺中的主流催化剂为钒钛基催化剂，反应温度一般为 300～400°C。当采用此类催化剂时，通常以氨或尿素作为还原剂。催化剂价格为 1 万元/m^3 到 10 万元/m^3 不等，与其使用寿命、是否能够再生均有关系。在现有基础上，再增加一层催化剂可有效降低 NO_x 排放水平，企业应在全面评估承重安全与空间限制等因素后实施催化剂的增填。另外，在启停炉阶段或低负荷情况下，由于烟气温度较低，催化剂达不到最佳反应温度窗口，导致脱硝效率降低，这是电力行业脱硝面临的关键问题，更换宽负荷低温催化剂是目前催化剂优化的关键措施。

高效喷氨混合和流场优化可行性：控制喷氨总量以及分区域的喷氨量，控制合理的氨氮摩尔比，可减少氨逃逸量，同时一定程度上提高脱硝效率。部分煤电企业可在现有机组上加装精准喷氨系统，以提高脱硝效率，减少脱硝剂的使用，对 NO_x 减排有积极贡献。

垃圾焚烧发电厂焚烧过程控制技术主要通过控制燃烧温度、停留时间、较大的湍流度和过量的空气来减少 NO_x 的产生，治理技术主要采用 SCR、SNCR、高分子选择性脱硝（PNCR）等技术。燃生物质电厂中使用循环流化床锅炉的生物质电厂 NO_x 较易达到超低排放水平，使用炉排炉（层燃炉）的生物质电厂 NO_x 采用传统治理技术较难稳定达到超低排放水平，需采用抗碱金属中毒催化剂或末端布置催化剂。部分燃生物质电厂脱硝工艺采用臭氧氧化法，由于市场上在线监控仪大多采用转化炉将烟气中 NO_2 转化成 NO 后，通过监测 NO 总浓度来计算 NO_x 浓度，氧化法不正常运行时，烟气的氧化性非常强，导致转化炉短时间内失效，可能出现 NO_x 达标的假象，掩盖了 N_2O_5 等高氧化污染物大量排放的真相，因此采用臭氧氧化法脱硝的生物质电厂应加快改用还原法高效脱硝技术。SCR 对 NO_x 的脱除效率较高，可达 70%～90%，缺点是一次性投资和运行费用均较高。但对于日趋严格的烟气排放要求，SCR 的运用将是未来发展的趋势，垃圾焚烧、燃生物质电厂应加快推进设备改造，确保 NO_x 污染物达标排放。

二、监管手段

1. 排污许可

在我国污染排放方式日益复杂的大背景下，国家提出了构建以排污许可制为核心的固定污染源环境监管制度体系。排污许可实施综合许可、一证式管理，作为企业守法、部门执法、社会监督的依据，为提高环境管理效能和改善环境质量奠定坚实基础。火电行业率先成为排污许可制的试点行业，依法申领排污许可证，按证排污、自证守法。但在排污许可制的实践过程中，火电行业排污许可证的后监管力度和深度不够，因此建议开展火电行业排污许可证后执法专项检查，重点检查持证企业污染物排放浓度是否满足排放标准要求和排放总量是否满足许可排放量的要求，废水、废气、固体废物（含危险废物）收集处置和在线监测等污染防治设施是否正常运行，运行台账是否记录齐全，是否制定自行监测方案并开展监测，是否定期填报执行报告。严格查处并公开一批典型违法违规行为，有效约束火电企业执行排污许可制度的行为。

2. 实时监管

火电企业应按国家法律法规要求安装、使用大气污染物排放自动监测设备，监测颗粒物、SO_2、NO_x，与生态环境主管部门的监控设备联网并实时传输在线监测数据。自动监测原则上以小时平均浓度作为达标判定依据，但受技术经济水平限制以及基准氧含量折算要求，火电机组启停、深度调峰运行、设备故障或检修、CEMS 故障、数据传输异常等情况造成的烟气污染物短时“高浓度”现象无法避免。根据调研，火电企业客观上无法达到超低排放限值的情形主要集中在启停阶段：一是锅炉启动和停机或低负荷运行阶段因排烟温度低而造成 SCR 脱硝无法投运；二是启动阶段干法烟气脱硫无法投运；三是启动阶段投油助燃造成除尘器故障或效率下降；四是启动和停机阶段烟气氧含量偏高导致污染物折算浓度增加等。

针对启动、停机或事故等非正常情况，国家发布的技术规范中提出了相关达标判定要求。《火电行业排污许可证申请与核发技术规范》规定，NO_x 的稳定运行达标的判定期为机组启动后出力达到额定的 50%开始到机组解列前出力降到额定的 50%为止，在此期间外的启动和停机时段内的排放数据可不作为火电机组 NO_x 达标判定依据。《排污许可证申请与核发技术规范 火电（征求意见稿）》规定，启动、停机、事故等非正常情况下，烟尘（颗粒物）、SO_2、NO_x 等自动监测数据可不作为达标判定依据。《火电、水泥和造纸行业排污单位自动监测数据标记规则（试行）》规定，标记内容包括 “解列”“停炉（机）”“停运”“启动”“并网/供能”“故障/事故”6 种。建议火电企业按照《火电、水泥行业和造纸行业排污单位自动监测数据标记规则（试行）》做好自动监测数据标记工作，当非正常工况下大气污染物排放超标时应及时上报生态环境主管部门。

3. 经济激励

初步测算结果显示，根据企业友好减排量（颗粒物、SO_2、NO_x）占江苏省减排总量比重切块分配奖补资金，若按减排量奖补 5 万元/t 计算，对于发电机总容量 660 MW 以上的大中规模燃煤火电机组可覆盖 30%～50%的改造费用，小规模机组可覆盖 10%～30%；若按 0.01 元/（kW·h）试行电价补贴，发电机总容量 660 MW 以上的大中规模燃煤火电机组 2～5 年可抵消其深度改造成本，但小规模机组受容量制约难以在短期内抵消其改造成本。创新友好减排的排污权交易制度，企业可通过友好减排改造产生的富余排污权，可用于本单位新（改、扩）建项目建设或自行上市交易，以及区域内新建项目总量平衡，还可将排污权抵押贷款、租赁，为企业提供全新的融资渠道。

根据调研，现行的脱硫、脱硝、除尘电价和超低排放电价基本能平衡煤电企业大气污染物治理投入，环保电价和超低排放电价切实激励了燃煤机组落实超低排放政策，因此，应继续深化并推广价格手段（包括环保热价、脱硝电价、调峰补偿电价等），调动火电企业减排的积极性，以确保环保工程实施取得相应的减排效果。

当前江苏省内天然气发电实行两部制电价后，固定式燃气轮机电厂普遍处于亏损边缘，企业经营压力大。实施深度减排需要增加高昂的技术改造和运行维护费用，这将使企业经营更加困难。根据改造成本及运行费用出台电价补贴或者改造补助等经济政策。建议采用投资一次性补助+后续运营补助的方式。一次性补贴补助标准可参照深圳市给予企业的技术改造费用补贴（深圳市是 75%）；后续运营补助中 F、E 机组建议分别按机组容量给予容量电价补贴。

针对生物质、垃圾焚烧电厂借鉴煤电超低排放改造的经济激励政策，制定环保电价、超低排放电价、排污费激励、财政补贴、税收刺激、优先上网发电量奖励、信贷融资支持等政策，如适当增加超低排放电厂发电利用小时数，对污染物排放浓度低于国家规定或地方规定的污染物排放限值 50%以上的减半征收排污费等。

4. 环境信息公开

环境信息公开是公众参与环境保护的前提，是公众监督排污企业的有效途径。火电企业作为重点排污单位，应按照《企业事业单位环境信息公开办法》通过排污许可证管理信息平台等环境信息公开平台公开以下信息：基础信息；污染物排污信息（主要污染物及特征污染物的名称、排放方式、排放口数量和分布情况、排放浓度和总量、超标情况，以及执行的污染物排放标准、核定的排放总量）；防治设施的建设和运行情况；建设项目环境影响评价及其他环境保护行政许可情况；突发环境事件应急预案等。

第二节　工业锅炉 NO_x 深度减排技术

一、减排技术

1. 深度减排目标与路径

结合国内外工业锅炉污染防治技术进展、江苏省工业锅炉污染防治实际可达水平，到 2025 年，继续推行超低排放政策要求，工业锅炉 SO_2、NO_x、烟（粉）尘分别达到 10 mg/m^3、35 mg/m^3、50 mg/m^3 限值要求；推进电能替代燃煤、燃油，全面淘汰 35 t/h 以下的燃煤锅炉；工业锅炉废气污染防治措施应配尽配，污染物自动监测或工况用电监控设施应配尽配，严格淘汰不达标或不符合环境政策要求的工业锅炉。在“2030 年前实现碳达峰、2060 年前实现碳中和”的国家战略背景下，按照国家法律法规和产业政策要求，到 2030 年推进生物质成型燃料锅炉工业供热，重点是建设 10 t/h 以上的大型先进低排放生物质锅炉。为实现 2060 年前实现碳中和的目标，到 2050 年淘汰关停效率低、能耗高、役龄长、环保不达标的工业锅炉。

江苏省地方标准《锅炉大气污染物排放标准》（DB 32/4385—2022）中规定的相关排放限值见表 5-2。新建燃煤锅炉、燃油锅炉、燃气锅炉及位于建成区燃生物质锅炉参照燃煤电厂执行超低排放政策要求，现有锅炉于 2022 年 4 月开始执行。

表 5-2　江苏省锅炉地方标准相关排放限值　　单位：mg/L

污染物	燃煤锅炉	燃油锅炉	燃气锅炉	燃生物质成型燃料锅炉	
				位于城市建成区	其他区域
颗粒物	10	10	10	10	20
SO_2	35	35	35	35	50
NO_x（以 NO_2 计）	50	50	50	50	150

工业集中带强化集中供热/制冷/供能，继续推行公用大机组或大锅炉替代小锅炉，淘汰 35 t/h 以下燃煤锅炉、燃油锅炉。在中小工业园区以及天然气管网覆盖不到的工业区，积极推广生物质成型燃料锅炉供热，重点是建设 10 t/h 以上的大型先进低排放生物质锅炉，为工业用户提供清洁经济的工业蒸汽，降低制造业特别是中小企业的用热成本。分散供能受规模效应限制不采取或少采取废气治理措施，应强化使用天然气等清洁燃料要求。

2. NO_x 治理技术

（1）低氮燃烧：锅炉的低氮燃烧技术主要包括低氮燃烧器、炉膛整体空气分级燃烧、烟气再循环等技术，其具有投资费用低、运行简单、维护方便等特点，但需注意不完全燃烧问题。

低氮燃烧器普遍适用于室燃炉，根据燃烧方式可分为扩散式燃烧器和预混式燃烧器。扩散式燃烧器通过物理结构的优化可以实现空气和燃料分层、分阶段送入炉膛，扩大燃烧区域、降低火焰温度，减少 NO_x 生成。采用扩散式燃烧器的燃煤锅炉、燃油锅炉和燃气锅炉，NO_x 产生浓度可分别低至 200～600 mg/m^3、200～400 mg/m^3、60～200 mg/m^3。预混式燃烧器适用于燃气锅炉，可进一步分为贫燃预混燃烧器与水冷预混燃烧器。贫燃预混燃烧器是利用高过量空气降低火焰温度，同时采用金属纤维等结构分割火焰，稳燃的同时可使温度分布均匀，当以天然气为燃料时，NO_x 产生浓度可低至 15～80 mg/m^3。水冷预混燃烧器采用间接冷却的方式将火焰根部的热量从高温区带走，降低预混火焰高温，当以天然气为燃料时，NO_x 产生浓度可低至 15～50 mg/m^3。

炉膛整体空气分级燃烧技术适用于层燃炉和燃煤室燃炉，通过分层布置将燃烧所需空气逐级送入燃烧火焰或火床中，使燃料在炉内分级分段燃烧，NO_x 产生浓度可低至 300～800 mg/m^3。

烟气再循环技术适用于层燃炉和燃气室燃炉，通过将炉膛出口的低温烟气作为惰性吸热工质引入火焰区，降低火焰区的温度和燃烧区的氧含量，减缓燃烧热释放速率而抑制 NO_x 生成，该技术通常与其他低氮燃烧技术结合使用。

不同炉型的工业锅炉 NO_x 排放（产生）浓度范围见表 5-3。

表 5-3 不同炉型的工业锅炉 NO_x 排放（产生）浓度范围 单位：mg/m^3

炉型		排放（产生）浓度范围
燃煤炉	层燃炉	100～600
	流化床炉	100～300
	煤粉炉	100～600
燃生物质炉		100～600
燃油炉		100～800
燃气炉		30～300

（2）烟气脱硝：燃烧后烟气脱硝主要包括干法 SCR、SNCR 和湿法氧化吸收技术等，其中大规模应用的主要为 SCR、SNCR 以及 SNCR—SCR 联合脱硝技术。

SCR 脱硝技术的脱硝效率通常为 50%～90%，具体见表 5-4。影响脱硝效率的因素主要包括催化剂性能、烟气温度、反应器及烟道的流场分布均匀性、氨氮摩尔比等。为保证脱硝效率，反应温度条件非常重要。脱硝增效技术包括增加催化剂用量技术、高效喷氨混合技术和流场优化技术。SNCR 技术对机组负荷变化适应性差，适用于小型煤粉炉、层燃炉和循环流化床锅炉。影响脱硝性能的主要因素包括反应区域温度和流场分布均匀性、烟气与还原剂混合均匀度、还原剂停留时间、氨氮摩尔比、还原剂类型等。SNCR—SCR 联合脱硝技术是将 SNCR 与 SCR 组合应用，结合两者的优势，SNCR 将还原剂喷入炉膛脱除部分 NO_x，逸出的氨（NH_3）用 SCR 再与未脱除的 NO_x 进行催化还原反应。

表 5-4 烟气脱硝可行技术的一般性能 单位：%

措施		NO_x 脱除效率
SCR		50～90
SNCR	层燃炉	30～50
	流化床炉	60～80
	煤粉炉	30～40
SNCR+SCR 联合法		55～85

注：采取优化烟气流场、增加催化剂装载量（提高单层尺寸或层数）等措施可适当提高脱硝效率。

一般而言，工业锅炉首先通过燃烧控制以减少 NO_x 的生成，即采用炉膛燃烧温度相对较低的炉型（如循环流化床炉），或采取空气分级、燃料分级、水冷预混、烟气循环等低氮燃烧技术（一般可降低 10%～40% 的 NO_x 生成量），其次采取脱硝措施降低 NO_x 排放。

二、监管手段

1. 排污许可

随着《排污许可证申请与核发技术规范 锅炉》（HJ 953—2018）发布，工业锅炉排污单位依法申领排污许可证，按证排污、自证守法。但在排污许可制实践过程中，工业锅炉排污许可证后监管力度和深度不够。在现场调研时，发现存在排污许可证载明污染防治措施与实际不符、污染防治设施运行管理台账不完善等问题。建议开展工业锅炉排污许可证后执法专项检查，重点检查持证企业污染物排放浓度是否满足排放标准要求，排放总量是否满足许可排放量的要求，废水、废气、固体废物（含危险废物）收集处置和在线监测等污染防治设施是否正常运行，运行台账是否记录齐全，是否制定自行监测方案并开展监测，是否定期填报执行报告。严格查处并公开一批典型违法违规行为，有效约束工业锅炉企业执行排污许可制度的行为。

2. 实时监管

《锅炉大气污染物排放标准》（GB 13271—2014）规定，20 t/h 及以上蒸汽锅炉和 14 MW 及以上热水锅炉应安装污染物排放自动监控设备，与环保部门的监控中心联网。《长三角地区 2019—2020 年秋冬季大气污染综合治理攻坚行动方案》（环大气〔2019〕97 号）要求，推进 4 t/h 及以上生物质锅炉安装烟气排放自动监控设施，并与生态环境部门联网。根据调研，2020 年江苏省约 12.4%的工业锅炉安装了污染物自动监测设施，而大多数锅炉未实施污染物自动监测，无法实时监控大气污染物排放情况。建议适当提高工业锅炉排放控制要求，强化环境执法检查，要求污染物自动监测或工况用电监控设施应配尽配，严格淘汰不达标或不符合环境政策要求的工业锅炉。

3. 经济激励

在工业锅炉推行超低排放政策时，应借鉴电力行业的经验。江苏省生物质锅炉保有量较大，且生物质成型燃料价格日益上涨，为调动排污单位积极性，明确环境成本在蒸汽热价中的合理组成并便于环境考核，建议参考电力行业执行超低排放热价、用电补贴、税收刺激等财税激励政策。

4. 环境信息公开

环境信息公开是公众参与环境保护的前提，是公众监督排污企业的有效途径。建议锅炉企业按照《企业事业单位环境信息公开办法》通过排污许可证管理信息平台等环境信息公开平台公开下列信息：基础信息；污染物排污信息（主要污染物及特征污染物的名称、排放方式、排放口数量和分布情况、排放浓度和总量、超标情况，以及执行的污染物排放标准、核定的排放总量）；防治设施的建设和运行情况；建设项目环境影响评价及其他环境保护行政许可情况；突发环境事件应急预案等。

第三节　钢铁行业 NO_x 深度减排技术

一、减排路径

根据 2019 年对中国 121 家重点钢铁企业统计，江苏省钢铁企业的吨钢污染物排放中 NO_x 为 0.71 kg，同期新日本制铁公司的 NO_x 为 1.75 kg，韩国浦项制铁集团公司的 NO_x 为 1.08 kg，均明显高于江苏省内重点钢铁企业。江苏省内重点钢铁企业三大工序排放标准与排放指标均优于欧美日韩钢铁企业，并达到世界最先进的水平。但部分工序（如工业窑炉）NO_x 未采取措施、治理水平低、无组织排放严重、重点区域排放总量大等问题未得到根本解决。目前，我国钢铁行业有组织污染控制水平和环保管理水平已领先日本、德国、韩国等发达国家，但无组织排放仍有较大差距，尤其是占颗粒物排放 50%以上的无组织排放，我国吨钢颗粒物无组织排放量比发达国家高 1 倍以上。作为超过全球产量 1/2 的国家，我国亟须对标国际先进水平，实现钢铁行业无组织排放的大幅削减。钢铁企业未来减排重点为完善末端治理措施、稳定达到超低排放水平，通过技术改造降低能耗，将长流程改为短流程、产品升级等提高排放绩效水平，提前谋划武澄沙区域内钢铁行业结构调整与布局优化。钢铁行业分阶段（2025 年、2030 年）的总体治理路径见表 5-5。

表 5-5　钢铁行业分阶段（2025 年、2030 年）的总体治理路径

分阶段	2025 年	2030 年
总体治理路径	1. 推广应用“冷凝+混风”工艺； 2. 改造、提升 SCR 脱硝； 3. 推进 VOCs 治理	1. 研发、推广全流程（烧结、竖炉、石灰、高炉、加热炉等）富氧、富氢燃烧技术； 2. 氢保护条件上废钢加热熔化技术
总体目标	1. 减少烟气含水率（50%）、可凝结颗粒物（40%）、SO_3 气溶胶（50%）； 2. 减少 NH_3 气溶胶排放（50%以上）	减少钢铁工业全流程烟气流量（50%），减少排放总量（50%），减少单位排放量（40%）

（1）进一步优化调整产业结构。针对江苏省钢铁企业长流程炼钢占比高达 84.8%、化石能源消耗占比过高且电力自给率低于同行业平均水平（50%）的现

状，应大力推广全氧高炉冶炼、高效球团矿生产工艺、熔剂性球团生产、高炉大比例球团矿冶炼、高炉高效使用块矿、热装热送、超薄带、无头轧制、全氧高炉冶炼、富氧燃烧、氢能冶金等先进适用技术，进一步优化流程结构。鼓励高炉—转炉长流程企业转型为电炉短流程企业。加快高端、关键钢铁新材料的开发应用，提升优质、特殊品种钢材比重，提高产品质量的稳定性、一致性，优化产业结构和产品结构。鼓励钢铁企业深化产品全生命周期理念，围绕建筑、交通、能源、桥梁等重点行业需求，大力发展高强度、高韧性、耐腐蚀、耐磨、耐疲劳和长寿命的绿色低碳钢材产品。着力促进产品结构高端化升级，拓展钢铁产品的应用领域和应用场景，实现下游行业减量用钢，促进全社会低碳发展。

（2）进一步优化调整产业布局。加快构建沿江、沿海、沿运河协调发展新格局。进一步细化沿江、沿海、沿运河 3 个钢铁生态圈主体功能定位，着力打造沿江、沿海两个高水平的钢铁生态圈。大力推动江苏省沿江和“低小散”产能整合，在南通市通州湾等沿海重点港区集中布局，打造沿海现代化钢铁新基地。支持钢铁企业集团化发展，引导钢铁企业资源整合，构建产业创新链，提升产业价值链。大力推动分散产能的整合。严格执行国家关于产能置换、差别电价、超低排放等标准，综合运用市场化、法治化等手段推动江苏省分散产能整合。科学谋划江苏省钢铁企业兼并重组和集聚发展，构建以世界级大型企业为引领、以较强国际影响力集团为支撑、以“新、优、专、特”企业为特色的梯次发展格局。“十四五”期间，将现有钢铁企业数量从 32 家压缩至 20 家以内，规模最大的前 3 家企业的产能集中度大于 70%。通过提高产业集中度，实现产品升级和区域产能分布更合理，淘汰低效产能。鼓励实施钢化联产，支持徐州焦化企业和沿海地区钢铁企业开展产能合作，建设钢焦联合企业。确保不新增全省钢铁产能总规模，确保不新增除沿海地区外的各县（市、区）钢铁产能规模。大力推动钢化联产。依托钢铁企业副产品——焦炉煤气、转炉煤气、高炉煤气富含的氢气和一氧化碳资源，生产高附加值化工产品。建立钢化联产“产学研用”创新平台，统筹有序推进钢铁与石化、化工行业协同发展，研发推广钢化联产先进技术。

（3）大力推动能源结构调整。在总结西城钢铁、中新钢铁、东北特钢、马钢集团“富氧燃烧”成功实践的基础上，大规模推广应用纯氧燃烧、富氧燃烧，从源头上提高能源利用效率，减少烟气量和不完全燃烧产物。研发并推广非化石能源替代技术。着力构建设备、工艺、系统“三位一体”集散式能源管控系统，建立能源预测及调度优化模型，实现对能源产生和消耗的预测、平衡和优化调度。实行约定补偿方式，优化用能方式和用能结构，加强电力“源、网、荷、储”一体化和多功能互补发展，实现用能结构削峰填谷、负荷转移、战略节电。鼓励企业提高光伏、风电、生物质能技术等可再生能源利用水平，推广应用储能技术，落实可再生能源发电全额保障性收购政策，促进能源结构整体清洁低碳化。

（4）大力调整运输结构。全面推广电动车船、氢能车船替代国五、国六排放标准燃气车船方案。在总结前期中天钢铁“电动船舶”“电动重卡”“天然气船舶”、沙钢及南钢“电动机车”的基础上，全面推广电动车船、氢能车船替代国五、国六排放标准燃气车船方案，从本质上实现清洁运输。以中长距离大宗产品运输为突破口，大幅减少公路运输量，增加水路、铁路、管廊运输量，争取“十四五”末期建成清洁高效、环境友好的货物运输体系。

（5）大力推动钢铁全流程清洁生产。全过程推广应用源头变革、过程减量技术。超低排放治理最佳可行技术选择原则：源头变革、过程减量、循环利用、末端治理。工艺选择优先顺序：先物理处理，后化学处理；先常温处理，后中高温处理。开发并应用烟气风量超声波精确监测等关键计量技术，解决大直径、低流速烟气的流速、流量问题并进行精确监测，进而实现脱硫脱硝过程定量、减量、精准加药剂，大幅减少 PM_{10}、SO_2、NH_3 排放。

二、脱硝技术

目前，适用于钢铁行业烟气脱硝的技术较多，如 SNCR 脱硝法、SCR 脱硝法、SNCR/SCR 联合脱硝法、活性炭同时脱硫脱硝法。

SNCR 脱硝法脱硝效率一般为 30%～75%，经济运行时脱硝效率为 25%～35%。在达到相同 NO_2 脱除效率的情况下，无论采用氨还是尿素作为还原剂，其还原剂的消耗量为 SCR 脱硝法的 2～3 倍。

SCR 脱硝法脱硝效率可达 60%～90%，已在日本、欧洲和美国的燃化石燃料锅炉上应用多年，虽然初期投资较高，但是遇到的运行和维护方面的问题很少，且脱硝效率高于 SNCR 脱硝法。

SNCR/SCR 联合脱硝法先采用投资较少的 SNCR 脱硝法脱去烟气中部分 NO_x，

再利用 SNCR 炉膛内逃逸的氨在省煤器后反应器中与未被氧化还原的 NO_x 进一步氧化还原，从而利用 SCR 脱硝法去除余下 35%～75%的 NO_x，获得较高的脱硝效率。在联合脱硝技术中，由于进入反应器中的 NO_x 浓度较低，因此可以减小催化剂反应器尺寸，减少 SCR 部分投资。SNCR/SCR 联合脱硝法适用于 NO_x 排放量要求较低的地区，它比单独的 SNCR 脱硝法脱硝效率高，氨的利用率可达到 64%左右。

活性炭同时脱硫脱硝法：活性炭具有较大的比表面积，被广泛用作空气清洁剂和废水处理剂。20 世纪 70 年代后期，日本、德国、美国已将活性炭用于锅炉脱硝系统中，在烟气中喷入氨即可同时脱硝。活性炭吸收塔布置在电气除尘器之后，此处烟气温度为 120～160℃，是活性炭吸附的最佳温度，能够达到较高的脱硫脱硝效率。活性炭有两个吸附塔，均为立式圆筒塔，垂直串联布置，下部吸附塔为脱硫塔，上部吸附塔为脱硝塔。除尘后烟气从脱硫塔底部水平进入，经活性炭层除去烟气中 SO_2，从脱硫塔上部水平接口离开。脱硫后烟气经垂直烟道上升，通过脱硝塔底部水平接口进入脱硝塔。在垂直烟道断面上均匀喷入液氨，脱硝塔中的活性炭充当催化剂，NH_3 与 NO 和 NO_2 进行还原反应，生成氮气和水，达到脱硝效果。活性炭脱硫脱硝技术的缺点是初期投资大，达到 100～120 美元/kW。此外，该技术设备体积大，占地面积大，运行成本大。目前，发达国家采用活性炭脱硫脱硝技术的锅炉数量不及应用前两种脱硝工艺的多，主要原因是其投资高、运行成本大。

将 SCR 脱硝法、SNCR 脱硝法、活性炭同时脱硫脱硝法从脱硝效率、还原剂用量、占地面积、工程造价等方面进行综合比较，见表 5-6。

表 5-6　SCR 脱硝法、SNCR 脱硝法、活性炭同时脱硫脱硝法的综合比较

比较项目	SCR 脱硝法	SNCR 脱硝法	活性炭同时脱硫脱硝法
还原剂	液氨、尿素	液氨、尿素	液氨、尿素
还原剂用量	中等	较多	中等
反应温度	300～400℃	900～1 100℃	100～200℃
副产品	无	无	硫黄或硫酸
脱硝效率	60%～90%	60%～80%	80%
占地面积	中等	小	大

续表

比较项目	SCR 脱硝法	SNCR 脱硝法	活性炭同时脱硫脱硝法
工程造价	中等	小	大
运行成本	大	中等	大
工程应用情况	多	多	少

由表 5-6 可知，SCR 脱硝法初期投资较高，但是脱硝效率最高；活性炭同时脱硫脱硝法工程不仅造价太高且使用也不多；SNCR 脱硝法投资及运行成本较低，但脱硝效率偏低。

SCR 系统 NO_x 脱除效率通常很高，喷入烟气中的 NH_3 几乎完全和 NO_x 反应，有一小部分 NH_3 不反应而是作为 NH_3 逃逸离开了反应器。一般来说，对于新的催化剂，NH_3 逃逸量很低，但是随着催化剂活性的降低或者催化剂表面被飞灰覆盖或堵塞，NH_3 逃逸量就会增加，为了维持需要的 NO_x 脱除效率，就必须增加反应器中的 NH_3/NO_x 摩尔比。当不能保证预先设定的脱硝效率或 NH_3 逃逸量的性能标准时，就必须在反应器内添加或更换新的催化剂以恢复催化剂的活性和反应器性能。

根据废气污染物产生量较大的特点，烧结机采用 SCR 脱硝法进行脱硝处理，同时在脱硝前增加湿电除尘器，在出口安装 NH_3 在线检测仪，以保证反应器较高的脱硝性能。

表 5-7 为 3 种主流联合脱硫脱硝工艺技术经济指标对比。结合各企业烧结机烟气超低排改造工程验收监测报告以及在线监测检测数据，SDA+SCR、活性焦、FOSS-D 3 种方法均可以达到《江苏省钢铁企业超低排放改造实施方案》排放限值要求。

表 5-7　3 种主流联合脱硫脱硝工艺技术经济指标对比

<table>
<tr><th colspan="2">名称</th><th>SDA+SCR</th><th>活性焦</th><th>FOSS-D</th></tr>
<tr><td>1</td><td>脱硫</td><td>按照目前的技术水平 SO_2 可以稳定在 20 mg/m^3 左右，但需要大幅提高喷浆量</td><td rowspan="2">一体化脱硫脱硝及颗粒物处理：脱硫指标可以达到超低排放甚至低于 10 mg/m^3；脱硝可以达到 50 mg/m^3，若指标再要降低则较难；颗粒物可以</td><td rowspan="2">一体化脱硫脱硝处理，指标可以达到超低排放，并且可实现近“0”排放，SO_2 可达 0～5 mg/m^3，氮氧化物可达 0～20 mg/m^3</td></tr>
<tr><td>2</td><td>脱硝</td><td>使用 SCR 脱硝法，指标可以达到超低排放，能够达到 35 mg/m^3</td></tr>
</table>

续表

名称		SDA+SCR	活性焦	FOSS-D
3	颗粒物	布袋除尘属于成熟技术，可以达到 5 mg/m³	达到 10 mg/m³，但若指标要再低则需要增加布袋除尘器来实现	布袋除尘属于成熟技术，可以达到 5 mg/m³
4	应用情况	脱硫在超低排放改造以前较为常用，SCR 脱硝法在电厂、钢厂应用较多	目前，大型烧结机在永钢、宝钢及安阳钢铁焦化厂均有应用	沙钢、中天钢铁、镔鑫钢铁、淮钢等已投运
5	占地/m²	约 2 500	约 2 300	约 2 400
6	投资/亿元	约 1.3	约 2.2	约 1.4
7	含折旧的运行成本/（元/t）	约 19	约 21～22（按目前活性焦 8 500 元/t 测算）	约 18.5
8	副产物及废弃物处理方法	每台烧结机产生 3 万 t/a 脱硫灰，因脱硫灰亚硫酸钙含量高，无法用于建材，目前没有很好的处理办法	每台烧结机产生 1 万 t/a 低品质硫酸需要外销	每台烧结机产生脱硫灰（晶粉）约 3.9 万 t/a，亚硫酸钙含量≤5%，亚硝酸盐含量≤2%，可以做建材也可做水泥添加处理
		SCR 的催化剂需要三年更换后处理，随环保要求的日益严格该工艺会有氨逃逸问题	约 1 t/h 废水需要处理及 0.2 t/h 的焦粉需要消化。随环保要求的日益严格该工艺会有氨逃逸问题	无废水或废弃物
9	作业率	工艺设备多，塔体易堵塞和结垢，不能完全同步烧结生产	工艺复杂，操作要求高，特别是活性焦着火故障处理时间较长，会影响烧结生产	工艺设备简单，完全和烧结生产同步运行，不影响烧结生产
10	备注	存在氨逃逸问题	存在氨逃逸问题	需预留脱除二噁英、氟等有害物质

第四节　化工行业 VOCs 深度减排技术

一、减排技术

化工行业大气污染物最优控制技术研究计划分技术初筛、技术调查和技术评价三步展开，评估不同环节、不同废气特征的适用性。治理技术调研情况见表 5-8。

表 5-8　治理技术调研情况

污染物排放源项	可行控制技术	应用比例/%	可达治理效果
工艺有组织排放	回收利用或设置冷凝、吸收设施	22.20	排放浓度：10～50 mg/m^3 治理效率：80%～99.9%
	活性炭吸附、热氧化/催化氧化（TO、RTO/RCO）（不可回收废气）	77.80	
设备动静密封点泄漏	低泄漏设备	84.60	检测浓度＜1 000×10^{-6} 泄漏定义值＜500×10^{-6}
	泄漏检测与修复（LDAR）	15.40	
有机液体储存与调和挥发损失	罐型改造升级	25.00	排放浓度：5～80 mg/m^3 治理效率：90%～99.89%
	固定顶罐安装顶空联通置换油气回收装置	25.00	
	呼吸气收集净化	50.00	
有机液体装卸挥发损失	改造为底部装卸	26.70	排放浓度：2～56.2 mg/m^3 治理效率：93%～100%
	采用无滴漏干式接头等快速密闭连接系统	20.00	
	油气平衡系统	33.30	
	尾气收集净化	20.00	
废水集输、储存、处理处置过程逸散	全过程密闭输送	46.20	排放浓度：5～20 mg/m^3 治理效率：90%～92.36%
	加盖并收集净化/利用	38.50	
	其他技术	15.40	

基于化工行业共性排污环节的 VOCs 排放特征研究，本书提出了针对原辅料及产品、储罐、装载、输送、投料、开停工与吹扫、设备组件、废水设施等典型排放环节的优先控制及污染防治措施，具体见表 5-9。

表 5-9　化工行业优先控制及污染防治措施

典型排放环节	优先控制措施	污染防治措施
原辅料及产品	按照国家《产业结构调整指导目录（2019 年）》，实施落后产能淘汰；按照已经发布的标准政策要求，落实原料的水性、无溶剂等低 VOCs 含量产品替代以及生产线的密闭化、连续化、自动化改造	根据国家陆续出台的低 VOCs 含量限值标准要求，持续推进实施产品的全面低含量替代

续表

典型排放环节	优先控制措施	污染防治措施
储罐	涂料、油墨及胶粘剂，制药行业按照各自的行业标准规定实施储罐的结构（罐型）改造升级，或者安装末端收集净化等等效措施，完成储罐呼吸气的全面收集净化，达标排放。其他化工行业按照 VOCs 无组织排放标准要求实施储罐改造或收集治理，可根据企业实际情况选择冷凝回收法或焚烧法等工艺或组合工艺	开展储罐改造和治理效果的跟踪核查，建立重点企业储罐信息数据库，做到一罐一档，动态申报，实时监管；持续跟踪储罐呼吸气收集净化效果，按照新的标准规范要求对末端净化设施进行升级改造
装载	按照各自行业标准要求落实装载环节的升级改造和收集治理，包括采取全密闭装卸方式，严禁喷溅式装卸，优先采用底部装卸或液下装卸的方式；设置油气收集、回收或处置装置，净化达标后排放	推广使用高效的快速干式接头，大幅减少装载过程的泄漏挥发；持续跟踪升级末端处理工艺
输送	原辅物料输送全面密闭化或管道化改造；对输送管道组件的密封点进行泄漏检测，泄漏检测值不超过 500 mmol/mol	VOCs 原料、中间产品、成品等转料采用无泄漏物料泵，替代真空转料；对重点 VOCs 存储场地的废气根据实际浓度情况推进收集净化改造
投料	投料过程实施密闭方式改造；采用高位槽/中间罐投加物料时，配置蒸气平衡管，使投料尾气形成闭路循环，消除投料过程无组织排放，或将投料尾气有效收集至 VOCs 废气处理系统	在重点投料节点安装 VOCs 浓度传感器，实时监控投料密闭性及排放情况，适时对收集效果进行升级改造
开停工与吹扫	载有 VOCs 物料的设备及其管道在开停工（车）、检维修时，在退料阶段将残存物料退净，并用密闭容器盛装，退料过程废气排至 VOCs 废气收集处理系统	进一步加强对停工以后涉 VOCs 废气排放的收集治理，建议针对该环节逐步试点现场移动式焚烧净化等方式，最大限度杜绝停车后的废气排放
设备组件	按照现行行业标准要求及无组织排放标准要求严格实施泄漏检测与修复（LDAR）；建立 LDAR 台账管理系统	逐步探索试点“LDAR 企业内审+管理部门外审”的两级审核监管制度，确保 LDAR 工作实效
废水设施	根据无组织标准要求，达到密闭条件的废水池全面落实密闭化改造；对高浓度废水处理废气排放实施“活性炭脱附+燃烧法”组合工艺等高效净化	持续跟踪废水处理 VOCs 净化设施效果，适时升级改造

现场调研及实测情况表明，蓄热式热力焚化炉（RTO）、沸石转轮+RTO 装置对废气具有较好且稳定的处理效果，并且对废气浓度波动有很强的适应性。活

性炭吸附+CO 装置对废气处理效果受活性炭的影响较大，根据现场调研及实测数据发现颗粒活性炭着火点值较高时对挥发性有机物的吸附效果较好。另外，活性炭脱附温度对脱附效果影响较大，根据翻阅资料及试验研究发现若采用热空气脱附，脱附温度在 260℃左右时活性炭脱附效果较好，但高温下活性炭易燃的问题难以解决。活性炭吸附+氮气脱附+冷凝技术对有机废气处理效果极佳，氮气对活性炭脱附具有很好的效果。单个活性炭吸附处理有机废气受停留时间、风速等影响较大，同时需要及时更换活性炭，以保证其去除效率，避免超标情况。低温等离子技术在实际应用中出现了去除效率为负值的反常现象，可能是由于其处理风量小、控制条件不佳。

从资源循环利用的角度，溶剂回收是最佳选择。溶剂回收最常用的方法是吸附法，其中颗粒活性炭吸附、碳纤维吸附等技术是经典的成熟技术代表；冷凝法是溶剂回收的最终手段，也是高浓度 VOCs、小风量气体预处理的常用方法，但冷凝后 VOCs 浓度仍难达到直接排放的要求，所以需要和其他方法组合使用。

从资源综合利用的角度，热量回用是最优选择，即采用燃烧法氧化分解 VOCs，并回收利用有机物的分解热量。换热式热氧化是最经典的方法，但往往需要消耗不少燃料；通过蓄热式换热，可有效提高换热效率，减少能源消耗；采用催化氧化可以通过大幅降低氧化温度，减少能源消耗。如果 VOCs 浓度较低，可通过沸石转轮浓缩，将 VOCs 浓度浓缩提高后再采用热氧化方式进行净化处理。

常见的 VOCs 治理技术适用范围见表 5-10，VOCs 治理技术的污染物适用情况见表 5-11。

二、主流治理技术关键材料

选取化工生产过程中的 VOCs 废气作为试验对象，以蜂窝活性炭和沸石分子筛为吸附剂，设计固定床装置进行 VOCs 吸脱附试验，如图 5-1 所示。通过 2 种材料的吸附试验，重点研究反应温度、脱附温度、饱和吸附量对 2 种吸附剂吸脱附影响，为化工 VOCs 废气选择适宜的吸附处理技术及工艺参数提供科学依据。

1. 测试材料与方法

试验用吸附剂为蜂窝活性炭和沸石分子筛，试验装置包括引风机、废气发生

表 5-10 常见的 VOCs 治理技术适用范围

控制技术（工艺）	单套装置适用气体流量范围/（m^3/h）	适用 VOCs 浓度范围/（mg/m^3）	适宜废气温度范围/℃	适宜处理废气	不适宜处理废气	单位处理能力投资/［万元/（1 000 m^3/h）］	处理单位气体运行费用/（元/1 000 m^3）
催化氧化	1 000～100 000	2 000～8 000（上限浓度低于有机物爆炸极限下限的 1/4）	＜500（一般要求低于 400）	适用于较高浓度或高温有机废气的治理，如烤漆废气和各种化工过程废气等	浓度太低不可维持催化燃烧；含催化剂中毒物质，如硫、卤素、重金属等；气量不稳定的废气	8～10	0.4～1.0
吸附—蒸汽脱附—回收	10 000～150 000	300～120 000 ①当吸附空气中的污染物时上限浓度低于有机物爆炸极限下限的 1/2；②当吸附惰性气体中的污染物时，上限浓度不限	＜45	一般适用于浓度较低、废气成分较为单一的空气污染的治理。对于高浓度的惰性气体尾气也可以采用该工艺	含颗粒物的废气（如喷涂废气）；废气成分复杂，回收后不易进行分离的废气	10～42	4～8
生物过滤/滴滤	1 000～100 000	＜2 000	10～45	污水处理、堆肥、化工、制药等行业中低浓度、含可生物降解的 VOCs 废气	含不可生物降解 VOCs 或高浓度 VOCs 废气	1～4	0.6～1.2

续表

控制技术（工艺）	单套装置适用气体流量范围/（m^3/h）	适用 VOCs 浓度范围/（mg/m^3）	适宜废气温度范围/℃	适宜处理废气	不适宜处理废气	单位处理能力投资/［万元/（1 000 m^3/h）］	处理单位气体运行费用/（元/1 000 m^3）
吸附—浓缩—催化氧化（热力燃烧）	1 000～180 000（一般采用多吸附床，单个吸附床的处理量一般低于 60 000 m^3/h）	100～2 000（实际浓度按有机废气的浓缩比计算，一般浓缩比要求＞4）	＜45	喷涂、印刷、化工、制鞋、制革、电子等行业，中低浓度有机废气的治理，废气中不含催化剂中毒物质（对 RCO）	含催化剂中毒物质，如硫、卤素、重金属等（对 RCO）	3～6	0.4～0.6
等离子体分解	1 000～60 000	＜500	＜80	大风量、低浓度的有机废气，对油漆雾废气处理更适用	高浓度 VOCs 废气	0.6～1.0	0.1～0.3
热力燃烧	1 000～100 000	2 000～80 000（上限浓度低于有机物爆炸极限下限的 1/4）	≥0	喷涂、印刷、化工、制鞋、制革、电子等行业中高浓度有机废气的治理	浓度太低不可维持燃烧，气量不稳定	10	0.4～0.8

表 5-11 VOCs 治理技术的污染物适用情况

技术名称	VOCs 成分									说明
	烃类	氯代烃	醛酮类	酯类	醚醇类	醇类	单聚体	硫、胺类	氰类	
活性炭吸附	合适	合适	不合适	合适	合适	合适	合适	不合适	合适	吸附升温，存在安全隐患
化学吸收	合适	合适	合适	合适	合适	合适	合适	合适	合适	废水产生
冷凝	合适	合适	合适	合适	合适	合适	合适	合适	合适	低于 1 000 ppm 不适合
燃烧	合适	待定	合适	合适	合适	合适	合适	不合适	合适	需考虑二次废气和腐蚀等问题
生物法	合适	不合适	合适	合适	合适	合适	合适	不合适	合适	氯代烃类不易分解硫、胺类且对生物有抑制作用
等离子体	合适	合适	合适	合适	合适	合适	合适	合适	合适	需考虑二次 VOCs
分子筛浓缩催化燃烧	合适	待定	合适	合适	合适	合适	合适	不合适	合适	须除去高沸点物质

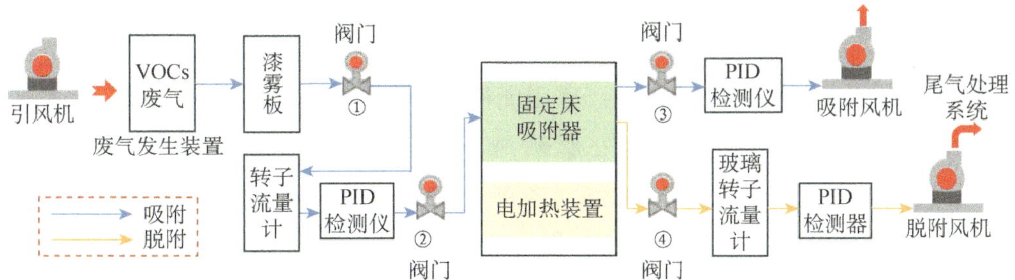

图 5-1　固定床 VOCs 吸脱附试验装置

装置、漆雾板、玻璃转子流量计、PID 检测仪、电加热装置、固定床吸附器等。

（1）吸附浓度及效率的测定与计算。吸附反应时在固定吸附床进出口各选用 VOCs 检测仪实时检测吸附床进出口 VOCs 浓度，每隔 30 s 记录一组数据。计算公式如下：

$$\eta = \left(C_{\text{in}} - C_{\text{out}}\right) / C_{\text{in}} \times 100\% \qquad (5\text{-}1)$$

式中，η 为吸附剂对 VOCs 的吸附效率，%；C_{in} 为吸附床进口 VOCs 的浓度，mg/m^3；C_{out} 为吸附床出口 VOCs 的浓度，mg/m^3。

（2）脱附浓度及效率的测定与计算。脱附浓度的测定方法参考吸附浓度，脱附效率计算公式如下：

$$\eta = \left(q_{\text{m}} - q_{\text{d}}\right) / q_{\text{m}} \times 100\% \qquad (5\text{-}2)$$

式中，η 为 VOCs 吸附床的脱附效率，%；q_{m} 为吸附剂对 VOCs 的平衡吸附量，mg；q_{d} 为 VOCs 的脱附量，mg。

试验过程包括吸附和脱附 2 个阶段。

吸附阶段，打开阀门①，关闭阀门②，开启引风机，调节转子流量计，利用光离子气体检测仪器（PID 检测仪）实时检测废气 VOCs 浓度，控制不同浓度和流速的有机气体。稳定后，开启吸附风机，打开阀门②、阀门③，关闭阀门④，分别开始蜂窝活性炭/沸石分子筛吸附试验，将温度、浓度、流量等已知的有机废气导入固定床吸附装置经过吸附后排放。

脱附阶段利用 PID 检测仪实时检测吸附床出口废气浓度，进出口废气浓度相近时停止吸附试验转而进行脱附试验。脱附阶段，关闭阀门①、阀门②、阀门③、阀门④，启动电加热装置，打开脱附风机，调节流量计，加热到一定温度后打开阀门④，开始脱附试验，利用 PID 检测仪实时检测脱附出口废气浓度。

2. 分析结果

吸附温度对吸附效果的影响：采用朗格缪尔（Langmuir）吸附和弗兰德里希（Freundlich）吸附等温方程式在吸附进口 VOCs 浓度 200 mg/m^3、进口风速 0.3 m/s 条件下试验，将得到的吸附平衡数据进行拟合，结果如表 5-12 所示。由表 5-12 可知，Langmuir 吸附等温方程的 R^2 均在 0.99 附近且均大于 Freundlich 吸附等温方程的 R^2，蜂窝活性炭和沸石分子筛的吸附等温方程用 Langmuir 吸附等温方程表示更为合适。

表 5-12　吸附等温方程相关参数

吸附剂	温度/°C	Langmuir 吸附			Freundlich 吸附		
		q_m/（g/g）	KL	R^2	KF	n	R^2
蜂窝活性炭	30	0.213	0.020 3	0.991 2	0.088 4	5.437 6	0.962 2
	40	0.158	0.019 4	0.993 4	0.066 7	4.353 2	0.943 5
	60	0.091	0.015 8	0.990 7	0.053 2	3.786 6	0.976 8
	90	0.063	0.018 7	0.996 9	0.039 8	3.852 0	0.932 4
	100	0.052	0.006 2	0.997 0	0.006 5	2.987 3	0.967 0
沸石分子筛	30	0.096	0.040 2	0.998 6	0.077 3	12.968 8	0.843 8
	60	0.071	0.031 8	0.992 4	0.067 5	10.785 0	0.932 2
	90	0.048	0.027 6	0.994 2	0.058 9	8.654 1	0.967 4
	120	0.024	0.016 7	0.995 6	0.027 6	6.543 3	0.886 7
	150	0.001 9	0.008 7	0.990 6	0.014 3	6.156 2	0.839 6

沸石分子筛和蜂窝活性炭的 VOCs 吸附等温线如图 5-2 所示，当吸附温度为 30°C、VOCs 吸附浓度为 200 mg/m^3 时，沸石分子筛对 VOCs 的饱和吸附量约为 9.6%，蜂窝活性炭对 VOCs 的饱和吸附量为 21%，蜂窝活性炭对 VOCs 的饱和吸附量明显高于沸石分子筛，相同条件下蜂窝活性炭对 VOCs 的饱和吸附量约为沸石分子筛的 2.2 倍，与 2 种吸附材料比表面积、孔容等表征结果相似。试验时在吸附固定床内填满 2 种吸附剂（蜂窝活性炭 1 100 g，沸石分子筛 4 200 g），吸附温度为 30°C、VOCs 吸附浓度为 200 mg/m^3 时，蜂窝活性炭、沸石分子筛对 VOCs 的最大吸附量分别为 0.21 g/g 和 0.096 g/g。

当吸附温度为 90℃、VOCs 吸附浓度为 200 mg/m³ 时，沸石分子筛对 VOCs 的饱和吸附量约为 4.8%，而蜂窝活性炭对 VOCs 的饱和吸附量为 9.1%。当吸附浓度为 200 mg/m³、吸附温度为 30℃时，蜂窝活性炭对 VOCs 的饱和吸附量是 90℃下的 2.33 倍，沸石分子筛对 VOCs 的饱和吸附量是 90℃下的 2 倍。相较于蜂窝活性炭，沸石分子筛的饱和吸附量受反应温度和 VOCs 浓度的影响较小。同时，试验时在吸附固定床内填满 2 种吸附剂，当吸附温度为 90℃、VOCs 吸附浓度为 200 mg/m³ 时，蜂窝活性炭、沸石分子筛对 VOCs 的最大吸附量分别为 0.091 g/g、0.048 g/g。

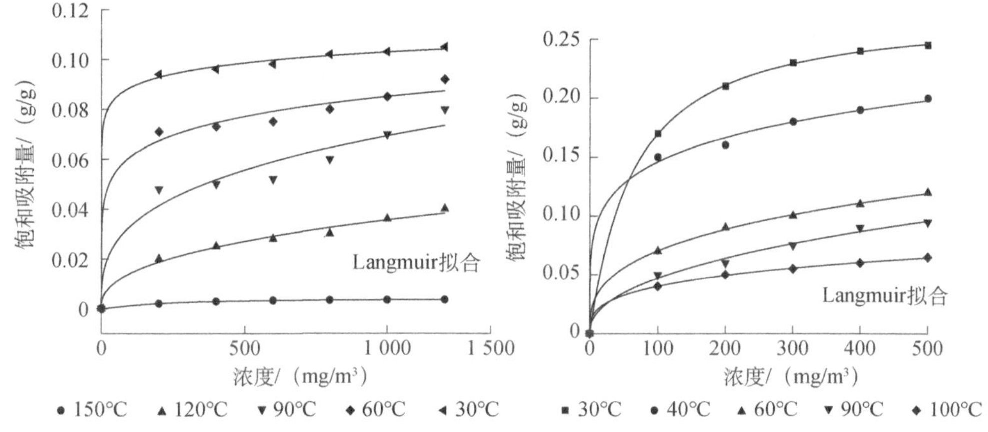

图 5-2 沸石分子筛（左）和蜂窝活性炭（右）的 VOCs 吸附等温线

由试验结果可知，同种吸附剂在进口风速和进口浓度不变的情况下，随着温度升高，饱和吸附量逐渐降低，试验中 2 种吸附剂最佳吸附温度为 30℃；蜂窝活性炭对 VOCs 吸附饱和量远高于沸石分子筛，且随着 VOCs 进口浓度的增加，饱和吸附量不断增大。蜂窝活性炭的比表面积约为沸石分子筛的 3 倍，饱和吸附量更大。而沸石分子筛比表面积和孔容较低，对 VOCs 的吸附平衡量也相对较低。但在吸附温度大于 90℃、VOCs 进口浓度偏低的情况下，沸石分子筛的吸附饱和量接近甚至大于蜂窝活性炭。可见，在吸附温度较高时，沸石分子筛吸附饱和量受温度影响变化较小，说明相较于蜂窝活性炭，其更适用于低浓度、高温工况条件下的 VOCs 吸附，而蜂窝活性炭适用于低风量、浓度较高条件下 VOCs 的吸附。

脱附温度对脱附效果的影响：当固定床进气风速为 0.3 m/s，脱附温度分别为 120℃、150℃和 180℃时，2 种吸附床脱附时间与 VOCs 脱附浓度之间的关系如图 5-3 所示。

由图 5-3 可知，蜂窝活性炭吸附床在进气风速为 0.3 m/s，脱附温度为 120℃、150℃和 180℃，出口浓度为进口浓度的 5%（15 mg/m^3）时，脱附所需时间分别为 42 min、27 min 和 26 min，温度在 180℃时的脱附时间比 120℃时减少约一半。沸石分子筛固定床在进气风速为 0.3 m/s，脱附温度为 120℃、150℃和 180℃的情况下，出口浓度为进口浓度 5%（15 mg/m^3）时，脱附所需时间分别为 54 min、48 min 和 39 min。

试验结果表明，同种吸附剂在脱附风速和出口浓度不变的情况下，随着温度的升高脱附时间急剧降低，试验中 2 种吸附剂最佳脱附温度为 180℃；当脱附温度一定时，蜂窝活性炭吸附床的脱附时间要明显小于沸石分子筛吸附床，其完成脱附所需的时间为沸石分子筛吸附床的 2/3 左右。

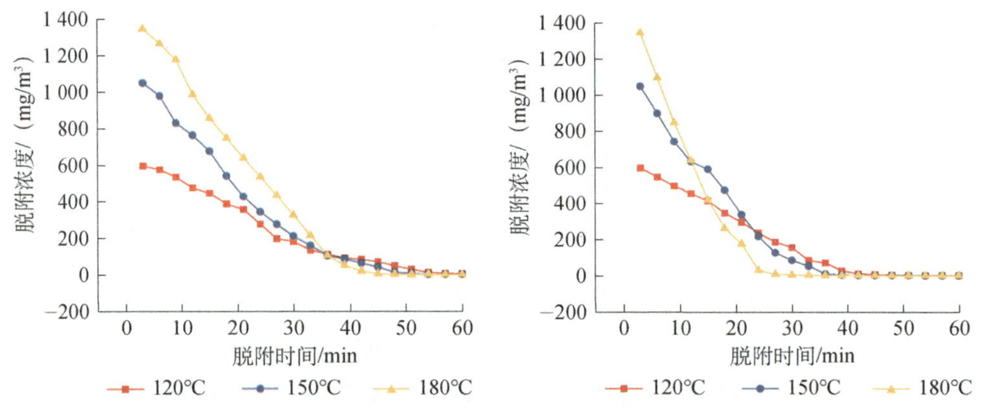

图 5-3 沸石分子筛（左）和蜂窝活性炭（右）吸附床在不同温度下的脱附浓度

3. 主要结论

相同反应条件下，蜂窝活性炭对 VOCs 的饱和吸附量明显高于沸石分子筛。当吸附温度为 30℃、VOCs 吸附浓度为 200 mg/m^3 时，蜂窝活性炭、沸石分子筛对 VOCs 的最大吸附量分别为 0.21 g/g 和 0.096 g/g；而吸附温度为 90℃，VOCs 吸附浓度为 200 mg/m^3 时，对 VOCs 的最大吸附量分别为 0.091 g/g、0.048 g/g。沸石分子筛的饱和吸附量受反应温度和 VOCs 浓度的影响相对较小。

蜂窝活性炭饱和吸附量大、脱附时间快，在实际生产工程中适用于吸附床前调节、缓冲间歇性、低风量、中高浓度 VOCs 废气；沸石分子筛空气动力学及循环吸脱附性能优于蜂窝活性炭，适用于处理初始温度相对较高、中低浓度 VOCs 废气。

第五节 涂装行业 VOCs 深度减排技术

在全面实施国家强制性涂料产品标准的基础上，综合考虑行业特征与经济技术可行性，江苏省分阶段、分行业推广实施国家标准《低挥发性有机化合物含量涂料产品技术要求》（GB/T 38597—2020），逐步实现重点领域涂料低 VOCs 化。

1. 全面实施国家强制性涂料产品标准

2020 年 12 月，木器、船舶、汽车、工业防护、建筑用墙面、室内地坪涂料 6 项强制性标准实施，涉及家具制造、船舶制造、汽车制造、工程机械制造、电子电器制造、集装箱制造等多个工业行业以及面广量大的建筑领域。涂料生产厂商应根据标准要求，切换涂料生产配方与制造工艺，淘汰不符合标准要求的产品。工业涂装企业应更换使用涂料，需切换涂装工艺或生产线的，应在标准过渡期内完成技术改造。

6 项强制性标准实施后，各类涂料的 VOCs 含量的削减比例为 9%～30%，VOCs 减排量可达到 3.27 万 t，减排比例约为 10%，具体见表 5-13。

表 5-13 强制性涂料产品标准实施后的 VOCs 减排效益

涂料类型	VOCs 减排比例/%	VOCs 减排量/万 t
木器涂料	9	0.15
船舶涂料	15	0.45
汽车涂料	28	0.50
工业防护涂料	10	1.23
建筑用墙面涂料	30	0.54
室内地坪涂料	10	0.40
合计	10	3.27

2. 技术成熟领域全面推广低 VOCs 含量涂料

木质家具制造业推广使用水性/辐射固化/粉末涂料。除涂层性能有特殊要求外，木质家具制造（含地板）涂装可直接切换至低 VOCs 含量的水性、辐射固化（UV）、粉末等涂料，其标准推广使用《低挥发性有机化合物含量涂料产品技术要求》（GB/T 38597—2020）中木器涂料 VOCs 含量限值。基于典型案例与生产工艺分析，木质家具制造业可采用全水性、全 UV 型、水性封闭底漆+UV 面漆、水性底漆+水性面漆+水性 UV 清漆、水性封闭底漆+UV 底漆+水性 UV 面漆+水性 UV 清漆等工艺路线进行替代，涂装工艺及生产线的改造成本需考虑企业生产规模，整体替代成本在 30%以上，部分企业需要整体更换涂装生产线，改造成本较大。

表 5-14、表 5-15 为典型家具制造企业实施替代后的减排绩效。目前，江苏省家具制造行业约 72%使用高 VOCs 含量的溶剂型涂料，水性涂料替代后 VOCs 排放约减少 30%，辐射固化涂料替代后 VOCs 排放约减少 52%。全面实施水性、辐射固化等低 VOCs 含量涂料替代后，预计 VOCs 排放量可削减 46%，臭氧生成潜势可减少 80%以上。

表 5-14　典型家具制造企业涂料替代绩效分析

涂料	类别	溶剂型	低 VOCs 涂料	VOCs 减少比例
水性涂料替代溶剂型聚氨酯涂料	每平方米涂料用量	300 g	245 g	18%
	VOCs 排放量	197 g/m^2	137 g/m^2	30%
	总 VOCs（按涂装面积 25.1 万 m^2 计算）	49 t	34 t	
辐射固化涂料替代溶剂型硝基涂料	每平方米涂料用量	380 g	324 g	15%
	VOCs 排放量	271 g/m^2	130 g/m^2	52%
	总 VOCs（按涂装面积 25.1 万 m^2 计算）	644 t	308 t	

表 5-15　典型家具制造企业生产线水性涂料替代绩效分析

指标	溶剂型	水性
涂料使用量/（kg/m^2）	325.91	226.07
涂料用量/（kg/m^2）	1.1	0.88
VOC 总量/（t/a）	213.92	86.96

续表

指标	溶剂型	水性
VOC 年排放量降幅/%	63	
生产效率/%	77	97
固体废料产生量/（t/a）	47.3	33.11
废水产生量/（t/a）	0	151.36
能耗/［（kW·h）/万元产值］	3.17	3.66
每条生产线员工数量/班	11	9
产品一次合格率/%	95	99

工程机械制造业推广使用粉末/水性/高固体分涂料。工程机械（含农机）制造业涂装可分为薄板件喷涂和结构件喷涂，可直接切换至低 VOCs 含量的水性、粉末、高固体分涂料，其标准推广使用《低挥发性有机化合物含量涂料产品技术要求》（GB/T 38597—2020）中工程机械和农业机械涂料（含零部件涂料）VOCs 含量限值。薄板件喷涂可采用电泳底漆+粉末/水性/高固体分面漆等工艺路线进行替代；结构件可采用水性/高固体分底漆+水性/高固体分面漆等工艺路线进行替代。

表 5-16 为工程机械薄板件企业采用粉末涂料替代的绩效分析。薄板件采用水性涂料或者高固体分涂料替代后，涂料成本约上升 20%，VOCs 排放量约减少 25%；采用粉末涂料替代后，涂料成本约下降 14%，VOCs 约减少 50%，但相对水性涂料而言，粉末涂料能耗相对水性涂料较高，后期维修的重涂性不如水性涂料方便快捷。结构件采用水性或高固体分涂料替代后，涂料成本约上升 20%，VOCs 约减少 25%。

表 5-16　工程机械薄板件企业涂料替代绩效分析

能耗水平				
项目		每天消耗量/（m^3 或 kW·h）	年消耗量/（m^3 或 kW·h）	年耗金额/元
改造前	天然气	2 272	649 792	2 777 628
	电	7 900	2 259 263	2 191 485

续表

能耗水平				
项目		每天消耗量/（m^3或kW·h）	年消耗量/（m^3或kW·h）	年耗金额/元
改造后	天然气	1 380	394 680	1 653 709
	电	1 971	563 763	546 850
节能	天然气	892	255 112	1 068 919
	电	5 929	1 695 500	1 644 635

涂装成本			
项目		单台消耗/元	年耗金额/元
技改前	溶剂型涂料	374.7	4 496 400
	人工	30.67	368 040
	辅材	8.47	104 640
	小计	413.84	4 966 080
技改后	电泳涂料+粉末涂料	307.8	3 693 600
	人工	11.67	140 040
	辅材	8.47	101 640
	小计	327.94	3 935 280
成本减少	合计	85.9	1 030 800

环境效益			
项目	单台VOCs含量/%	单台油漆消耗量/kg	年VOCs含量/kg
技改前（溶剂型涂料）	60	15	108 000
技改后（电泳涂料+粉末涂料）	10	15	1 800
VOCs减排	50	15	9 000

目前，江苏省工程机械（含农机）制造业约74%使用高VOCs含量的溶剂型涂料，完成低VOCs含量涂料替代后，VOCs排放量可削减65%，减排量约为1.43万t，臭氧生成潜势可削减85%以上。

道路标志线喷涂推广水性涂料替代：江苏省道路标志线涂料年用量约4万t，可全面执行《低挥发性有机化合物含量涂料产品技术要求》（GB/T 38597—2020）

中道路标线涂料含量限值标准，VOCs 含量≤150 g/L。其中，溶剂型涂料年用量约 0.3 万 t，VOCs 排放量约 0.15 万 t，可实施水性涂料替代；热熔型涂料年用量约 3.8 万 t，VOCs 排放量约 0.05 万 t，除暴雨时段或寒冬时节外，可实施水性道路标志线涂料替代，替代成本基本不提高。预计实施替代后，VOCs 可减排 75%，减排量约为 0.15 万 t。

3. 替代技术尚未全部成熟的领域逐步实施替代

船舶制造行业内舱及上建部分实施替代。由于涂层防腐性能要求高，船舶制造行业难以全面实施低 VOCs 含量涂料替代，应以加强废气收集治理为重点来实现达标排放。对于机舱内部、上建内部等舱室的内壁，全面推广使用符合《低挥发性有机化合物含量涂料产品技术要求》（GB/T 38597—2020）规定的水性或高固体分涂料产品；对于通用底漆和面漆（约占船舶涂装用量的 70%），逐步实施符合《低挥发性有机化合物含量涂料产品技术要求》（GB/T 38597—2020）规定的溶剂型涂料产品。实施替代后，内舱及上建部分涂料中 VOCs 可减排 70%，VOCs 减排量约 0.62 万 t。

地坪和防水涂料推广使用低 VOCs 含量的溶剂型涂料。食品、烟草、制药、电子、医疗卫生等行业的生产作业场所，以及家居及学校、商场等公共场所使用的地坪涂料，目前仍使用高 VOCs 含量的溶剂型涂料，水性涂料替代技术尚不成熟，可全面推广使用《低挥发性有机化合物含量涂料产品技术要求》（GB/T 38597—2020）中溶剂型地坪涂料，VOCs 约减排 80%，减排量约为 3.28 万 t。

防水涂料采用符合《环境标志产品技术要求 防水涂料》（HJ 457—2009）及江苏省地方标准《涂料中挥发性有机物含量限值》（DB32/T 3500—2019）规定的涂料产品，VOCs 约减排 80%，减排量约为 2.2 万 t。

金属结构制造业实施部分豁免溶剂替代。采用符合《工业防护涂料中有害物质限量》（GB 30981—2014）规定的涂料产品，除特殊工艺外禁止露天喷涂，室内涂装比例不低于 60%。推广使用部分豁免溶剂（如醋酸丁酯、丙酮、碳酸二甲酯、醋酸甲酯等不参与大气光化学反应的物质）替代的建筑物和构造物防护涂料及其配套稀释剂，豁免溶剂含量占溶剂总量的 30%以上。推广使用高压无气喷涂、空气辅助无气喷涂、热喷涂等涂装技术，限制压缩空气喷涂的使用。实施替代后，臭氧生成潜势减少 30%以上。

第六节 船舶污染控制技术

一、治理技术

船舶污染排放控制措施可以大致按油品、后处理以及柴油机 3 个排放环节进行分类，具体见表 5-17。油品环节减排措施主要包括使用低硫油、淘汰老旧船舶、全面实施第二阶段排放标准，以及添加燃料水乳化液减少 NO_x 排放，同时可以通过靠港使用岸电、使用液化天然气（LNG）进行清洁能源替换；后处理控制措施中包括独立脱硫、脱硝以及脱硫脱硝一体化等技术；可以通过废气再循环（EGR）系统整改柴油发动机，达到船舶污染物减排的效果。

表 5-17 船舶污染排放控制措施

环节		措施
油品		使用低硫油
		淘汰老旧船舶
		全面实施船舶第二阶段排放标准
		靠港使用岸电
		使用 LNG 动力
		添加燃料水乳化液（FWE）
后处理	脱硫	传统脱硫法：海水洗涤法、石灰石-石膏法、氧化镁法、氨法等
		启动废气洗涤脱硫系统（EGCS）
	脱硝	选择性催化还原技术（SCR）
		其他 NO_x 减排系统
	脱硫脱硝一体化技术	氧化—吸收法、低温等离子体技术、光催化技术、改性海水法等
柴油机		废气再循环（EGR）系统

二、监管技术

船舶监测管理技术主要针对船舶燃料、船舶尾气以及船舶证书和设备安装等环节。针对船舶燃料检测主要使用快速检测仪检测油品含硫量是否合规。海事主管机关装备的无人机载嗅探设备、船载嗅探设备以及岸基嗅探设备等遥测设备可对船舶进行监测，主要也是针对燃油含硫量是否合规进行监管。

此外，针对江苏省船舶港口码头大气污染问题开展集中整治活动，包括港口码头扬尘污染、使用劣质油、储罐 VOCs 污染等，可引入船舶港口码头大气污染立体监控系统，见图 5-4。通过全天候高清视频监控，配合扫描激光雷达精准定位异常排烟船舶，使用扫描差分吸收光谱技术（DOAS）实现船舶 SO_2/NO_2 排放异常监控，所有监控数据通过省、市二级数据联网进行及时反馈整改，实现船舶污染物排放控制，消除水上运输和港口码头大气污染防治盲区。

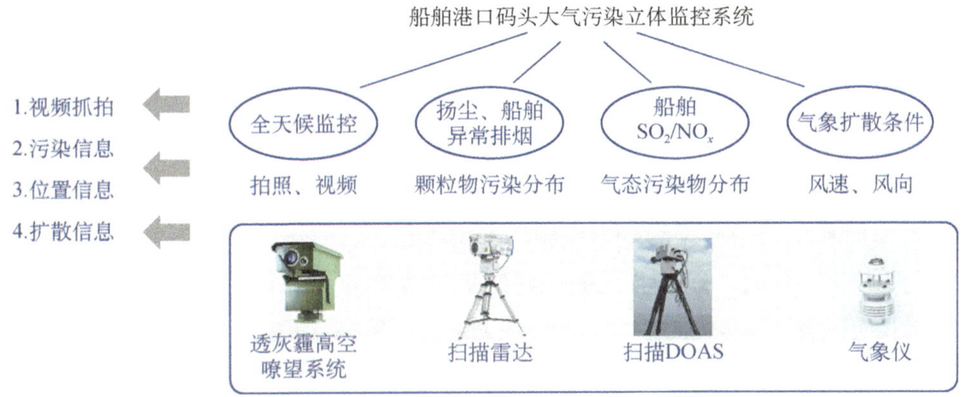

图 5-4　船舶港口码头大气污染立体监控系统

船舶证书和设备安装情况主要通过现场监督检查，包括船舶和船员有关证书文书、文件资料是否符合要求，船舶结构设施和油气回收装置、岸电接收装置等设备安装是否符合规范。

三、管控政策建议

国家标准主要针对新定型和新生产的船用发动机，对于大量的存量船缺少法律约束；现行政策主要对船用燃油硫含量进行了规定，覆盖面不全且监管困难。建议制定更符合江苏省实际情况的船舶污染控制政策法规和标准。同时，建议首先加强先进环境监管技术如红外遥测技术等的应用，提升监管效力；其次完善燃油供应保障体系，严厉查处油品质量超标现象，特别要加强沿江区域船用油品抽查；最后加强巡检，限制高排放船舶的使用，减少船舶因突然加速或高速行驶导致的污染排放剧增。建议针对部分航道空气中污染物指标陡增的现象，进行摸排梳理，定位析源，指导督促各地将专项行动期间发现的问题尽快整改到位。船舶污染控制涉及多个管理部门，需要齐抓共管、协同促治，建议进一步强化部门协调合作，形成常态化工作机制，通过部门联合执法规范整条船用燃油供应链的要求。建议尽快推进船舶及港口码头排放摸底调查工作，为评估减排潜力和治理成效提供基础支撑，也为研究江苏省内河大气污染成因机理、准确解释空间差异提供基础数据。

目前，江苏省船舶大气污染控制存在的主要问题包括码头岸电设施进展不均衡、具备受电设施的船舶数量少、岸电使用情况和船舶受电设施情况报送质量差等。针对以上问题，需交通运输（港口）管理部门、海事管理机构等部门加强协调联动，出台相关制度优惠、价格支持政策和一定的经济激励，督促航运企业加快船舶受电设施改造；同时加快打造岸电使用示范区（航线），进一步提高码头岸电设施覆盖率，力争实现岸电使用常态化；进一步完善岸电数据报送工作，完善岸电使用和航运企业船舶受电设施情况的报送。

“十四五”期间，江苏省船舶应与国家同步实施船舶第二阶段排放标准，同时严控船舶燃油品质，推进“限硫令”实施，严格落实船舶大气污染物排放控制区各项要求，降低船舶硫氧化物、NO_x、颗粒物和 VOCs 等排放。此外，还需实施鼓励激励政策，推动船舶清洁化改造。建议开展减少 NO_x 排放试点工作，采用选择性催化还原装置等后处理措施，提前实施船舶发动机第二阶段排放标准，推广使用新能源或清洁能源船舶以及岸电技术等，加大船舶更新升级改造和污染防治力度，并研究出台鼓励激励政策。

针对原油成品码头、原油成品油运输船舶，严格按照《油品运输大气污染物排放标准》（GB 20951—2020）排放限值进行监测和监督管理，要求设置油气处理系统、配备 VOCs 回收装置并保持正常使用。

第六章

基于措施库的大气污染物减排潜力评估

第一节　经济社会及能源发展情景分析

根据《江苏省“十四五”生态环境保护规划》《江苏省战略环境影响评价产业专题》对江苏省宏观经济发展趋势的预测结果，对“十四五”期间江苏省经济发展和主要产品产量进行综合判断，具体见表 6-1。“十三五”以来，江苏省地区生产总值增速为全国平均水平的 1.2 倍，人口增速为全国平均水平的 1.6 倍。预计“十四五”期间，江苏省沿江通过实施钢铁、石化转移和结构调整，着力缓解环境压力；江苏省沿海成为高质量发展新增长极，接收沿江钢铁、石化产业转移。江苏省地区生产总值年均增长率为 5.0%～6.0%，人均能源消费达到 4.6 t 标准煤，2030 年达到峰值并进入平台期。

表 6-1　江苏省不同阶段社会经济发展指标

指标	2019 年	2025 年	2030 年	2035 年	2050 年
地区生产总值年均增速/%	6.1	5.5	5.0	4.5	3.0～4.0
城镇化率/%	70.6	76.0	80.0	85.0	＞92.0
能源消费总量/亿 tce	3.25	3.60	3.40	4.75	5.65
千人机动车保有量/辆	246.08	351.36	351.36	359.74	364.71
人口/万人	8 090	8 190	8 200	8 100	7 900

统筹考虑国家产业政策导向、产能规模控制、产能置换要求、产业发展态势和产业发展规律、上下游产业链构建、产业布局优化、沿江沿海等重点地区发展

和保护战略定位、区域生态环境改善压力等因素，开展中长期重点行业发展综合情景方案设计。沿江地区通过实施钢铁、石化转移和结构调整，缓解环境压力；沿海地区承接沿江钢铁、石化转移，环境压力加大。江苏省化工行业结合整治成效，维持适度增速，其中煤电行业结合电力需求，实施结构布局优化。

（1）煤电。按照国家和江苏省既定规划继续保持适度增速。清洁能源、非化石能源装机规模进一步扩大，区外来电比重继续增加。可再生能源发电装机占比提高到35%左右，电煤占煤炭消费的68%左右。

（2）钢铁。以加快开发高端钢种，持续提升行业绿色环保和智能制造水平为导向，加快产能整合，有序推动布局优化。沿江地区在完成环太湖、沿江、沿运河等环境敏感区域的相对落后冶炼产能退出的基础上，继续实施城市钢厂沿江向沿海转移的战略，部分钢厂通过适当压减钢铁产能、淘汰部分小规模的铁前工序、提升电炉钢比例，实现区域钢铁行业污染物排放总量进一步下降，减小环境压力。沿海地区承接沿江地区钢铁产能转移，建设南通、盐城 2 市绿色精品钢基地，钢铁总产能达到 2 000 万 t 以上，连云港市不再布局新的钢铁产能。

（3）石化。沿江大型石化企业有序向沿海连云港石化基地转移，缓解沿江生态环境压力和风险。到 2025 年，总体上南京等地的石化产能保持平稳，略有下降，连云港市徐圩新区作为国家规划布局的七大世界级石化基地之一，按照规划规模建设，炼油规模达到 1 600 万 t/a。

（4）化工。重化工业整治提升，沿江、沿海产业优化布局、升级转移、低端产能退出步伐加快，行业总体适度发展，高附加值产品、产量将有所增加，规模企业产能进一步释放。2023 年后，行业发展总体态势持续向好。

综合考虑钢铁、水泥、煤电、石化、化工等重点行业发展情况及重点项目，新建项目考虑源头替代、超低排放、提标改造等措施对新增排放的减排效益，预计“十四五”期间，江苏省 VOCs、NO_x 新增排放量将达到 12.3 万 t 和 8.5 万 t。

第二节 大气污染物减排潜力评估

一、减排情景设置

本书设置 5 个减排情景：政策延续情景、强化控制情景、最大潜力情景、协同减排情景和最大技术可达情景，具体见表 6-2～表 6-5。

（1）政策延续情景：以 2019 年为基准年，假设至 2035 年，能源消费及碳减排措施遵循现有的政策，不增加额外的约束条件，即保持目前经济发展的规模与速度，按照现有政策的减排水平，主要把经济社会发展作为排放的驱动因素。

（2）强化控制情景：在政策延续情景的基础上，为实现各省（自治区、直辖市）及长三角地区 2030 年前碳达峰目标，施加更严格的碳排放约束条件。即在考虑可持续发展、能源安全、社会经济发展的基础上，通过能源结构调整、终端用能方式转变等措施进行有针对性的低碳减排。

（3）最大潜力情景：考虑目前的经济发展现状，在强化控制情景的基础上进一步加大结构调整力度，达到可能的最大减排潜力。

（4）协同减排情景：在最大潜力情景的基础上，考虑 $PM_{2.5}$ 和臭氧协同控制需求，进一步加大 VOCs 的防控力度。

（5）最大技术可达情景：2030 年和 2050 年工程治理减排潜力有限，结构调整的减排潜力贡献逐渐增加，在协同减排情景的基础上，进一步加强能源结构调整，强化行业的过程控制以及源头替代力度，加大交通运输的结构调整力度。

表 6-2 分阶段能源结构调整主要指标 单位：%

		煤炭占一次能源消费比例	电煤比例	非化石能源消费比例
现状（2019 年）		55	65	10
2025 年	情景一	52	70	18
	情景二	49	75	21
	情景三	47	78	24
	情景四	45	81	27
	情景五	40	83	30
2030 年	情景一	46	75	26
	情景二	43	78	30
	情景三	40	82	34
	情景四	37	85	38
	情景五	34	88	42

续表

		煤炭占一次能源消费比例	电煤比例	非化石能源消费比例
2035 年	情景一	40	78	36
	情景二	37	81	40
	情景三	34	85	44
	情景四	31	88	48
	情景五	28	91	52
2050 年	情景一	22	85	65
	情景二	17	88	69
	情景三	12	92	75
	情景四	8	94	79
	情景五	4	96	83

表 6-3 江苏省钢铁石化行业“十四五”期间产能预测 单位：万 t

地区	钢铁		石化	
	现状产能	预测产能	现状产能	预测产能
南京市	1 760	1 000	3 400	3 020
无锡市	1 000	1 000	140	140
徐州市	1 423	910	0	0
常州市	1 500	950	0	0
苏州市	3 200	3 000	0	0
南通市	0	585	0	0
连云港市	1 260	1 260	300	2 000
淮安市	221	221	280	280
盐城市	432	1074	0	0
扬州市	600	600	40	40
镇江市	600	600	140	140
泰州市	200	200	360	360
宿迁市	0	0	0	0
江苏省合计	12 196	11 400	4 660	5 980
沿海	1 692	2 919	300	2 000
沿江	8 860	7 935	4 080	3 700

表 6-4 江苏省“十四五”期间交通源污染控制情景设计

<table>
<tr><th colspan="2">减排措施</th><th>情景一（S1）</th><th>情景二（S2）</th><th>情景三（S3）</th><th>情景四（S4）</th><th>情景五（S5）</th></tr>
<tr><td rowspan="4">淘汰老旧车、机械</td><td>国一及国二排放标准前的汽油车/%</td><td>100</td><td>100</td><td>100</td><td>100</td><td>100</td></tr>
<tr><td>国三及以下排放标准的中重型柴货车/%</td><td>100</td><td>100</td><td>100</td><td>100</td><td>100</td></tr>
<tr><td>国四排放标准的中重型柴货车/%</td><td>0</td><td>30</td><td>50</td><td>50</td><td>50</td></tr>
<tr><td>淘汰国一及以下排放标准的工程机械（以工程机械数量占比计）/%</td><td>10</td><td>15</td><td>20</td><td>30</td><td>30</td></tr>
<tr><td rowspan="6">推广新能源车、机械</td><td>私家车新能源渗透率/%</td><td>35</td><td>45</td><td>50</td><td>60</td><td>70</td></tr>
<tr><td>城市轻型物流车新能源率/%</td><td>20</td><td>30</td><td>50</td><td>60</td><td>70</td></tr>
<tr><td>公交车新能源化率/%</td><td>85</td><td>95</td><td>100</td><td>100</td><td>100</td></tr>
<tr><td>出租车新能源化率/%</td><td>70</td><td>85</td><td>95</td><td>95</td><td>95</td></tr>
<tr><td>电动重柴投入量/辆</td><td>2 000</td><td>5 000</td><td>10 000</td><td>15 000</td><td>20 000</td></tr>
<tr><td>非道路移动机械新能源渗透率/%</td><td>15</td><td>20</td><td>25</td><td>25</td><td>30</td></tr>
<tr><td colspan="2" rowspan="2">运输结构调整</td><td>铁路和水运货运周转量占比提升10%</td><td>铁路和水运货运周转量占比提升15%</td><td>铁路和水运货运周转量占比提升20%</td><td>铁路和水运货运周转量占比提升25%</td><td>铁路和水运货运周转量占比提升30%</td></tr>
<tr><td>集装箱多式联运量年均增长10%以上</td><td>集装箱多式联运量年均增长15%以上</td><td>集装箱多式联运量年均增长20%以上</td><td>集装箱多式联运量年均增长25%以上</td><td>集装箱多式联运量年均增长30%以上</td></tr>
</table>

表 6-5　2025 年工程减排具体措施

污染物	减排情景一（PC1）	减排情景二（PC2）	减排情景三（PC3）	减排情景四（S4）	减排情景五（S5）
NO_x	重点行业全面完成提标改造	热电整合，小机组关停并转，火电平均发电煤耗降低；锅炉与炉窑清洁能源替代比例提升	大机组电力完成超超低排放改造；淘汰 20 万 kW 以下火电机组；4 t/h 以下工业锅炉全面淘汰并纳入集中供热	火电机组稳定达到 30 mg/m^3；钢铁、焦化、水泥达到超低排放水平；4 t/h 以下工业锅炉全面淘汰并纳入集中供热；4 t/h 以下生物质锅炉基本淘汰	大机组电力完成超低排放改造；火电机组稳定达到 30 mg/m^3，实现宽负荷稳定达标；4 t/h 以下生物质锅炉基本淘汰
VOCs	执行国家标准；无组织排放基本完成收集（集气罩为主）；物料储存方式基本保持现状；逐步淘汰低效治理技术	工业产品和消费结构向低 VOCs 化过渡；推广应用重点企业低泄漏装备；全面落实"一企一策"；重点产业集聚区实现集中治理全面覆盖	工业和生活有机溶剂基本实现低 VOCs 化；重点产业实现绿色转型升级；低泄漏工艺装备得到广泛应用；普遍采用负压等高效收集装置；生活面源实现智慧监管；产业集聚区集中处理全面覆盖或采用源头治理技术	工业和生活有机溶剂全面实现低 VOCs 化；无组织排放实现 100% 收集；生活面源和产业集群区实现集中处理与源头治理全覆盖	涉 VOCs 工业实现低 VOCs 工艺技术全面升级；产业实现清洁生产和绿色转型；末端高效治理工艺装备得到广泛应用；生活面源无组织排放实现全面收集

二、措施库构建

针对产业结构调整、能源结构调整、交通结构调整，本书整理得出的控制措施见表 6-6～表 6-8 。

表 6-6　产业结构调整措施

污染源类型	行业	措施类型	实施范围（环节）	措施
工业源	电力	产业结构调整	淘汰关停	淘汰关停 20 万 kW 以下火电
	电力	产业结构调整	淘汰关停	淘汰关停 30 万 kW 以下火电
	电力	产业结构调整	关停整合	关停整合 20 km 供热半径内的电厂与燃煤小热电

续表

污染源类型	行业	措施类型	实施范围（环节）	措施
工业源	电力	产业结构调整	关停整合	关停整合 30 km 供热半径内电厂与燃煤小热电
	电力	产业结构调整	升级改造	燃煤机组清洁低碳升级改造
	工业锅炉	产业结构调整	燃煤锅炉淘汰	35 t/h 以下
	工业锅炉	产业结构调整	燃煤锅炉淘汰	65 t/h 以下
	工业锅炉	产业结构调整	生物质锅炉淘汰	4 t/h 以下生物质锅炉淘汰 20%
	工业锅炉	产业结构调整	生物质锅炉淘汰	4 t/h 以下生物质锅炉淘汰 40%
	钢铁	产业结构调整	产能变化	下降 4%
	钢铁	产业结构调整	产能变化	下降 10%
	钢铁	产业结构调整	长流程换短流程	提高 5%
	钢铁	产业结构调整	长流程换短流程	提高 10%
	水泥	产业结构调整	产能变化	增长 20%
	水泥	产业结构调整	产能变化	不增长
	石化	产业结构调整	产能变化	增长 36%
	石化	产业结构调整	产能变化	增长 20%

表 6-7 能源结构调整措施

污染源类型	行业	措施类型	实施范围（环节）	措施
工业源	电力	能源结构	发电结构优化	天然气发电量增加
	电力	能源结构	发电结构优化	可再生能源发电量增加
	其他	能源结构	能源消费低碳化	提高光伏、氢能等可再生、电力能源利用比例
	其他	能源结构	能源消费低碳化	煤炭实现总量控制
	其他	能源结构	能源消费低碳化	产业结构高端化转型，支撑能源结构低碳化转变

续表

污染源类型	行业	措施类型	实施范围（环节）	措施
工业源	其他	能源结构	能源消费低碳化	生产过程低碳化转型，工业实现节能改造，重点行业实现能效管理
	其他	能源结构	能源消费低碳化	推进建筑节能改造
	其他	能源结构	能源消费低碳化	推进商业、居民电气化

表 6-8 交通结构调整措施

污染源类型	行业	措施类型	实施范围（环节）	措施
移动源	机动车	运输结构调整	老旧汽油车淘汰	淘汰国一及以下排放标准汽油车100%
	机动车	运输结构调整	老旧柴油车淘汰	淘汰国三及以下排放标准中重型柴油车 80%
	机动车	运输结构调整	老旧柴油车淘汰	淘汰国三及以下排放标准中重型柴油车 100%
	机动车	运输结构调整	老旧柴油车淘汰	淘汰国四排放标准中重型柴油车30%
	机动车	运输结构调整	公共交通推广	推广轨道、公交等绿色出行方式
	非道路移动机械	运输结构调整	高排放非道路移动机械淘汰	淘汰高排放非道路移动机械 10%
	非道路移动机械	运输结构调整	高排放非道路移动机械淘汰	淘汰高排放非道路移动机械 15%
	船舶	运输结构调整	老旧船舶淘汰	船舶淘汰 3%
	船舶	运输结构调整	老旧船舶淘汰	船舶淘汰 5%
	机动车	运输结构调整	新能源车推广	推广公共领域新能源车，比例达到50%
	机动车	运输结构调整	新能源车推广	推广公共领域新能源车，比例达到80%
	机动车	运输结构调整	新能源车推广	推广私家车新能源车，比例达到10%
	机动车	运输结构调整	新能源车推广	推广私家车新能源车，比例达到15%
	非道路移动机械	运输结构调整	新能源车推广	推广新能源工程机械，比例达到10%

续表

污染源类型	行业	措施类型	实施范围（环节）	措施
移动源	非道路移动机械	运输结构调整	新能源车推广	推广新能源工程机械，比例达到20%
	移动源	运输结构调整	货运比例调整	水路与铁路货运比例提升 3%
	移动源	运输结构调整	货运比例调整	水路与铁路货运比例提升 5%

NO_x 和 VOCs 深度治理方面，针对源头替代、过程控制、末端治理，本书整理形成的控制措施如表 6-9～表 6-11 所示。

表 6-9　源头替代控制措施

污染源类型	行业	措施类型	实施范围（环节）	措施
工业源	家具制造	VOCs 深度治理	源头替代	使用溶剂型涂料并符合国家低 VOCs 含量涂料含量限制
	家具制造	VOCs 深度治理	源头替代	更换 UV 涂料、水性涂料、粉末涂料，水性胶粘剂、清洗剂
	工程机械制造	VOCs 深度治理	源头替代	使用溶剂型涂料并符合国家低 VOCs 含量涂料含量限制
	汽车制造	VOCs 深度治理	源头替代	零部件行业使用水性漆等替代
	汽车制造	VOCs 深度治理	源头替代	采用高固体分涂料、水性涂料、粉末涂料，水性清洗剂
	汽车制造	VOCs 深度治理	源头替代	罩光漆采用高固体分涂料，底漆、中涂、面漆采用水性涂料，采用水性胶粘剂和清洗剂
	电子产品制造	VOCs 深度治理	源头替代	龙头企业完成源头替代
	电子产品制造	VOCs 深度治理	源头替代	使用水性涂料替代、粉末涂料、UV 涂料，水性清洗剂
	木材加工	VOCs 深度治理	源头替代	E1/E2 胶粘剂采用 E0 胶替换
	木材加工	VOCs 深度治理	源头替代	胶粘剂达到《胶粘剂挥发性有机化合物限量》（GB 33372—2020）标准中水基型和本体型胶粘剂的要求

续表

污染源类型	行业	措施类型	实施范围（环节）	措施
工业源	有机化工	VOCs 深度治理	源头替代	农药制造使用非卤代烃和非芳香烃类溶剂，生产水基化类农药制剂；有机化工采用生物酶法合成技术，使用非卤化合非芳香烃级溶剂或纯物理提取工艺；减少发酵过程中含氮物质、硫酸盐等物质的使用
	包装印刷	VOCs 深度治理	源头替代	平版印刷采用植物油基胶印油墨替代+无/低醇润湿液替代+自动橡皮布清洗技术，采用植物油基胶印油墨替代+无水胶印技术+自动橡皮布清洗技术，采用辐射固化油墨替代+无/低醇润湿液替代+自动橡皮布清洗技术；采用水性凹印、凸印、柔版油墨替代技术及无溶剂复合技术、共挤出复合技术；实现水性胶粘剂替代及水性、UV 光油替代
	纺织印染	VOCs 深度治理	源头替代	印染助剂使用无醛品种固色剂、环保型柔软剂等助剂；涂层整理中，使用水性涂层浆或单一组分的涂层浆
面源	农药使用	VOCs 深度治理	源头替代	推进非有机溶剂型涂料和农药等产品的创新，减少生产和使用过程中 VOCs 的排放

表 6-10　过程控制控制措施

污染源类型	行业	措施类型	实施范围（环节）	措施
工业源	石化化工	VOCs 深度治理	无组织排放	开展化工行业无组织排放治理
	石化化工	VOCs 深度治理	火炬	视频监控火炬燃烧情况
	石化化工	VOCs 深度治理	动静密封点	健全泄漏检测与修复技术（LDAR）管理制度，实现电子台账规范管理
	石化化工	VOCs 深度治理	储罐	固定顶罐呼吸阀废气采用高效收集处理技术，浮顶罐采用高效密封并定期检查，末端采用低温柴油洗+活性炭吸附技术

续表

污染源类型	行业	措施类型	实施范围（环节）	措施
工业源	石化化工	VOCs 深度治理	装卸	火车装车采用机械锁紧双密封鹤管顶部浸没式装载，采用无泄漏泵输送，采用高效密封干式快速接头
	石化化工	VOCs 深度治理	废水	实现全密闭高效收集，采用生物滴滤、生物滤床等脱臭工艺
	石化化工	VOCs 深度治理	工艺废气	集气罩风量、位置等设计符合设计规范或加严要求，车间尽量采用密闭负压收集，采用活性炭吸附、吸收+吸附等组合技术
	有机化工	VOCs 深度治理	无组织排放	开展化工行业无组织排放治理
	有机化工	VOCs 深度治理	动静密封点	健全 LDAR 管理制度，实现电子台账规范管理
	有机化工	VOCs 深度治理	储罐	固定顶罐呼吸阀废气采用高效收集处理技术，浮顶罐采用高效密封并定期检查，末端采用低温柴油洗+活性炭吸附技术
	有机化工	VOCs 深度治理	装卸	火车装车采用机械锁紧双密封鹤管顶部浸没式装载，采用无泄漏泵输送，采用高效密封干式快速接头
	有机化工	VOCs 深度治理	废水	实现全密闭高效收集，采用生物滴滤、生物滤床等脱臭工艺
	有机化工	VOCs 深度治理	工艺废气	集气罩风量、位置等设计符合设计规范或加严要求，车间尽量采用密闭负压收集，采用活性炭吸附、吸收+吸附等组合技术
	医药制造	VOCs 深度治理	无组织排放	开展化工行业无组织排放治理
	医药制造	VOCs 深度治理	动静密封点	健全 LDAR 管理制度，实现电子台账规范管理
	医药制造	VOCs 深度治理	储罐	固定顶罐呼吸阀废气采用高效收集处理技术，采用浮顶罐高效密封并定期检查，末端采用低温柴油洗+活性炭吸附技术

续表

污染源类型	行业	措施类型	实施范围（环节）	措施
工业源	医药制造	VOCs 深度治理	装卸	火车装车采用机械锁紧双密封鹤管顶部浸没式装载，采用无泄漏泵输送，采用高效密封干式快速接头
	医药制造	VOCs 深度治理	废水	实现全密闭高效收集，采用生物滴滤、生物滤床等脱臭工艺
	医药制造	VOCs 深度治理	工艺废气	集气罩风量、位置等设计符合设计规范或加严要求，车间尽量采用密闭负压收集，采用活性炭吸附、吸收+吸附等组合技术
	储运	VOCs 深度治理	无组织排放	开展化工行业无组织排放治理
	储运	VOCs 深度治理	动静密封点	健全 LDAR 管理制度，电子台账规范管理
	储运	VOCs 深度治理	储罐	固定顶罐呼吸阀废气采用高效收集处理技术，浮顶罐高效密封且定期检查，末端采用低温柴油洗+活性炭吸附
	储运	VOCs 深度治理	装卸	火车装车采用机械锁紧双密封鹤管顶部浸没式装载，采用无泄漏泵输送，采用高效密封干式快速接头
	储运	VOCs 深度治理	废水	实现全密闭高效收集，采用生物滴滤、生物滤床等脱臭工艺
	电力供热	颗粒物治理	无组织排放	达到《关于组织实施〈江苏省颗粒物无组织排放深度整治实施方案〉的函》（苏大气办〔2018〕4号）的要求
	钢铁	颗粒物治理	无组织排放	达到《关于组织实施〈江苏省颗粒物无组织排放深度整治实施方案〉的函》（苏大气办〔2018〕4号）的要求
移动源	机动车	机动车尾气检测	限行区域设立卡口	在限行区域内设立卡口开展机动车尾气检测，车辆尾气抽检不合格者，交警部门当场暂扣车辆行驶证，凭复检合格证明换回行驶证

续表

污染源类型	行业	措施类型	实施范围（环节）	措施
移动源	机动车	机动车监督性抽测	车辆停放集中的重点场所以及重点单位	对车辆停放集中的重点场所以及重点单位，按“双随机”模式开展定期和不定期监督抽测。对于维修后复检再次超标的车辆，移交公安部门依法予以处罚
面源	建筑（施工扬尘）	加强监管	施工工地	严格施工工地和渣土运输监管
	建筑（施工扬尘）	扬尘治理	施工工地	开展施工以及道路扬尘降尘监测。以渣土运输企业、运输车辆，建筑工地出入口，建筑渣土处置场所为重点对象，落实《盐城市城市建筑渣土运输处置专项整治行动方案》
	建筑（道路扬尘）	扬尘治理	道路	
	建筑（堆场扬尘）	防风抑尘设施或实现封闭储存	钢铁、火电、建材等企业和建设工地的物料堆放场所、港口码头	主要港口100%的大型煤炭、矿石码头堆场建设防风抑尘设施或实现封闭储存
	VOCs 储运	油气回收	码头、加油站等	全面完成油气回收治理
	干洗	加强监管	城市建成区	建成区所有干洗经营单位禁止使用开启式干洗机，改用全封闭式干洗机
	餐饮	油烟净化设施	VOCs 治理	餐饮经营单位必须安装油烟净化设施。营业面积在 500 m^2 以上的餐饮企业全部安装油烟在线监控设施
	秸秆焚烧	加强监管	秸秆禁烧监管	2020 年秸秆综合利用率达到 95%，其中稻麦秸秆机械化还田率达到 60%
	秸秆焚烧	加强监管	秸秆禁烧监管	基于遥测和视频监控开展秸秆禁烧工作。在夏收和秋收阶段开展秸秆禁烧专项巡查。严防因秸秆露天焚烧造成区域性重污染天气
	餐饮	加强监管	餐饮营业时段	对群众反映强烈的露天烧烤、油烟扰民小餐饮，定期开展联合执法检查
工业源	家具制造	VOCs 深度治理	调漆供漆环节	调漆在单独的调漆室操作，密闭收集处理；采用密闭调漆和供漆系统，并采用密闭管道输送方式或密闭投加

续表

污染源类型	行业	措施类型	实施范围（环节）	措施
工业源	家具制造	VOCs 深度治理	喷涂环节	木质家具采用高效往复式喷涂箱、机械手、静电喷涂等涂装工艺；板式家具采用粉末静电喷涂；溶剂型、辐射固化涂料使用辊涂、淋涂等工艺
	汽车制造	VOCs 深度治理	调漆供漆环节	调漆在单独的调漆室操作，密闭收集处理；采用密闭调漆和供漆系统，并采用密闭管道输送方式或密闭投加
	汽车制造	VOCs 深度治理	喷漆环节	涂装车间整体负压收集，采用“三涂一烘”“两涂一烘”或免中涂等紧凑型涂装工艺、静电喷涂等高效涂装工艺、自动喷涂工艺
	工程机械制造	VOCs 深度治理	调漆供漆喷漆环节	调漆在单独的调漆室操作，密闭收集处理；采用密闭调漆和供漆系统，并采用密闭管道输送方式或密闭投加；采用 HVLP 喷枪
	工程机械制造	VOCs 深度治理	喷漆环节	采用免中涂、本色面漆工艺；采用密闭喷涂流水线，自动喷涂、静电喷涂等涂装技术
	船舶制造	VOCs 深度治理	喷涂环节	采用自动喷涂、静电喷涂、高压喷涂代替空气喷涂，船舶维修行业涂装作业实现移动式涂装达到60%以上
	船舶制造	VOCs 深度治理	喷涂环节	涂装车间整体负压收集；分段涂装并密闭收集，除平台、码头、船坞作业外，分段切割、装焊、涂装等工艺应在室内进行并设立局部或整体气体收集系统和集中净化处理装置，禁止分段室外涂装作业，室外喷涂应提高涂着效率
	金属制品制造	VOCs 深度治理	喷涂环节	钢结构喷涂采用高压无气喷涂、空气辅助无气喷涂、热喷涂等技术
	金属制品制造	VOCs 深度治理	喷涂环节	集装箱制造推广采用辊涂涂装工艺
	电子产品制造	VOCs 深度治理	喷涂环节	采用自动化、智能化喷涂设备替代人工喷涂

续表

污染源类型	行业	措施类型	实施范围（环节）	措施
工业源	水泥	提标改造		NO_x 达到 50 mg/m^3，煅烧过程采用优化+燃烧优化+LNB+智能 SNCR 脱硝；采用智能 SNCR+SCR 脱硝；水泥窑烟气氮氧化物达到江苏省厅《关于开展全省非电行业氮氧化物深度减排的通知》（苏环办〔2017〕128 号）中 100 mg/m^3 的要求
	焦化	提标改造		焦化行业全面达到特别排放限值要求
	工业生物质锅炉	提标改造		符合江苏省地方标准《锅炉大气污染物排放标准》（DB 32/4385—2022）
	工业锅炉	提标改造		符合江苏省地方标准《锅炉大气污染物排放标准》（DB 32/4385—2022）
	汽车零部件制造	提标改造		符合江苏省地方标准《表面涂装（汽车零部件）大气污染物排放标准》（DB 32/3966—2021）
	纺织业	提标改造		符合《纺织染整工业大气污染物排放标准（征求意见稿）》
	木材加工	提标改造		符合江苏省地方标准《木材加工行业大气污染物排放标准》（DB 32/4436—2022）
	医药制造	提标改造		符合江苏省地方标准《生物制药行业水和大气污染物排放限值》（DB 32/3560—2019）
面源	汽车维修	提标改造		—
	畜禽养殖	提标改造		符合江苏省地方标准《汽车维修行业大气污染物排放标准》（DB 32/3814—2020）
	施工扬尘	提标改造		符合《施工场地扬尘排放标准（征求意见稿）》
	餐饮	提标改造		符合《餐饮业大气污染物排放标准（征求意见稿）》
	污水处理	提标改造		符合《城镇污水处理厂污染物排放标准（征求意见稿）》

表 6-11 末端治理控制措施

污染源类型	行业	措施类型	实施范围（环节）	措施
工业源	工业涂装	VOCs 深度治理	末端治理	喷涂排风采用吸附/热氧化或组合技术，以及活性炭吸附技术处理
	印刷包装	VOCs 深度治理	末端治理	采用活性炭吸附技术处理
	印刷包装	VOCs 深度治理	末端治理	采用吸附+冷凝、燃烧技术进行废气处理；产业集中区采用活性炭集中再生或移动再生技术
	木材加工	VOCs 深度治理	末端治理	对工位含 VOCs 废气进行有效收集，并采用活性炭吸附技术处理
	木材加工	VOCs 深度治理	末端治理	采用湿式静电除尘+热氧化技术处理技术
	纺织印染	VOCs 深度治理	末端治理	定型废气采用吸收+吸附处理技术；印染废气采用吸附+催化燃烧处理技术；涂层废气采用吸附+燃烧处理技术；油烟废气采用湿式高压静电处理技术
	纺织印染	VOCs 深度治理	末端治理	定型废气采用吸收+吸附处理技术；印染废气采用燃烧处理技术；涂层废气采用燃烧处理技术；油烟废气采用湿式高压静电处理技术
	工业涂装	VOCs 深度治理	末端治理	烘干废气采用热氧化技术处理，产业集聚区建设活性炭集中处理中心、集中喷涂中心等绿岛项目
	电子产品制造	VOCs 深度治理	末端治理	喷涂/印刷、晾（风）干废气宜采用吸附浓缩+燃烧处理方式
	船舶制造	VOCs 深度治理	末端治理	溶剂型涂料喷涂采用吸附+燃烧处理技术
	金属制品制造	VOCs 深度治理	末端治理	钢结构溶剂型涂料喷涂采用多级过滤+吸附浓缩+燃烧技术

三、NO_x 与 VOCs 减排潜力分析

在碳达峰、碳减排情景下，到 2025 年，能源结构调整措施力度逐步加大，

但由于电力能源消耗仍将增长，而钢铁、水泥、石化等高耗能工业行业的产品产量基本保持平稳甚至有所增长，全社会能耗总量仍有 14.7%的增长幅度，3 个能源结构和产业结构情景带来的 NO_x 减排潜力均有限，VOCs 产业结构调整减排比例为 6%～7%，社会发展带来的新增量达到 4.2 万～6.5 万 t，占 2019 年排放总量的 3.1%～4.8%；交通结构调整和工业源 NO_x 末端治理减排潜力的贡献仍占主导地位，占比分别为 49%～54%、26%～40%。结构调整措施的强化对 NO_x 减排的影响较大，强化结构情景下潜力约能提升 6.0 万 t，末端治理措施的进一步挖掘潜力较小，仅能提高 1.1 万 t。对于 VOCs，结构调整减排潜力占比 13%～14%，主要的减排潜力仍来自工程治理，占比 86%，工程治理措施的进一步强化能够新增 VOCs 减排量约 14.6 万 t。“十四五”时期江苏省 NO_x 与 VOCs 减排量情景分析见图 6-1。

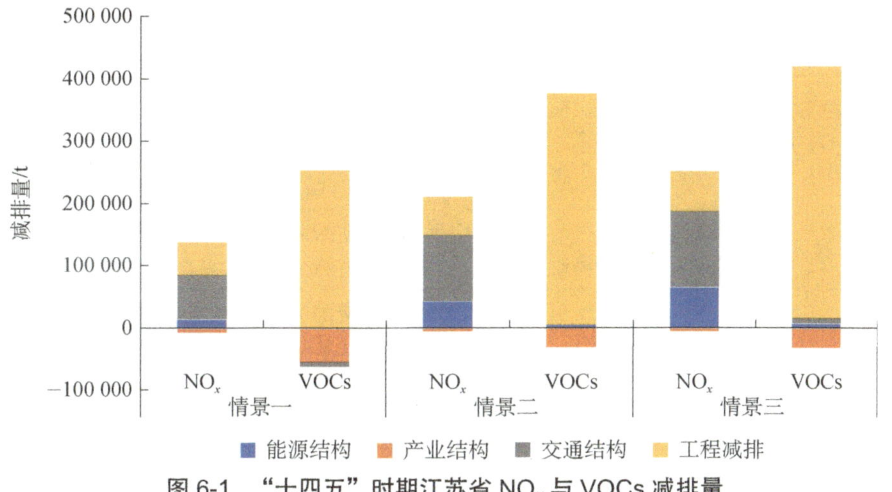

图 6-1　“十四五”时期江苏省 NO_x 与 VOCs 减排量

2025 年在即将实施和拟实施政策的减排情景下，NO_x 减排仍略有不足（15%），而 VOCs 的减排缺口较 NO_x 更大，只有实施强化控制情景中的 VOCs 治理措施，VOCs 减排比例才能超过 20%，为满足奋斗目标（$PM_{2.5}$ 浓度达到 30 μg/m^3）以及 NO_x 和 VOCs 的协同减排需求，需采用最大潜力情景，VOCs 工程减排措施必须达到较高技术水平，至少 35%的企业达到最大潜力技术水平。具体见表 6-12、表 6-13。

表 6-12　2025 年不同组合情景下 NO_x 与 VOCs 减排潜力　　单位：%

情景	NO_x	VOCs
情景一（政策延续）	16	14
情景二（强化控制）	24	26
情景三（最大潜力）	28	30

表 6-13　VOCs 工程治理措施

行业	环节	工程治理措施（强化控制情景）	工程治理措施（最大潜力情景）
石化	动静密封点	健全 LDAR 管理制度，实现电子台账规范管理	动静密封点采用低泄漏装置
	储罐	固定顶罐呼吸阀废气采用高效收集处理技术，浮顶罐采用高效密封并定期检查，末端采用低温柴油洗+活性炭吸附	固定顶罐改浮顶罐，外浮顶罐改内浮顶罐，内浮顶罐采用“内置气袋+VOCs 回收”技术，末端采用燃烧等高效治理技术
	装卸	火车装车采用机械锁紧双密封鹤管顶部浸没式装载，采用无泄漏泵输送，采用高效密封干式快速接头	选择管道输送，减少罐车和油船装卸作业及中间罐区，装车、装船进行密闭气相收集，并采用热力焚烧、催化氧化等高效末端治理工艺
	废水	实现全密闭高效收集，采用生物滴滤、生物滤床等脱臭工艺	高效收集，采用氧化催化燃烧等末端治理工艺
	工艺废气	集气罩风量、位置等的设计应符合设计规范或加严要求，车间尽量采用密闭负压收集，采用活性炭吸附、吸收+吸附等组合技术	使用先进生产工艺。采用全密闭、连续化、自动化等生产技术，以及高效工艺与设备；延迟焦化环节采用密闭除焦技术改造或采用冷焦水密闭循环、焦炭塔吹扫气密闭回收；全部采用热力焚烧、催化燃烧、蓄热燃烧、吸附浓缩+燃烧等高效有机废气治理设施
	火炬	视频监控火炬燃烧情况	火炬气采用在线热值监测分析
有机化工	动静密封点	健全 LDAR 管理制度，实现电子台账规范管理	动静密封点采用低泄漏装置
	储罐	固定顶罐呼吸阀废气采用高效收集处理技术，浮顶罐采用高效密封并定期检查，末端采用低温柴油洗+活性炭吸附	固定顶罐改浮顶罐，外浮顶罐改内浮顶罐，内浮顶罐采用“内置气袋+VOCs 回收”技术，末端采用燃烧等高效治理技术

续表

行业	环节	工程治理措施（强化控制情景）	工程治理措施（最大潜力情景）
有机化工	装卸	火车装车采用机械锁紧双密封鹤管顶部浸没式装载，采用无泄漏泵输送，采用高效密封干式快速接头	选择管道输送，减少罐车和油船装卸作业及中间罐区，装车、装船进行密闭气相收集，并采用热力焚烧、催化氧化等高效末端治理工艺
	废水	实现全密闭高效收集，采用生物滴滤、生物滤床等脱臭工艺	高效收集，采用氧化催化燃烧等末端治理工艺
	工艺废气	集气罩风量、位置等的设计应符合设计规范或加严要求，车间尽量采用密闭负压收集，采用活性炭吸附、吸收+吸附等组合技术	使用先进生产工艺。采用全密闭、连续化、自动化等生产技术，以及高效工艺与设备；延迟焦化环节采用密闭除焦技术改造或采用冷焦水密闭循环、焦炭塔吹扫气密闭回收；全部采用热力焚烧、催化燃烧、蓄热燃烧、吸附浓缩+燃烧等高效有机废气治理设施
医药制造	动静密封点	健全 LDAR 管理制度，实现电子台账规范管理	动静密封点采用低泄漏装置
	储罐	固定顶罐呼吸阀废气采用高效收集处理技术，浮顶罐采用高效密封并定期检查，末端采用低温柴油洗+活性炭吸附	固定顶罐改浮顶罐，外浮顶罐改内浮顶罐，内浮顶罐采用“内置气袋+VOCs 回收”技术，末端采用燃烧等高效治理技术
	装卸	火车装车采用机械锁紧双密封鹤管顶部浸没式装载，采用无泄漏泵输送，采用高效密封干式快速接头	选择管道输送，减少罐车和油船装卸作业及中间罐区，装车、装船进行密闭气相收集，并采用热力焚烧、催化氧化等高效末端治理工艺
	废水	实现全密闭高效收集，采用生物滴滤、生物滤床等脱臭工艺	高效收集，采用氧化催化燃烧等末端治理工艺
	工艺废气	集气罩风量、位置等的设计应符合设计规范或加严要求，车间尽量采用密闭负压收集，采用活性炭吸附、吸收+吸附等组合技术	使用先进生产工艺。采用全密闭、连续化、自动化等生产技术，以及高效工艺与设备；延迟焦化环节采用密闭除焦技术改造或采用冷焦水密闭循环、焦炭塔吹扫气密闭回收；全部采用热力焚烧、催化燃烧、蓄热燃烧、吸附浓缩+燃烧等高效有机废气治理设施
			农药制造使用非卤代烃和非芳香烃类溶剂，生产水基化类农药制剂；医药制造采用生物酶法合成技术，使用非卤化合非芳香烃级溶剂或纯物理提取工艺；减少发酵过程中含氮物质、硫酸盐等物质的使用

续表

行业	环节	工程治理措施（强化控制情景）	工程治理措施（最大潜力情景）
储运	动静密封点	健全 LDAR 管理制度，实现电子台账规范管理	动静密封点采用低泄漏装置
	储罐	固定顶罐呼吸阀废气采用高效收集处理技术，浮顶罐采用高效密封并定期检查，末端采用低温柴油洗+活性炭吸附	固定顶罐改浮顶罐，外浮顶罐改内浮顶罐，内浮顶罐采用“内置气袋+VOCs 回收”技术，末端采用燃烧等高效治理技术
	装卸	火车装车采用机械锁紧双密封鹤管顶部浸没式装载，采用无泄漏泵输送，采用高效密封干式快速接头	选择管道输送，减少罐车和油船装卸作业及中间罐区，装车、装船进行密闭气相收集，并采用热力焚烧、催化氧化等高效末端治理工艺
	废水	实现全密闭高效收集，采用生物滴滤、生物滤床等脱臭工艺	高效收集，采用氧化催化燃烧等末端治理工艺
家具制造	源头替代	使用溶剂型涂料并符合国家低 VOCs 含量涂料含量限值	更换 UV 涂料、水性涂料、粉末涂料，水性胶粘剂、清洗剂
	过程控制	调漆在单独的调漆室操作，密闭收集处理；采用密闭调漆和供漆系统、密闭管道输送方式或密闭投加	木质家具采用高效往复式喷涂箱、机械手、静电喷涂等涂装工艺；板式家具采用粉末静电喷涂；溶剂型、辐射固化涂料使用辊涂、淋涂等工艺
	末端治理	喷涂排风采用吸附/热氧化或组合技术处理	烘干废气采用热氧化技术处理，产业集聚区建设活性炭集中处理中心、集中喷涂中心等绿岛项目
工程机械制造	源头替代	使用溶剂型涂料并符合国家低 VOCs 含量涂料含量限值	采用高固体分涂料、水性涂料、粉末涂料，水性清洗剂
	过程控制	调漆在单独的调漆室操作，密闭收集处理；采用密闭调漆和供漆系统、密闭管道输送方式或密闭投加；采用 HVLP 喷枪	采用免中涂、本色面漆工艺；采用密闭喷涂流水线，自动喷涂、静电喷涂等涂装技术
	末端治理	喷涂排风采用吸附/热氧化或组合技术处理	烘干废气采用热氧化技术处理
汽车制造	源头控制	零部件行业使用水性漆等替代	罩光漆采用高固体分涂料，底漆、中涂、面漆采用水性涂料，采用水性胶粘剂和清洗剂
	过程控制	调漆在单独的调漆室操作，密闭收集处理；采用密闭调漆和供漆系统、密闭管道输送方式或密闭投加	涂装车间整体负压收集，采用“三涂一烘”“两涂一烘”或免中涂等紧凑型涂装工艺、静电喷涂等高效涂装工艺、自动喷涂工艺

续表

行业	环节	工程治理措施（强化控制情景）	工程治理措施（最大潜力情景）
汽车制造	末端治理	喷涂排风采用吸附/热氧化或组合技术处理	烘干废气采用热氧化技术处理
电子产品制造	源头替代	龙头企业完成替代	使用水性涂料替代、粉末涂料、UV 涂料，水性清洗剂
	过程控制	使用静电喷涂等技术	采用自动化、智能化喷涂设备替代人工喷涂
	末端治理	—	喷涂/印刷、晾（风）干废气宜采用吸附浓缩+燃烧处理方式
船舶制造	源头替代	—	内舱及上建部分涂料采用水性/高固体分涂料替代，其他部分使用低 VOCs 含量的溶剂型涂料；改进绿色造船新工艺，提高建造精度，减少涂层破损
	过程控制	采用自动喷涂、静电喷涂、高压喷涂代替空气喷涂，船维修行业涂装作业实现移动式涂装达到60%以上	涂装车间整体负压收集；分段涂装并密闭收集，除平台、码头、船坞作业外，分段切割、装焊、涂装等工艺应在室内进行并设立局部或整体气体收集系统和集中净化处理装置，禁止分段室外涂装作业，室外喷涂应提高涂着效率
	末端治理	—	溶剂型涂料喷涂采用吸附+燃烧处理技术
金属制品制造	源头替代	—	钢制集装箱在整箱打砂、箱内涂装、箱外涂装、底架涂装和木地板涂装等工序中全面使用水性涂料；钢结构采用水性/高固体分/粉末涂料替代
	过程控制	钢结构喷涂采用高压无气喷涂、空气辅助无气喷涂、热喷涂等技术	集装箱制造推广采用辊涂涂装工艺
	末端治理	活性炭吸附	钢结构溶剂型涂料喷涂采用多级过滤+吸附浓缩+燃烧技术
印刷包装	过程控制	采用密闭调墨、供墨系统，采用密闭管道输送；供墨过程采用漏斗或软管等接驳工具，减少供墨过程中 VOCs 的逸散；采用黏度自动控制仪控制稀释剂添加量	采用密闭调墨、供墨系统，采用密闭管道输送；供墨过程采用漏斗或软管等接驳工具，减少供墨过程中 VOCs 的逸散；采用黏度自动控制仪控制稀释剂添加量

续表

行业	环节	工程治理措施 （强化控制情景）	工程治理措施 （最大潜力情景）
印刷包装	末端治理	采用吸附等单一技术	吸附+冷凝、燃烧；产业集中区采用活性炭集中再生或移动再生技术
			平版印刷采用植物油基胶印油墨替代+无/低醇润湿液替代+自动橡皮布清洗技术，采用植物油基胶印油墨替代+无水胶印技术+自动橡皮布清洗技术，采用辐射固化油墨替代+无/低醇润湿液替代+自动橡皮布清洗技术；采用水性凹印、凸印、柔版油墨替代技术；采用无溶剂复合技术、共挤出复合技术；实现水性胶粘剂替代，水性、UV 光油替代
木材加工	源头控制	E1/E2 胶粘剂采用 E0 胶替换	胶粘剂达到《胶粘剂挥发性有机化合物限量》（GB 33372—2020）标准中水基型和本体型胶粘剂的要求
	过程控制	采用先进的计量装置和连续化施胶技术并有效降低施胶量损耗	通过先进的计量装置和连续化施胶技术有效降低施胶量损耗；使用连续平压热压机、高效多层热压机等先进设备
	末端治理	采用吸收+吸附技术	湿式静电除尘+热氧化技术
纺织印染	过程控制	即用状态下溶剂型涂层浆日用量大于 630 L 的企业宜采用集中供料系统；涂层、复合、烫金、植绒上浆过程中采用泵送系统，减少人工投加作业	印染助剂使用无醛品种固色剂、环保型柔软剂等助剂；涂层整理中，使用水性涂层浆或单一组分的涂层浆
	末端治理	定型废气采用吸收+吸附处理技术；印染废气采用吸附+催化燃烧处理技术；涂层废气采用吸附+燃烧处理技术；油烟废气采用湿式高压静电处理技术	采用全闭环控制系统及传感器技术，实现自动配料、称料、化料、管道化自动输送；热定型机烘箱实现全封闭
			定型废气采用吸收+吸附处理技术；印染废气采用燃烧处理技术；涂层废气采用燃烧处理技术；油烟废气采用湿式高压静电处理技术

2030—2050 年，预计末端治理减排效率基本耗尽，结构调整贡献的减排潜力占比进一步提升。2025—2050 年，预计 NO_x 结构减排潜力贡献从 74%～77%上升到 91%～92%，VOCs 结构减排潜力贡献从 13%～15%上升到 57%～58%。其中，NO_x 结构减排措施中，交通结构减排贡献一直最大，预计工业能源结构减

排逐年提升，到2050年占比17%～22%。具体见表6-14、图6-2。

表6-14　2030—2050年 NO_x 与VOCs减排比例　单位：%

情景	2030年		2050年	
	NO_x	VOCs	NO_x	VOCs
情景一	32	38	57	59
情景二	40	47	70	68
情景三	50	55	82	75

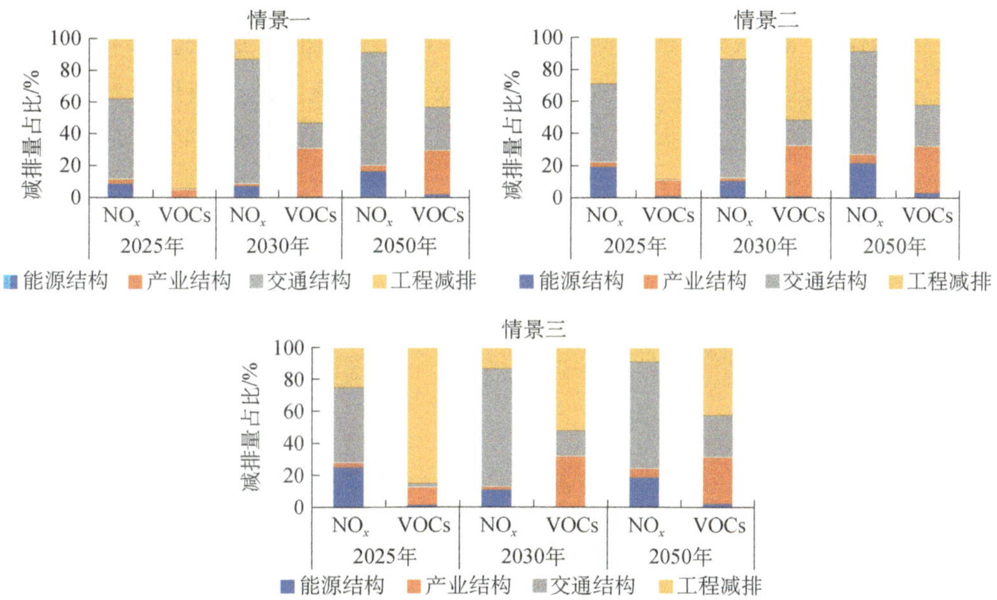

图6-2　2025—2050年 NO_x 与VOCs减排潜力来源

四、主要污染物减排潜力估算结果

本书分2025年、2030年和2050年3个阶段，分别预测经济社会发展带来的新增量和各类减排措施带来的减排量，将减排措施分为交通结构调整、深度治理、能源结构调整、产业绿色发展四大类。每个阶段分别设置2个减排情景，即协同优化情景和最大潜力情景，预计到2030年和2050年，工程治理减排潜力有限，结构调整的减排潜力贡献逐渐增加。“十三五”期间，江苏省落后耗煤设施已基本关停到位，35 t/h及以下燃煤锅炉已全面完成整治。“十四五”期间，江苏省拟投产的一批重点项目带来的新增煤炭消费需求较为刚性，而减煤的空间相对有限，煤炭消费量难以明显下降，甚至会有小幅增长。天然气将保持一定增长，但在能源结构中的占比基本保持不变，可再生能源占比开始逐步提高。从中长期来看，煤炭消费量开始逐步下降，可再生能源占比大幅提高，逐渐超过煤炭，保障江苏省按期实现碳达峰与碳中和。

在2025年的协同优化情景下，SO_2、NO_x、VOCs、一次$PM_{2.5}$的减排潜力分别为36.5%、22.7%、25.0%、31.2%。从措施大类来看，能源结构调整、深度治理、产业绿色发展和交通结构调整对NO_x减排的贡献分别为12.0%、22.8%、1.0%和64.0%，对VOCs减排的贡献分别为3.5%、63.5%、21.7%和11.2%。深度治理也是对SO_2和$PM_{2.5}$减排潜力贡献最大的措施类别，减排贡献分别为65.3%和73.3%，对SO_2减排潜力贡献第二大的措施类别是能源结构调整（30.7%），对一次$PM_{2.5}$减排潜力贡献第二大的是产业绿色发展（14.0%）。具体如图6-3所示。

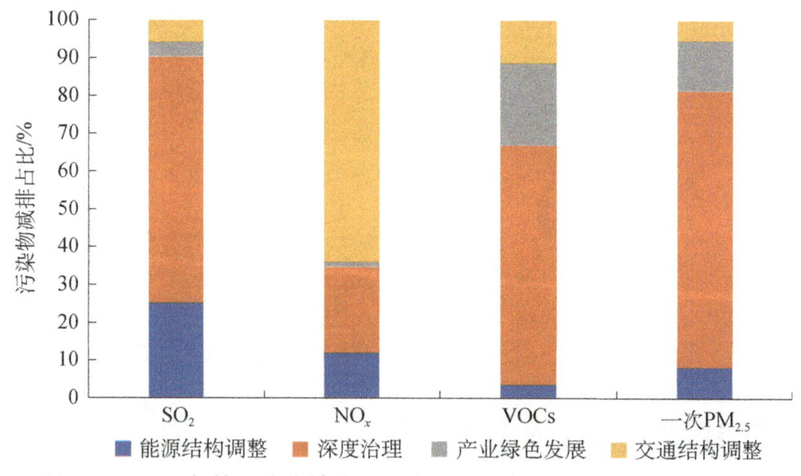

图6-3　2025年协同优化情景下分类别不同措施对污染物的减排贡献

分具体措施来看，柴油货车淘汰、新能源车推广、发电结构调整、电力行业提标改造、非道路移动源淘汰等措施对NO_x污染排放控制的减排贡献较为突出，石化化工等原料使用行业废气治理、涂装印刷等溶剂使用类工艺废气治理、有机溶剂源头替代等措施对VOCs减排贡献较为突出。具体如图6-4、图6-5所示。

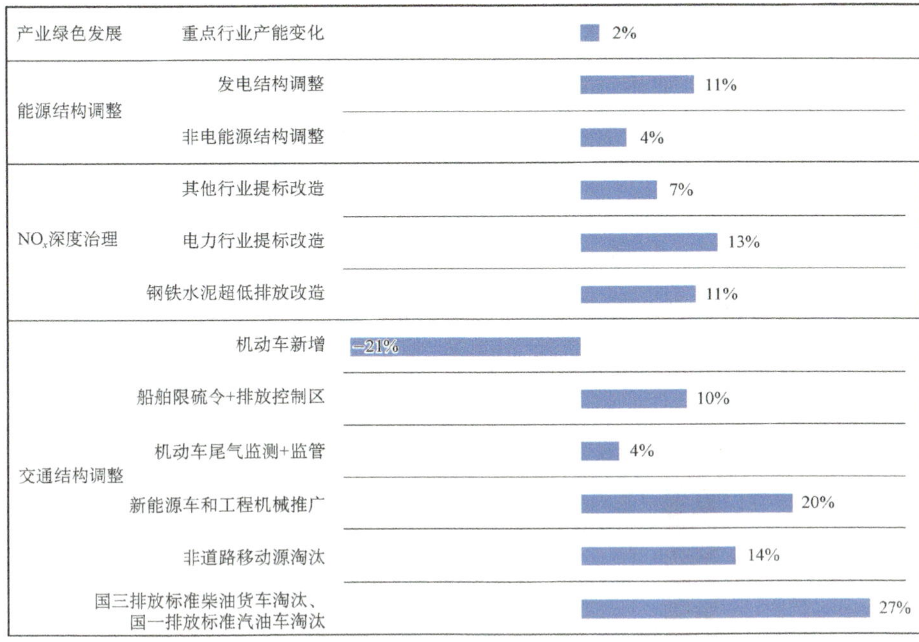

图 6-4　2025 年协同优化情景下 NO_x 治理重点措施减排贡献预测

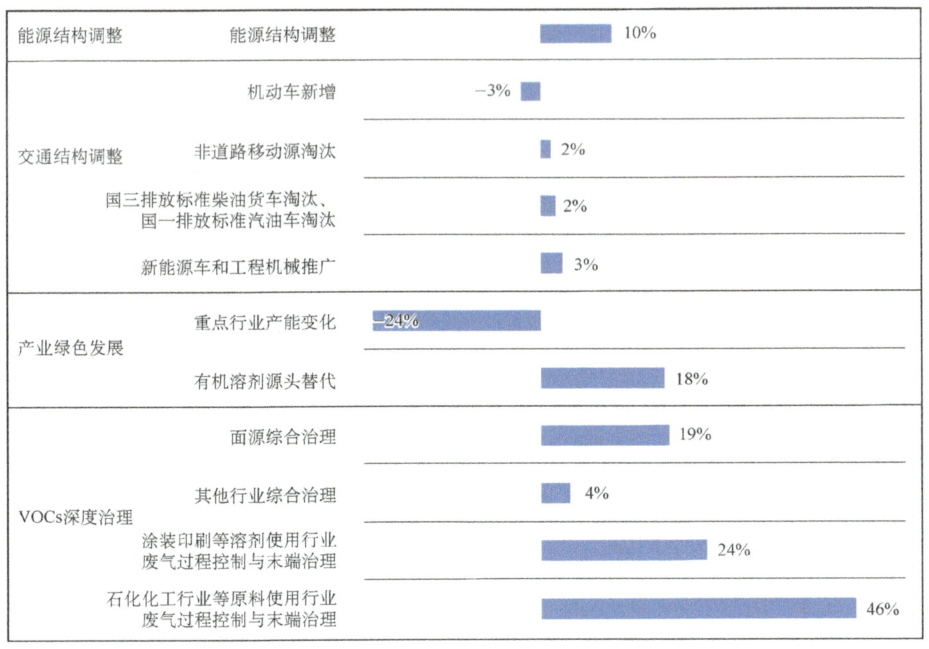

图 6-5　2025 年协同优化情景下 VOCs 治理重点措施减排贡献预测

最大潜力情景下，到 2025 年，在协同减排情景的基础上，逐步加大能源结构调整措施力度，同时强化行业的过程控制以及源头替代，SO_2、NO_x、VOCs、一次 $PM_{2.5}$ 减排潜力分别为 42.1%、32.0%、32.6%、36.0%。从措施大类来看，交通结构调整和深度治理对 NO_x 的减排潜力贡献仍占主导地位，占比分别约为 71.0%和 18.6%。VOCs 的减排潜力主要来源与协同优化情景相同，仍是深度治理，减排潜力贡献占比为 59.0%，其次为产业绿色发展，占比为 25.1%。SO_2 和一次 $PM_{2.5}$ 的减排潜力主要来源与协同优化情景一致，均为深度治理（64.5%和 73.0%），其次分别为能源结构调整（24.9%）和产业绿色发展（12.6%）。具体如图 6-6 所示。

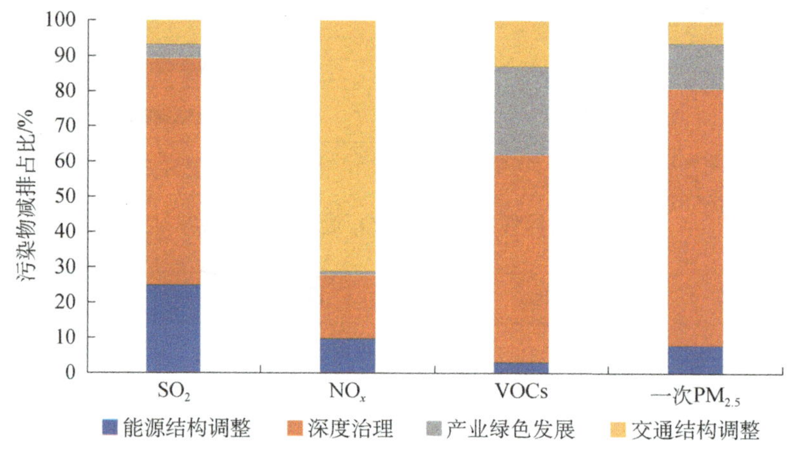

图 6-6 2025 年最大潜力情景下分类别不同措施对污染物的减排贡献

相较于协同减排情景，最大潜力情景中，交通结构调整措施的强化对 NO_x 减排的影响较大，潜力约提升 7.8 万 t，其次为 NO_x 深度治理措施和能源结构调整的强化，潜力分别提升约 0.4 万 t 和 0.3 万 t；通过进一步强化 VOCs 深度治理措施、加强产业绿色发展（如加大有机溶剂使用行业源头替代的力度）分别新增 VOCs 减排量约 3.0 万 t 和 2.7 万 t，提高国三排放标准柴油货车淘汰比例和新能源车推广比例，同时推进国四排放标准柴油货车淘汰等减排工作，可提升约 1.4 万 t 潜力。具体如图 6-7 所示。

从细分措施来看，交通结构调整 NO_x 减排潜力主要来自柴油车淘汰（55.1%），其次为新能源车和工程机械推广；工业源 NO_x 减排约有 48.2%来自电

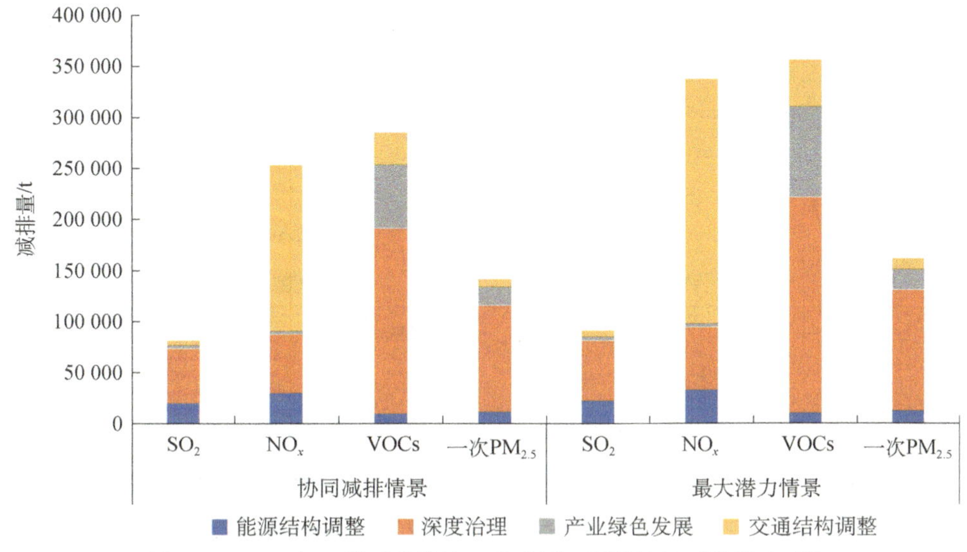

图 6-7　2025 年不同减排情境下分类别不同措施的减排潜力对比

力，约 27.2%来自钢铁、水泥行业等提标改造和超低治理，其次来源于工业锅炉治理和其他行业治理（10.0%）。VOCs 减排潜力主要来自石化化工行业的过程控制、末端治理（合计 47.6%），以及有机溶剂使用行业的过程控制、末端治理和源头替代（合计 38.5%）。具体如图 6-8、图 6-9 所示。

综合 2025 年 2 个减排情景，要实现 NO_x 和 VOCs 协同控制，还需要进一步加大针对 VOCs 的减排措施力度，基于每个地级市的本地行业结构特征和实际情况，深度挖掘 VOCs 减排的潜力。

2030 年和 2050 年这 2 个阶段，相较于“十四五”时期减排情景，NO_x 和 VOCs 深度治理减排潜力已基本耗尽，减排潜力的进一步挖掘主要来自能源结构调整和交通结构调整。

在协同减排情景下，2030 年 NO_x 和 VOCs 的减排潜力分别可以达到 32.9%和 35.4%。其中，NO_x 的减排潜力主要来自交通结构调整（67.4%）和深度治理（18.6%），相较于 2025 年，交通结构调整的减排潜力贡献略有上升（67.4%），深度治理的有所下降（18.6%）；能源结构调整的减排潜力贡献占比从 2025 年协同减排情景下的 12.0%提升至 13.0%；VOCs 的主要减排潜力仍然来自深度治理，但是减排潜力贡献相较于 2025 年协同减排情景略有下降（59.6%），能源结构调整减排潜力贡献占比略有上升（3.8%）。

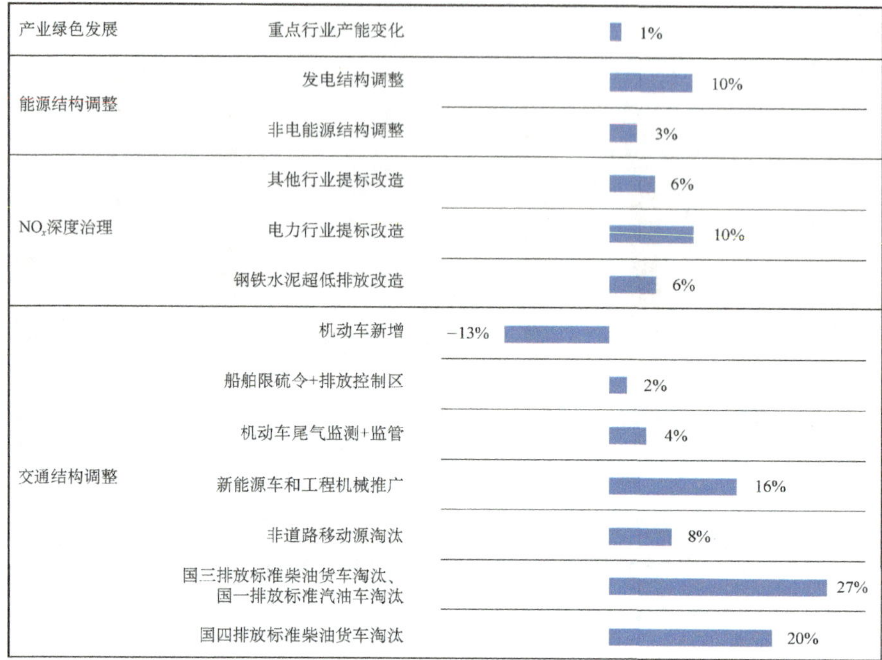

图 6-8　2025 年最大潜力情景下 NO_x 治理重点措施减排贡献预测

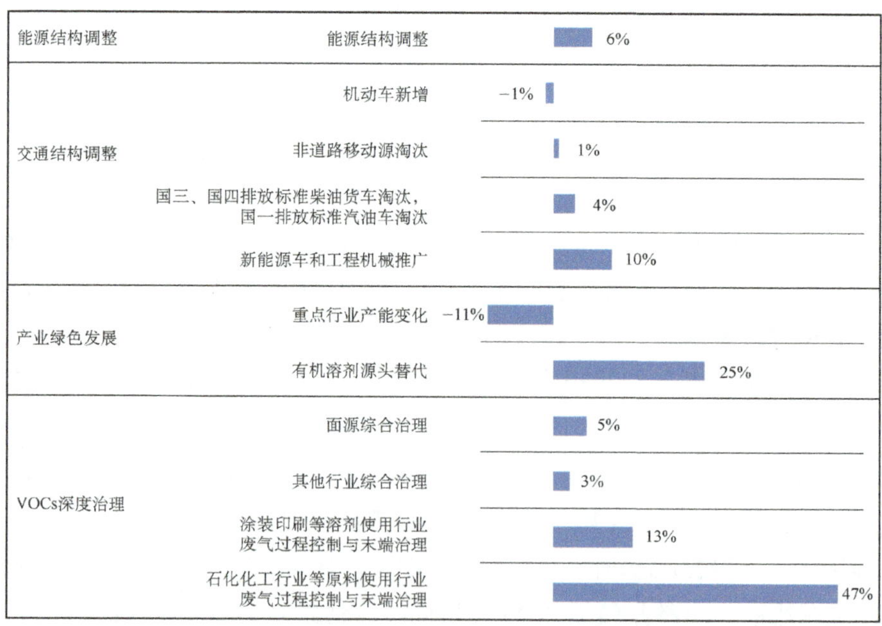

图 6-9　2025 年最大潜力情景下 VOCs 治理重点措施减排贡献预测

在 2050 年协同减排情景下，NO_x 和 VOCs 减排潜力分别为 50.0%和 53.5%，交通结构调整和能源结构调整对 NO_x 减排潜力贡献分别增至 70.1%和 16.0%，深度治理的减排潜力贡献进一步下降至 13.2%，产业绿色发展的贡献占比仍小于 1.5%；深度治理对 VOCs 的减排潜力进一步下降（56.3%），能源结构相较于 2030 年协同减排情景增加了约 1.3 个百分点，交通结构在 2025 年、2030 年、2050 年 3 个阶段对 VOCs 的减排潜力有限，贡献占比约为 10.0%；在进一步强化有机溶剂源头替代、产业结构调整等减排措施情况下，产业绿色发展的 VOCs 减排潜力有所增加，为 28.1%。

不同阶段协同减排情景下分措施大类 NO_x 和 VOCs 减排潜力占比具体如图 6-10 所示。

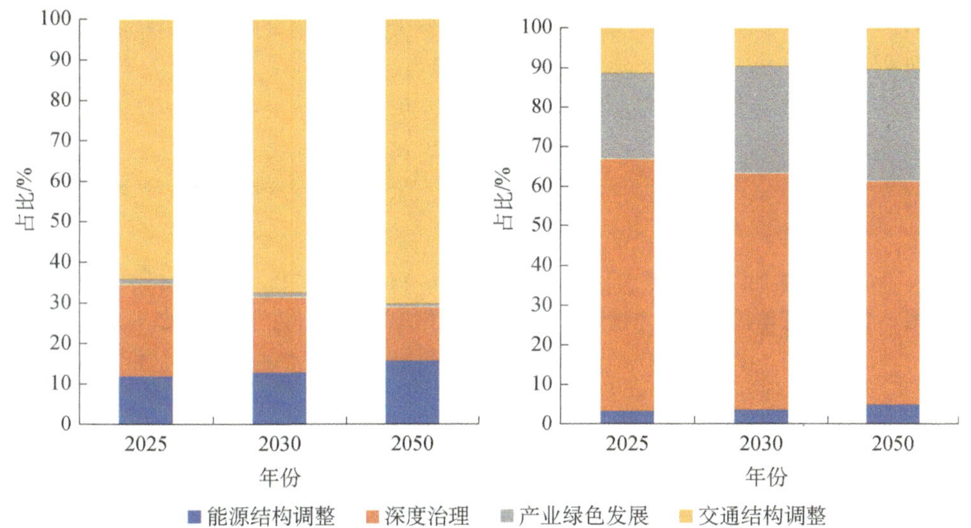

图 6-10　不同阶段协同减排情景下分类别不同措施对 NO_x（左）和 VOCs（右）的减排潜力分析

在最大潜力情景中，在协同减排情景的基础上，进一步挖掘源头治理、工艺升级、末端治理等工程减排潜力，提高污染物减排潜力，具体见图 6-11。在 2030 年和 2050 年的最大潜力情景中，交通结构调整仍为 NO_x 减排潜力的主要来源，减排潜力占比均约为 70%，与 2025 年基本一致；深度治理对 NO_x 的减排潜力贡献相较于 2025 年均有所下降，分别为 15.1%和 12.7%；能源结构调整的减排潜力贡献相较于 2025 年均有所上升，占比分别为 14.3%和 17.7%。从 VOCs 减排潜力来看，深度治理仍是主要的减排潜力来源，在 2025 年、2030 年、2050 年 3 个阶段的贡献均超过 55%；交通结构调整和能源结构调整的减排潜力贡献随着时间推进呈增加趋势，在 2050 年的最大潜力情景下，贡献占比分别为 14.5%和 6.4%；产业绿色发展对 VOCs 的减排潜力基本保持在 22%～25%。

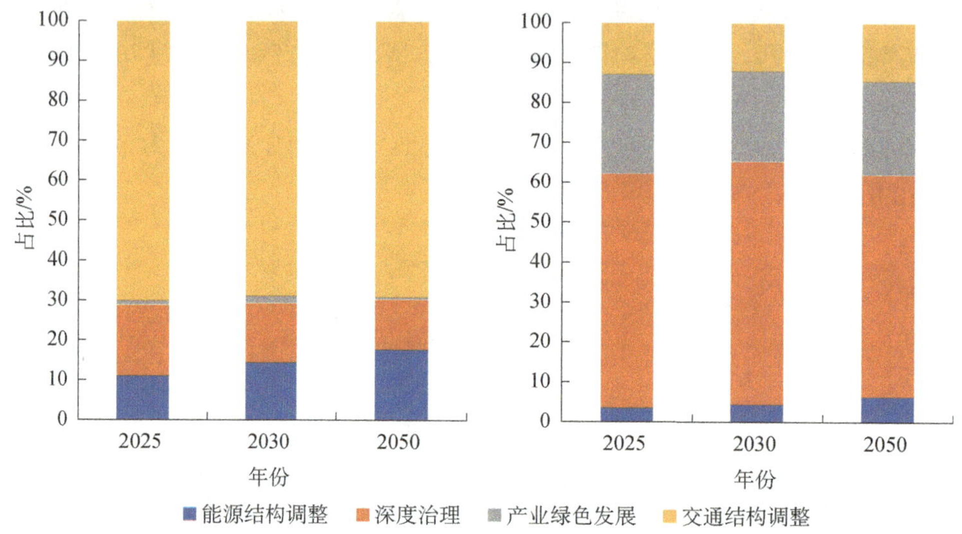

图 6-11　不同阶段最大潜力情景下分类别不同措施对 NO_x（左）和 VOCs（右）的减排潜力分析

综合来看，随着时间推进，各阶段的最大潜力情景相较于协同减排情景，更多地应在结构调整方面深入挖掘 NO_x 和 VOCs 的减排潜力，尤其是 NO_x 减排。虽然深度治理是 VOCs 减排潜力的主要来源，但后期的减排潜力增加主要来自结构调整措施大类。此外，要想做到 NO_x 与 VOCs 协同减排，即 NO_x 与 VOCs 的减排小于 1∶1.2，还需要加大结构减排力度。具体见图 6-12、图 6-13。

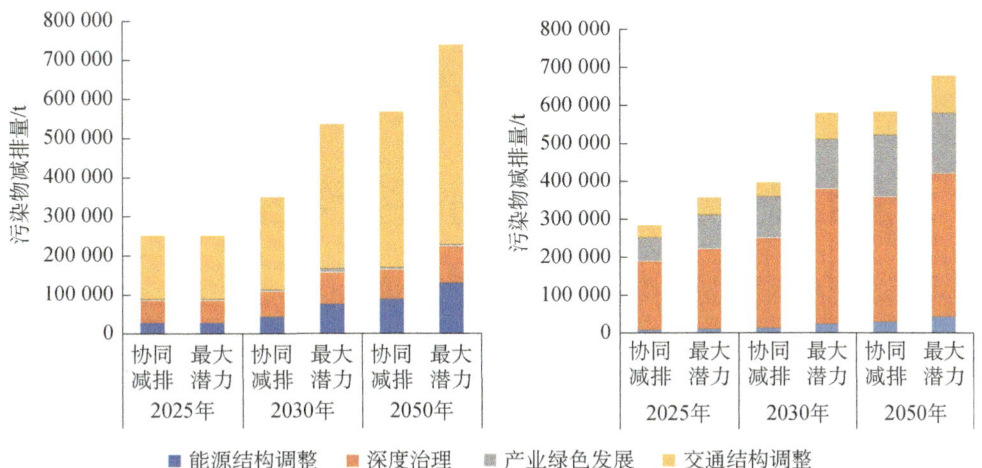

图 6-12　不同阶段 2 个减排情景下分类别不同措施对 NO_x（左）和 VOCs（右）的减排潜力分析

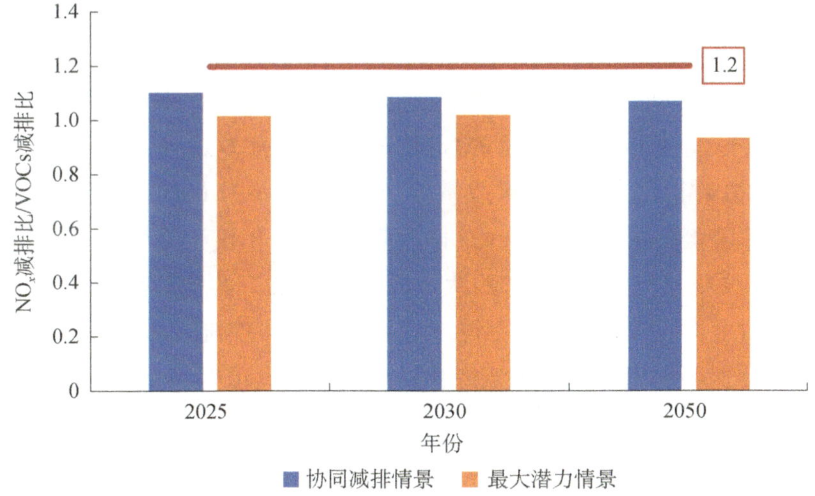

图 6-13　不同阶段 2 个减排情景下 NO_x 和 VOCs 的减排潜力

第七章

江苏省空气质量持续改善路径

第一节 基于$PM_{2.5}$和臭氧协同控制的减排路径优化

江苏省在$PM_{2.5}$浓度的高值和低值时段，$PM_{2.5}$和臭氧浓度均成正比例关系，臭氧与$PM_{2.5}$具有一定的同源性；江苏省臭氧生成基本属于VOCs控制区，苏南地区臭氧受VOCs控制，苏北地区臭氧受VOCs和NO_x协同控制，强化VOCs减排是推动江苏省臭氧与$PM_{2.5}$协同控制的有效途径。基于排放清单估算，江苏省2019年工业源NO_x排放量较2017年下降31.0%，但受石化、医药制造产能增加等因素影响，工业VOCs排放量较2017年仅下降7.6%。考虑钢铁超低排放、工业炉窑整治、柴油车淘汰、碳排放约束下的能源结构调整等政策，NO_x减排潜力远大于VOCs。若不进一步强化VOCs控制，极有可能造成VOCs与NO_x减排比例不协调，引起大气氧化性增强、臭氧浓度和$PM_{2.5}$浓度上升。

一、基于臭氧生成敏感性的减排比例设定

基于2020年6—8月江苏省各设区市臭氧浓度与VOCs和NO_x之间的EKMA曲线，随着VOCs浓度增加，沿江8市和苏北5市中，徐州的臭氧浓度均升高，而NO_x浓度增加对臭氧浓度影响较小。因此，这9个城市臭氧的生成受VOCs的控制，即处于VOCs控制区。为有效降低臭氧产量，该地区可实施以VOCs排放控制为主的治理措施。而在苏北其他4个城市的EKMA曲线中，VOCs和NO_x的浓度增加均引起臭氧浓度的升高，其臭氧生成处于VOCs控制区

与 NO_x 控制区之间，即过渡区。

图 7-1、图 7-2 分别为江苏省沿江 8 市和苏北 5 市在不同削减比例下臭氧浓度的变化曲线，模型测试的臭氧前体物削减方案包括 VOCs/NO_x 削减比例 1∶5、1∶4、1∶3、1∶2、1∶1、2∶1、3∶1、4∶1、5∶1 共 9 种。前 4 种更侧重 NO_x 排放控制，后 4 种侧重 VOCs 排放控制。根据模拟结果，苏北地区（除徐州市外）在各种削减方案下均能实现臭氧浓度稳定下降；其余城市在 VOCs 排放控制主导的情况下，均能降低臭氧产量。其中 VOCs∶NO_x 削减比例为 1∶1 时，无锡市、南通市臭氧的浓度最初呈上升的趋势，若继续削减，臭氧的浓度则开始下降；其余城市臭氧浓度降幅与苏北地区（除徐州市外）相比较小。鼓励各设区市全年 VOCs 和 NO_x 减排比例不低于 1∶1，无锡市、南通市全年 VOCs 和 NO_x 减排比例不低于 1.2∶1。

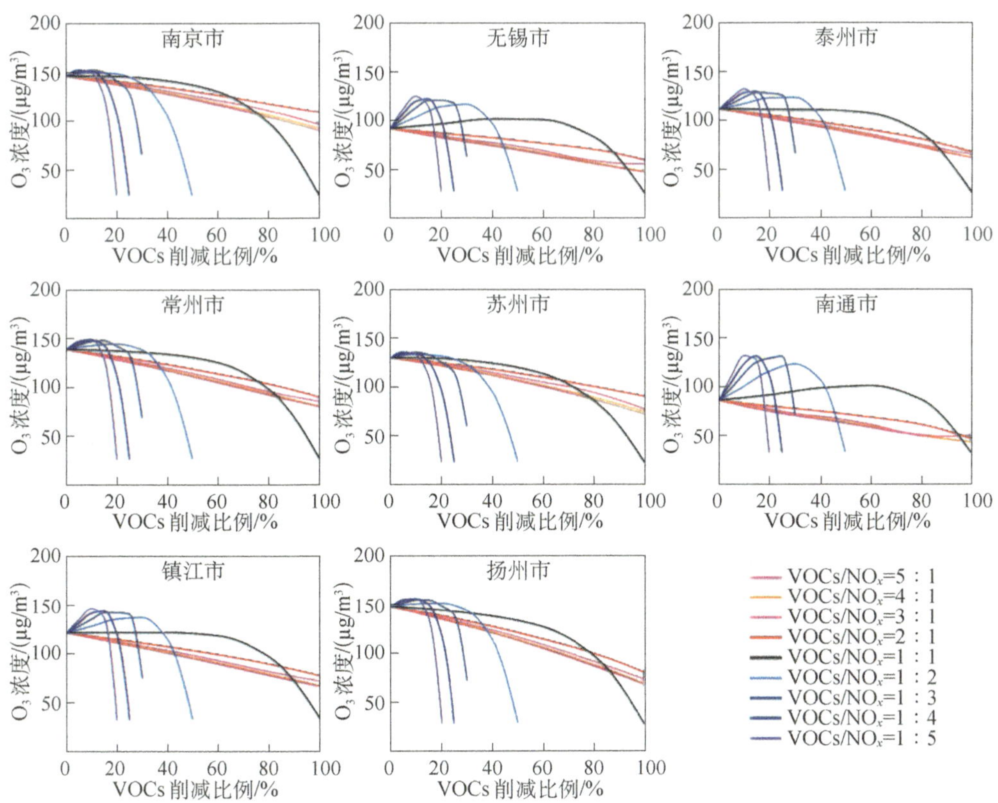

图 7-1　2020 年夏季平均情况下沿江 8 市不同削减比例下臭氧浓度的变化曲线

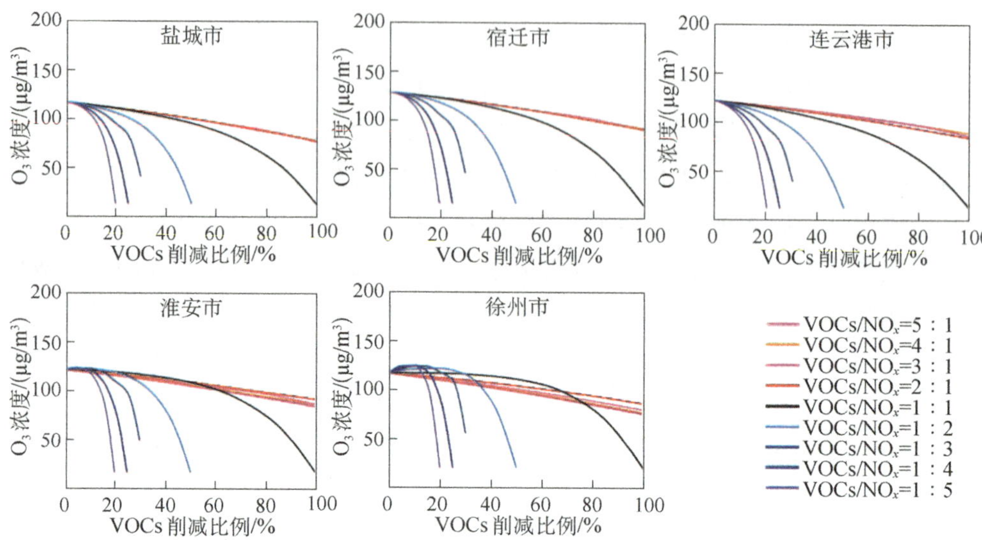

图 7-2　2020 年夏季平均情况下苏北 5 市不同削减比例下臭氧浓度的变化曲线

二、夏季协同减排情景模拟

为分析在不同 NO_x 控制水平下改变 VOCs 协同减排力度对臭氧浓度的调控效果，针对 NO_x 削减 25%、30%、50%和 75%等控制水平，设置 0.5～1.5 的 VOCs/NO_x 削减比率，见表 7-1。在 NO_x 削减比例从低到高的情况下，逐步降低相应控制情景的 VOCs/NO_x 比例。

表 7-1　VOCs/NO_x 削减比例方案

NO_x 削减比例/%	VOCs 削减比例/%	VOCs/NO_x 削减比率
25	25	1.0
	30	1.2
	38	1.5
30	24	0.8
	30	1.0
	36	1.2
50	40	0.8
	50	1.0

续表

NO_x 削减比例/%	VOCs 削减比例/%	VOCs/NO_x 削减比率
75	38	0.5
	60	0.8
	75	1.0

图 7-3 为不同 VOCs/NO_x 减排比例下的臭氧浓度水平预测。相较基准年（2019 年），到 2025 年 NO_x 减排 25%时，江苏省臭氧浓度变化对 VOCs 减排响应更加显著，处于 VOCs 主导的协同控制阶段。相较基准年（2019 年），到 2025 年 NO_x 减排 25%时，VOCs∶NO_x 的减排比例从 1∶1、1.2∶1 增加至 1.5∶1 时，臭氧浓度预计从 160 μg/m³、158 μg/m³ 降至 155 μg/m³，实现稳定达标，夏季 VOCs 和 NO_x 比例至少达到 1∶1，争取达到 1.2∶1。

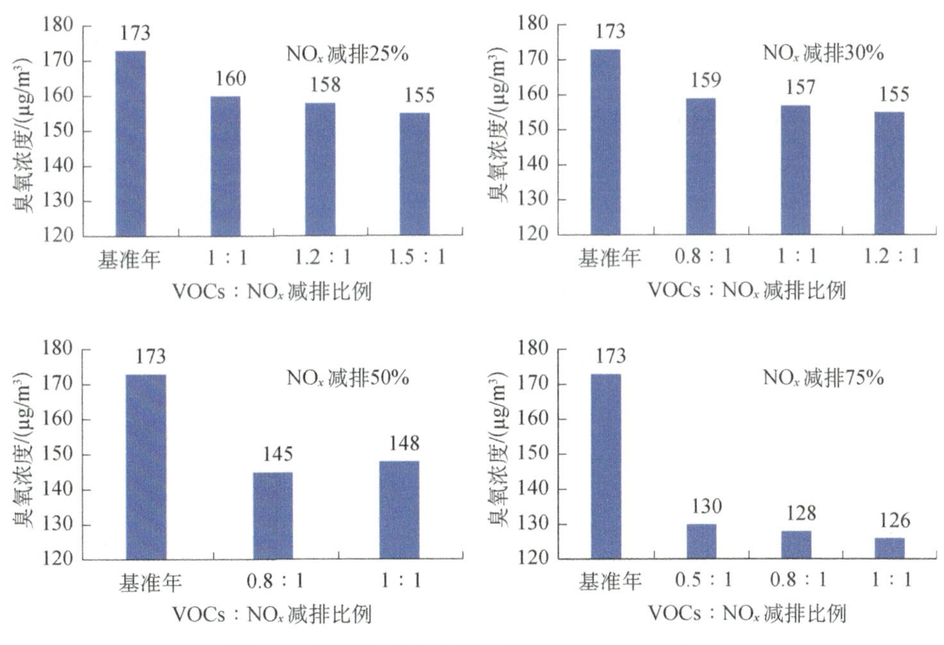

图 7-3 不同 VOCs/NO_x 减排比例下臭氧浓度

相较基准年（2019 年），到 2030 年 NO_x 减排 30%时，江苏省臭氧浓度变化对 VOCs 减排响应减弱，对 NO_x 减排响应加强，处于 NO_x 和 VOCs 协同控制阶段。相较基准年（2019 年），到 2030 年 NO_x 减排 30%时，VOCs∶NO_x 减排比例从 0.8∶1、1∶1 增加至 1.2∶1 时，臭氧浓度预计从 159 μg/m³、157 μg/m³ 降至 155 μg/m³，均能稳定达标，夏季 VOCs 和 NO_x 比例建议达到 1∶1。

当 NO_x 减排比例达到 50%时，当 VOCs∶NO_x 减排比例为 0.8∶1 或 1∶1 时均能保障臭氧浓度达到 150 μg/m³ 以下。当 NO_x 减排比例达到 75%，VOCs∶NO_x 减排比例从 0.5∶1、0.8∶1 增加至 1∶1 时，臭氧浓度预计从 130 μg/m³、128 μg/m³ 降至 126 μg/m³，臭氧浓度变化以 NO_x 控制为主，VOCs 控制对臭氧浓度影响不大。这表明 NO_x 减排到一定阶段后，可适当减小 VOCs 减排力度。

三、设区市 $PM_{2.5}$ 与臭氧污染协同控制方案

“十三五”以来，江苏省地区生产总值增速为全国平均水平的 1.2 倍，人口增速为全国平均水平的 1.6 倍。预计“十四五”期间，沿江通过实施钢铁、石化转移和结构调整，着力缓解环境压力；沿海成为高质量发展的新增长极，接收沿江钢铁、石化产业转移，环境压力加大。江苏省地区生产总值年均增长率为 5.0%～6.0%，常住人口增长率为 0.24%～0.38%，人均能源消费达到 4.6 t 标准煤，2030 年达到峰值并进入平台期。综合考虑钢铁、水泥、煤电、石化、化工等重点行业发展情况及重点项目，新建项目考虑通过源头替代、超低排放、提标改造等措施实现新增排放的减排效益，预计“十四五”期间，江苏省 VOCs、NO_x 新增排放量将达到 12.3 万 t 和 8.5 万 t。

江苏省各城市 NO_x 重点行业见表 7-2。为推动 VOCs 和 NO_x 协同减排，鼓励各设区市 2025 年 VOCs 和 NO_x 减排比例不低于 1∶1，无锡市、南通市不低于 1.2∶1，具体见表 7-3。以夏季为重点时段，以甲苯、二甲苯、氯苯类和烯烃类化合物为重点污染物，以工业涂装、有机化工、电子、石化、塑料橡胶制品和油品储运销为重点行业，推进 VOCs 精细化治理。

表 7-2 江苏省各城市 NO_x 重点行业

地区	臭氧控制区	NO_x 重点源	NO_x 重点行业
南京市	VOCs—NO_x 协同控制	工业源、移动源	机动车、电力、钢铁、
无锡市	VOCs 控制	移动源、工业源	机动车、电力、钢铁、水泥
徐州市	VOCs—NO_x 协同控制	工业源、移动源	电力、机动车、钢铁
常州市	VOCs—NO_x 协同控制	工业源、移动源	机动车、钢铁、水泥、电力、金属制品

续表

地区	臭氧控制区	NO_x 重点源	NO_x 重点行业
苏州市	VOCs—NO_x 协同控制	工业源、移动源	机动车、电力、钢铁、纺织
南通市	VOCs 控制	移动源、工业源	机动车、电力、船舶、石化化工
连云港市	VOCs—NO_x 协同控制	移动源	机动车、电力、船舶、非金属、钢铁
淮安市	VOCs—NO_x 协同控制	移动源	机动车、电力、金属制品
盐城市	VOCs—NO_x 协同控制	移动源	机动车、电力、农业机械、船舶、钢铁
扬州市	VOCs—NO_x 协同控制	工业源、移动源	机动车、电力、船舶、金属制品、纺织、钢铁
镇江市	VOCs—NO_x 协同控制	工业源	机动车、钢铁、其他非金属、纺织、电力、食品
泰州市	VOCs—NO_x 协同控制	移动源、工业源	船舶、电力、机动车、金属制品、石化化工、机械设备
宿迁市	VOCs—NO_x 协同控制	移动源	机动车、电力、其他非金属、木材加工

表 7-3　各设区市 2025 年不同减排情景下大气污染物削减比例目标

序号	城市	协同减排			最大潜力减排		
		NO_x/%	VOCs/%	VOCs/NO_x	NO_x/%	VOCs/%	VOCs/NO_x
1	南京市	22.7	27.8	1.2	34.2	36.3	1.1
2	无锡市	23.7	36.6	1.5	34.7	48.3	1.4
3	徐州市	21.8	26.0	1.2	38.5	38.1	1.0
4	常州市	24.5	29.0	1.2	34.8	36.8	1.1
5	苏州市	24.0	36.5	1.5	36.4	49.4	1.4
6	南通市	21.2	34.3	1.6	32.3	44.7	1.4
7	连云港市	22.5	23.2	1.0	33.1	33.2	1.0
8	淮安市	20.0	22.8	1.1	21.0	27.2	1.3
9	盐城市	21.5	25.9	1.2	30.2	32.7	1.1
10	扬州市	24.0	31.0	1.3	35.2	39.0	1.1
11	镇江市	21.7	30.2	1.4	32.2	32.1	1.0
12	泰州市	20.8	27.1	1.3	24.1	25.3	1.1
13	宿迁市	20.5	20.6	1.0	32.0	33.8	1.1

第二节 空气质量改善目标研究

一、模拟参数设置

1. 气象模拟方案优选

基于 WRF 模式研究不同的参数化方案以及 FNL 数据分辨率对气象要素模拟的影响。WRF 模式系统是美国国家大气研究中心、美国国家大气海洋总署-预报系统实验室、国家环境预报中心等联合开发的新一代中尺度预报模式和同化系统，采用高度模块化、并行化和分层设计技术，集成了迄今为止在中尺度方面的研究成果，可进行 1～10 km 的高分辨率模拟，预报各种天气的性能较好，应用广泛。本书中使用目前最新的 WRF v4.2.1 模式，采用三层嵌套，水平分辨率分别为 36 km、12 km、4 km，最内层覆盖长三角。WRF 模式的初始和边界场由 NCEP FNL 全球分析资料（Final Operational Global Analysis Data，以下简称 FNL 资料）驱动，模拟时段为 2017 年 1 月、4 月、7 月、10 月。

根据调研，目前空气质量模拟研究中的 WRF 方案，共设置 5 组数值试验方案。基准方案采用 1.0°×1.0°的 FNL 资料驱动 WRF 模式，使用 Thompson 微物理过程方案、Noah 陆面过程方案、YSU 边界层方案和 Grell-Freitas 积云参数化方案。S1 方案在基准方案的基础上，采用高分辨率的 FNL 资料（0.25°×0.25°）。S2 方案在 S1 方案的基础上增加了数据同化部分，采用 WRF 模式中的 Observation Nudging 方法同化 NCEP Atmospheric Data Project（ADP）数据集。S3 方案和 S4 方案在 S2 方案的基础上改变模式中的微物理过程、边界层方案等参数化方案的设置，具体见表 7-4。

基于 2017 年 1 月、4 月、7 月、10 月日平均温度、相对湿度、风速和风向观测数据，对 WRF 模式域的模拟性能进行检验。利用平均偏差（BIAS）、均方根误差（RMSE）和一致性指数（IOA）这几个统计参数对基准情景的模拟结果进行评估，其中，M 和 O 分别是模拟值和观测值。

表 7-4　WRF 方案设置

方案	FNL 资料分辨率	资料同化	物理方案设置
基准方案	1.0°×1.0°	否	微物理过程：Thompson 陆面过程：Noah
	1.0°×1.0°	否	边界层方案：YSU 积云参数化：Grell-Freitas
S1	0.25°×0.25°	否	同基准方案
S2	0.25°×0.25°	是	同基准方案
S3	0.25°×0.25°	是	微物理过程：Morrison 陆面过程：Pleim-Xiu 边界层方案：ACM2 积云参数化：Kain-Fritsch 2
S4	0.25°×0.25°	是	微物理过程：Thompson 陆面过程：Noah 边界层方案：MYJ 积云参数化：Modifed Tiedtke

$$\mathrm{BIAS}=\sum_{i=1}^{N}\frac{\left(M_i-O_i\right)}{N} \tag{7-1}$$

$$\mathrm{RMSE}=\sqrt{\sum_{i=1}^{N}\frac{\left(M_i-O_i\right)^2}{N}} \tag{7-2}$$

$$\mathrm{IOA}=1-\frac{\sum_{i=1}^{N}\left(M_i-O_i\right)^2}{\sum_{i=1}^{N}\left(\left|M_i-M_{\mathrm{mean}}\right|+\left|O_i-O_{\mathrm{mean}}\right|\right)^2} \tag{7-3}$$

式中，N 代表每个观测点的数据总数；M_i 和 O_i 分别为第 i 个观测点的平均温度或风速或风向的模拟值和观测值；M_{mean} 和 O_{mean} 分别为所有观测点的模拟值算术平均和观测值算术平均。

结果显示，无论是从 BIAS 还是 IOA 参数来看，S4 方案对温度的模拟效果最优，尤其是在 1 月和 10 月。相较于基准方案，S1 方案的模拟效果有一定的提升，RMSE 从 1.9℃降低到 1.6℃，表明高分辨率的 FNL 资料可以有效提高模式的模拟效果。S2 方案相较于 S1 方案模拟效果也有提升，尤其是在 1 月，RMSE 从 1.7℃降低到 1.3℃，表明数据同化能够在一定程度上提高模式的模拟精度。从相对湿度、风速和风向来看，可以得到类似的结论。不同气象参数的 RMSE 均表现出 S2 方案＜S1 方案＜基准方案的特征，表明高分辨率的 FNL 资料和数据同化均能改进模式对气象场的模拟。对比 S2 方案、S3 方案和 S4 方案的结果，S4 方案中的参数化设置能够改进温度、相对湿度和风向的模拟，而 S3 方案对风速的模拟效果相对较好。

对比基准方案和 S4 方案情景的结果，整体上 S4 方案（再分析资料选用 FNL 0.25°×0.25°数据作为 WRF 初始及边界条件，模拟中采用观测资料进行同化，物理方案设置：微物理过程选择 Thompson 方案，陆面过程选择 Noah 方案，边界层选择 MYJ 方案，积云参数化选择 Modifed Tiedtke 方案）的结果与实际观测更加符合，因此 S4 方案为最优 WRF 方案。

2. 模型参数化方案及模式验证

利用选择出的最优气象方案结合所有优化改进的化学机制，对 2017 年 1 月、4 月、7 月、10 月进行模拟。将 CMAQ 模式模拟结果与江苏省 13 个市观测资料作比对，以验证模式模拟 2019 年江苏省 $PM_{2.5}$ 和臭氧浓度水平的能力。

标准平均偏差（NMB）和标准平均误差（NME）是衡量 WRF 模式模拟结果准确度的常用指标，其计算方法如下：

$$\mathrm{NMB}=\frac{\sum_{i=1}^{N}(M_i-O_i)}{\sum_{i=1}^{N}O_i} \tag{7-4}$$

$$\mathrm{NME}=\frac{\sum_{i=1}^{N}\left|M_i-O_i\right|}{\sum_{i=1}^{N}O_i} \tag{7-5}$$

式中，N 为每个观测点的数据总数；M_i 和 O_i 分别为第 i 个观测点 $PM_{2.5}$ 或 O_3 的日平均模拟值和观测值，μg/m^3。

$PM_{2.5}$ 方面，CMAQ 模式较好地再现了各站点 $PM_{2.5}$ 的时间、季节变化趋势，具体见图 7-4、图 7-5。大部分城市的模拟浓度在 1 月和 10 月部分天有明显低估，在 1 月部分天有高估；CMAQ 模式在春、夏两季模拟的 $PM_{2.5}$ 浓度基本与观测一致，维持在 30～80 μg/m^3。大部分观测点的 NMB 基本上小于±30%，NME 基本上小于 50%，表明 CMAQ 模式模拟的 $PM_{2.5}$ 浓度准确度较高，能够代表实际观测情况。

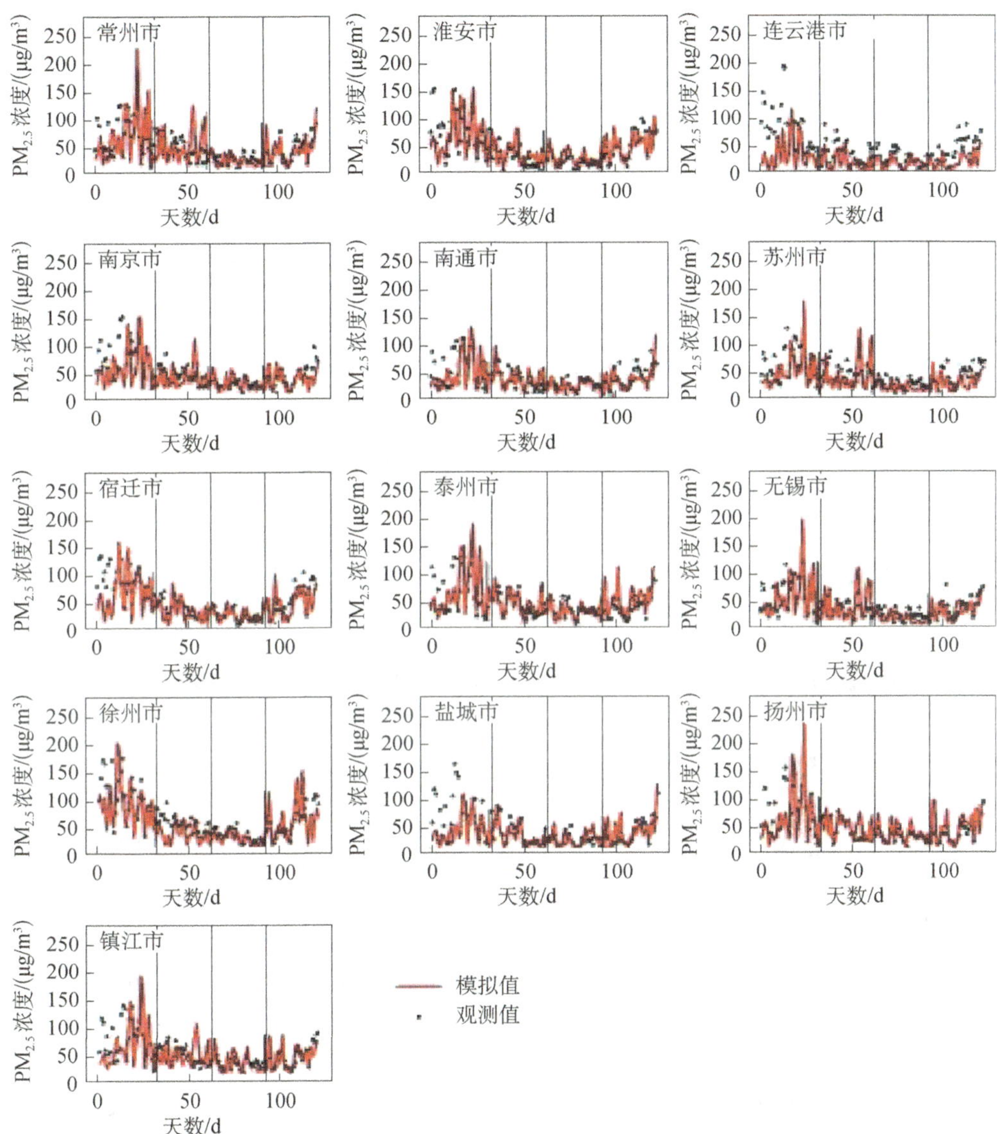

图 7-4 观测站点 2017 年 1 月、4 月、7 月、10 月（由黑色竖线间隔）$PM_{2.5}$ 日均浓度值

臭氧方面，CMAQ 模式对臭氧的模拟在 1 月有高估现象，在其他 3 个月有较为明显的低估。臭氧在浓度较高的月份以及峰值存在低估，具体见图 7-6、

图 7-7。

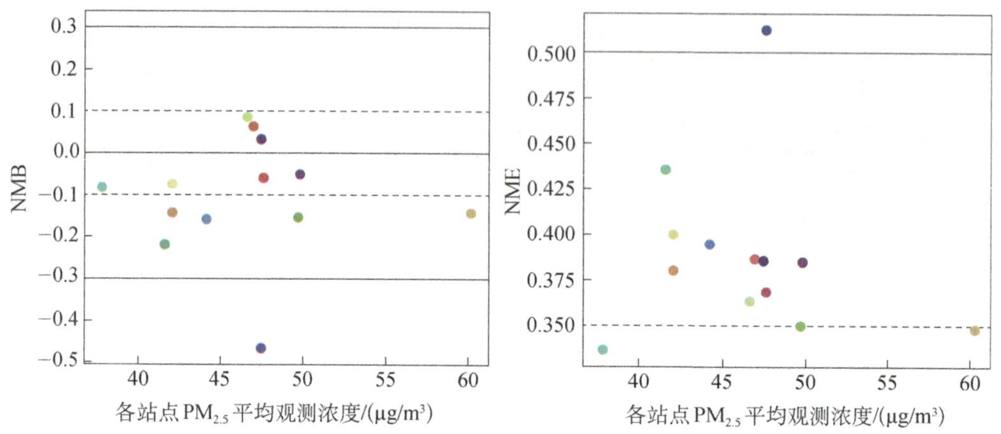

图 7-5 江苏省 13 个市 $PM_{2.5}$ 模拟值的统计分析

（实线和虚线分别表示 NMB 和 NME 的基准值和目标值）

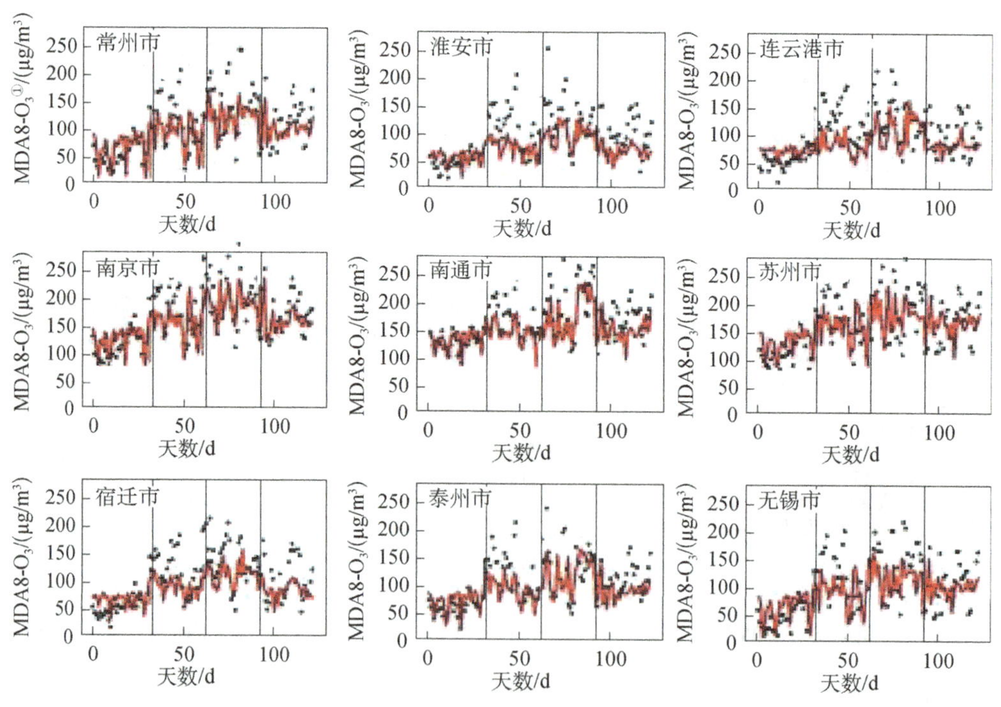

① MDA8-O_3 指最大 8 h 臭氧平均浓度。

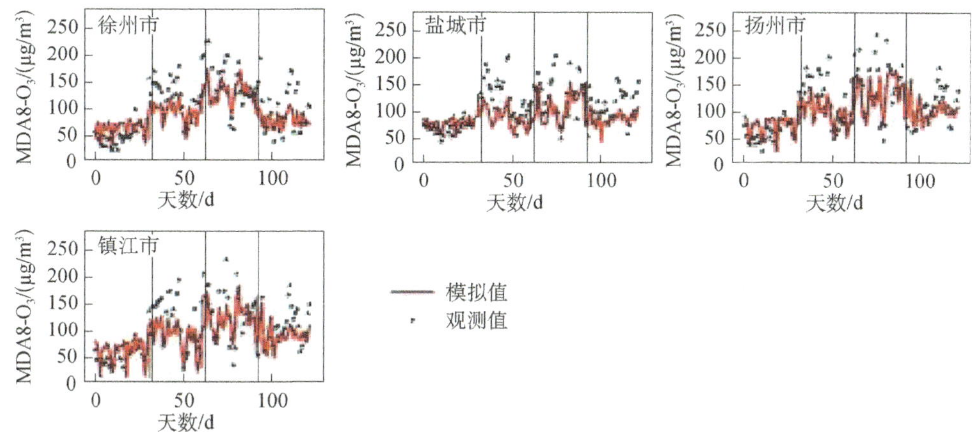

图 7-6　观测站点 1 月、4 月、7 月、10 月（由黑色竖线间隔）臭氧逐日浓度值

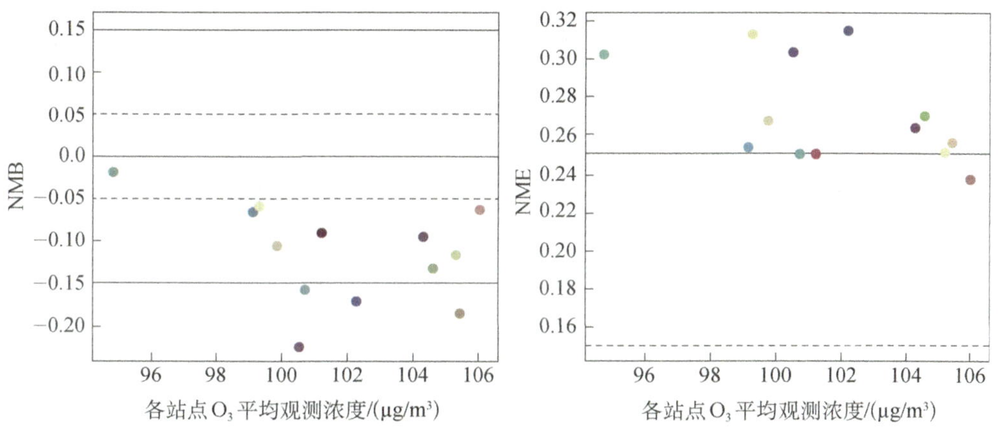

图 7-7　江苏省 13 个市臭氧模拟值的统计分析
（实线和虚线分别表示 NMB 和 NME 的基准值和目标值）

经过优化，模拟效果得到大幅改善。计算得到 $PM_{2.5}$ 年均结果与观测数据比较误差达到 9%，日均结果误差达到 8%；硫酸盐、硝酸盐和铵盐模拟值与观测值的（5 个组分站点平均）误差分别为−32%、4%、−13%，有机碳（OC）模拟与观测的误差为−30%；8 h 最大臭氧平均误差为−4%（以上误差来自统计误差参数 MNB 结果）。

3. 排放设置

江苏省排放数据采用 2019 年排放清单网格化数据，江苏以外区域采用清华大学 MEIC v1.3 清单（分辨率 0.25°，2017 年）。污染物包括 SO_2、NO_2、CO、PM_{10}、$PM_{2.5}$、O_3，覆盖行业包括餐饮、道路扬尘、移动源、废弃物处理、工艺过程、固定源燃烧、建筑扬尘、农业、溶剂使用、生物质燃烧、油气储运。通过 MEGAN 模型得出自然源排放数据。生物质燃烧源由 FINN 2019 提供。最后将人为源和天然源以及气象场进行处理，生成最终 CMAQ 模式所需要的排放源文件。

二、模拟结果

1. 情景设置

设置 7 种情景模拟，包括基准情景模拟和 6 种减排情景模拟，具体情景设置见表 7-5。

表 7-5 可达性分析情景设置减排比例情况 单位：%

情景	NO_x	VOCs	$PM_{2.5}$	PMC	SO_2	NH_3
基准情景	—	—	—	—	—	—
情景一	15	18	12	17	8	5
情景二	20	24	16	12	6	7
情景三	25	30	20	28	13	8
情景四	30	36	24	33	16	10
情景五	50	50	40	55	27	17
情景六	75	75	60	83	40	25

2. 模拟结果

空气质量模拟结果显示，“十四五”末期，在 VOCs 和 NO_x 净削减比例达到 15%的情景下（情景一），江苏省 $PM_{2.5}$ 浓度预计可达 37～38 μg/m^3，优良天数比率仅能达到 78%～79%；若采取各项超常规措施开展源头治理、末端挖潜，NO_x 和 VOCs 净削减比例达到 20%以上（情景二），$PM_{2.5}$ 浓度和优良天数比率可分别达到 35～36 μg/m^3 和 80%～81%。$PM_{2.5}$ 浓度若要达到 33 μg/m^3，NO_x 和 VOCs 的减排比例需要分别达到 25%和 30%左右（情景三）。

为提高 6 种减排情景与实际观测的可比性，对 6 种情景的模拟浓度进行了处理：

$$data_{case\_i}=\frac{obs}{pre_{basecase}}\times pre_{case\_i} \tag{7-6}$$

式中，obs 为每个城市的观测数据；$pre_{basecase}$ 为每个城市在基准情景下的模拟数据；pre_{case_i} 分别为每个城市 6 种情景的模拟数据；$data_{case\_i}$ 为最终推算出的每个城市在 6 种减排情景下的理想观测数据。

比较在 6 种减排情景下江苏省 13 个市 $PM_{2.5}$ 浓度、O_3 浓度和优良天数比率的模拟情况。对于 $PM_{2.5}$ 而言，减排效果最好的是情景六，与实际观测相比，浓度下降为 20～30 μg/m³，在情景一下 $PM_{2.5}$ 浓度下降为 4～7 μg/m³。对于 O_3 而言，6 种情景的减排效果没有 $PM_{2.5}$ 明显，其中情景六有较明显的浓度降低，其中扬州市浓度降幅最大（24%）。1 月浓度略有不同，苏南地区在情景五、情景六下的臭氧浓度不降反增，即使在 NO_x 和 VOCs 减排比率达到 50%以上的情况下，前体物 NO_x 和 VOCs 仍然要考虑协同减排，才能有效避免苏南地区臭氧浓度的反弹，具体见图 7-8。

从各情景 $PM_{2.5}$ 浓度改善情况来看，情景一至情景六的减排效果依次递增，在情景一（NO_x 和 VOCs 分别减排 15%和 18%）、情景二（NO_x 和 VOCs 分别减排 20%和 24%）、情景三（NO_x 和 VOCs 分别减排 25%和 30%）、情景四（NO_x 和 VOCs 分别减排 30%和 36%）、情景五（NO_x 和 VOCs 分别减排 50%和 50%）和情景六（NO_x 和 VOCs 分别减排 75%和 75%）的不同减排力度下，江苏省 $PM_{2.5}$ 年均浓度预计分别可达到 37 μg/m³、35 μg/m³、33 μg/m³、31 μg/m³、24 μg/m³ 和 16 μg/m³，具体见图 7-9。

对于 O_3 浓度而言，情景一至情景四的减排效果均不十分明显，仅情景五和情景六有较明显的浓度降低。在情景一（NO_x 和 VOCs 分别减排 15%和 18%）、情景二（NO_x 和 VOCs 分别减排 20%和 24%）、情景三（NO_x 和 VOCs 分别减排 25%和 30%）、情景四（NO_x 和 VOCs 分别减排 30%和 36%）、情景五（NO_x 和 VOCs 分别减排 50%和 50%）和情景六（NO_x 和 VOCs 分别减排 75%和 75%）的不同减排力度下，江苏省不同减排情景臭氧第 90 百分位数浓度预计结果分别为 166 μg/m³、164 μg/m³、161 μg/m³、158 μg/m³、153 μg/m³ 和 142 μg/m³，具体见图 7-10。

优良天数比率方面，情景一至情景六的减排效果依次递增，在情景一（NO_x 和 VOCs 分别减排 15%和 18%）、情景二（NO_x 和 VOCs 分别减排 20%和

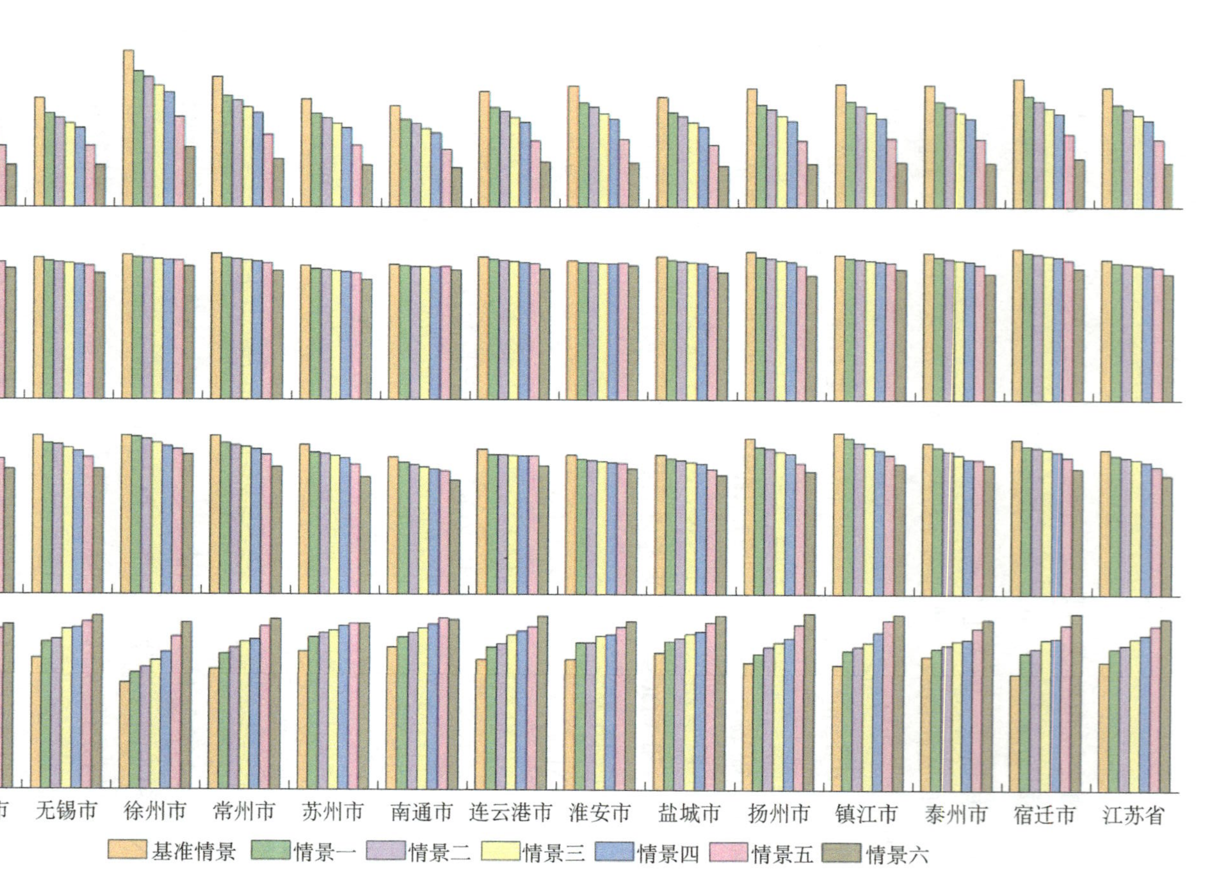

图 7-8 不同情景下的 $PM_{2.5}$、O_3 年平均浓度和优良天数比率

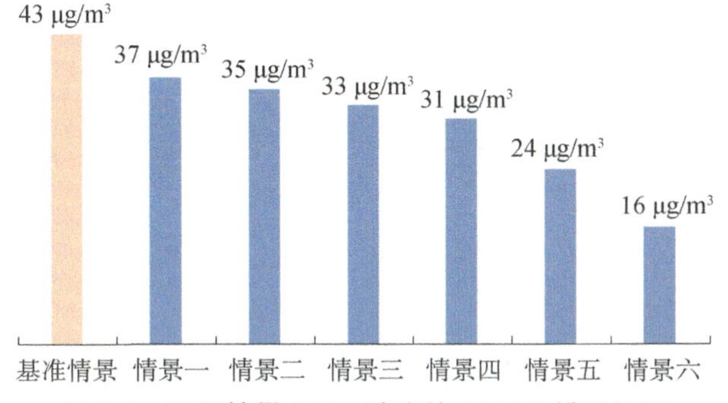

图 7-9 不同情景 $PM_{2.5}$ 浓度的 CMAQ 模拟结果

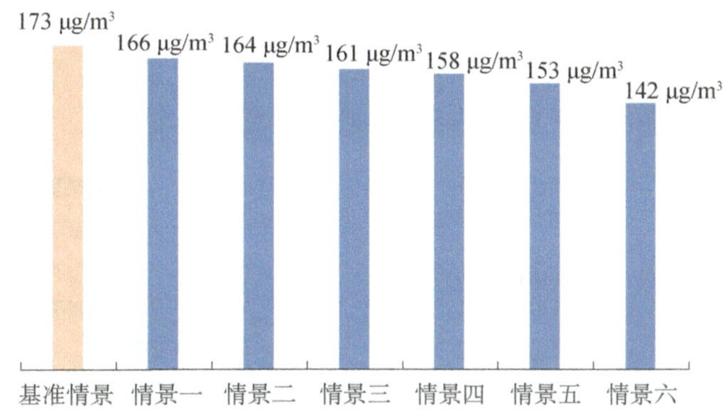

图 7-10 江苏省不同减排情景臭氧第 90 百分位数浓度预计结果

24%）、情景三（NO_x 和 VOCs 分别减排 25%和 30%）、情景四（NO_x 和 VOCs 分别减排 30%和 36%）、情景五（NO_x 和 VOCs 分别减排 50%和 50%）和情景六（NO_x 和 VOCs 分别减排 75%和 75%）的不同减排力度下，江苏省优良天数比率预计结果分别为 79%、81%、84%、87%、92%和 95%，具体见图 7-11。

预计结果表明，若江苏省 NO_x 和 VOCs 分别减排 20%以上，“十四五”末期，$PM_{2.5}$ 浓度预计可达 35 μg/m³；若采取最大力度减排措施开展源头治理和末端挖潜，努力抵消经济发展带来的污染排放新增量，VOCs 和 NO_x 净削减比率在 2020 年的基础上分别达到 36%和 30%，预测 2025 年 $PM_{2.5}$ 浓度可达 30 μg/m³。

在此情景下，交通结构调整、NO_x 深度治理、能源结构调整、产业发展对 NO_x 减排的贡献分别为 65%、20%、15%和−0.4%；深度治理、产业发展、交通结构调整、能源结构调整对 VOCs 减排的贡献分别为 77%、19%、3%和 1%。其中，柴油货车淘汰、新能源车推广、非道路移动源淘汰、非电行业能源结构调

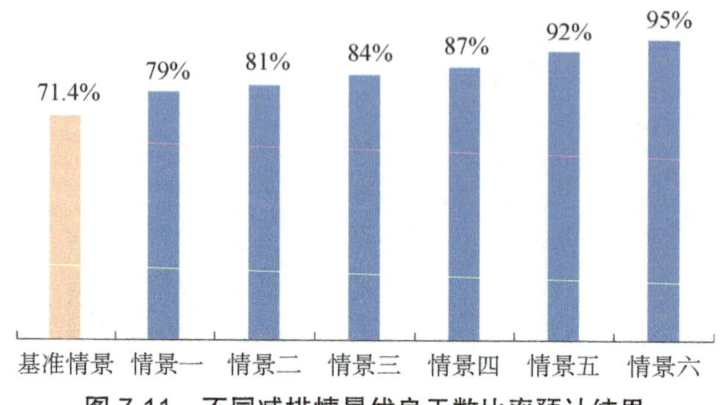

图 7-11　不同减排情景优良天数比率预计结果

整、钢铁水泥行业超低排放等措施对 NO_x 减排贡献较为突出，有机溶剂源头替代、无组织收集与治理、石化化工等原料使用行业废气治理、涂装印刷等溶剂使用类工艺废气治理等措施对 VOCs 减排贡献较为突出，具体见图 7-12、图 7-13。

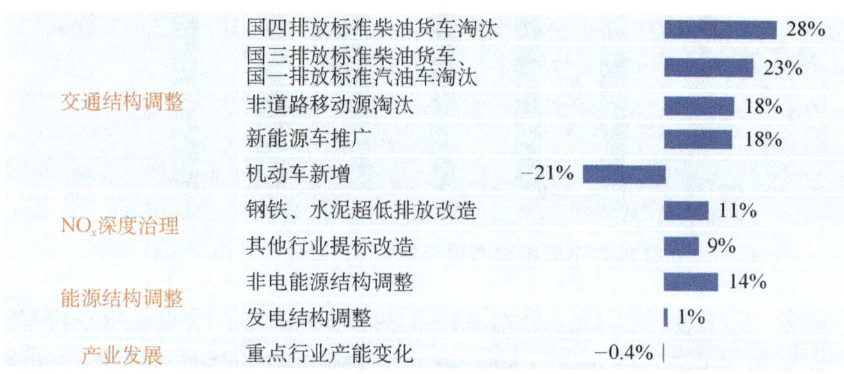

图 7-12　在 30 μg/m³ 目标约束下 NO_x 治理重点措施的减排贡献

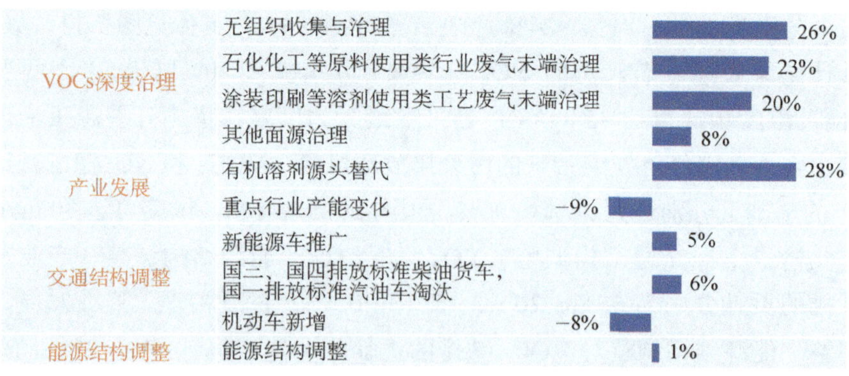

图 7-13　在 30 μg/m³ 目标约束下 VOCs 治理重点措施的减排贡献

三、公众健康影响分析

空气质量改善可降低相应的大气污染健康风险水平。对照世界卫生组织（WHO）全球空气质量准则（AQG2021）及“十四五”空气质量改善目标要求，$PM_{2.5}$浓度降低至 35 μg/m^3、30 μg/m^3、15 μg/m^3、10 μg/m^{3}可规避的过早死亡人数分别为 3 972 人、10 126 人、46 863 人、66 810 人，分别占 2020 年$PM_{2.5}$导致的过早死亡总人数的 4.7%、12.1%、55.9%、79.7%。

若各设区市$PM_{2.5}$浓度达到 30 μg/m^3，预计江苏省因$PM_{2.5}$长期慢性影响而导致过早死亡人数可减少 10 126 人。

WHO 全球空气质量准则（AQG2021）为$PM_{2.5}$浓度设置 4 个过渡时期目标值，并将$PM_{2.5}$长期暴露的准则值（AQG）由 10 μg/m^{3}降低到 5 μg/m^3。2020 年各设区市中南京市、无锡市、苏州市、南通市、盐城市达到 WHO 第一阶段（T_1）目标值；54 个县（市、区）中的 32 个达到 WHO 第一阶段目标值，其中南通市启东达到 WHO 第二阶段（T_2）目标值。相较于 2020 年现状，若各设区市$PM_{2.5}$浓度均达到 WHO 第一阶段（35 μg/m^3），则江苏省死亡风险约可降低 4.7%（减少 3 972 人）；若各设区市$PM_{2.5}$浓度达到 30 μg/m^3，风险约可降低 12.1%（减少 10 126 人）；若各设区市$PM_{2.5}$浓度达到 WHO 第二阶段目标值（25 μg/m^3），风险约可降低 23.6%（减少 19 762 人）；若各设区市$PM_{2.5}$浓度达到 20 μg/m^3，风险约可降低 37.8%（减少 31 707 人）；若各设区市$PM_{2.5}$浓度达到 WHO 第三阶段（T_3）目标值（15 μg/m^3），风险约可降低 55.9%（减少 46 863 人）；若各设区市$PM_{2.5}$浓度达到 WHO 第四阶段（T_4）目标值（10 μg/m^3），风险约可降低 79.7%（减少 66 810 人）；达到新的 2021 版准则值（5 μg/m^3），可认为基本不产生负面健康效应，具体见图 7-14、图 7-15。

从分市情况来看，徐州市$PM_{2.5}$浓度高且人口多，$PM_{2.5}$浓度降低带来的慢性健康收益最高；随着$PM_{2.5}$浓度的进一步降低，$PM_{2.5}$浓度较低而人口稠密地区的健康风险收益凸显，各设区市均达到 WHO 第四阶段目标值（10 μg/m^3）时，苏州市和南京市的$PM_{2.5}$治理慢性健康收益将分别位居全省第 1 和第 3，具体见图 7-16。

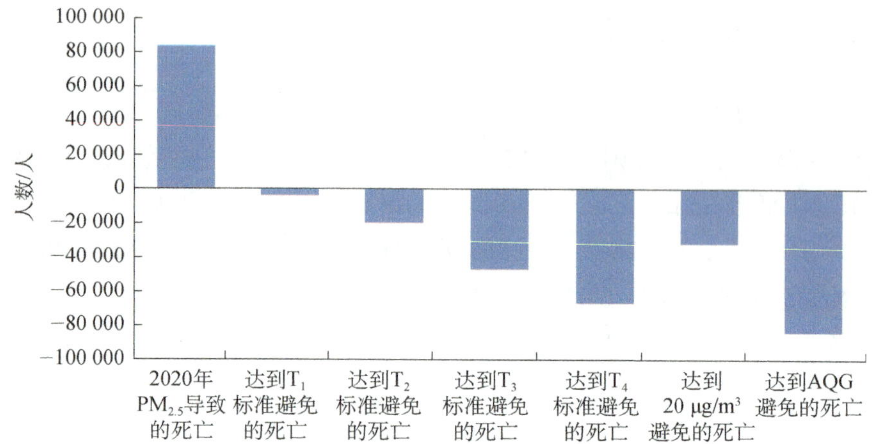

图 7-14 江苏省中长期健康效益

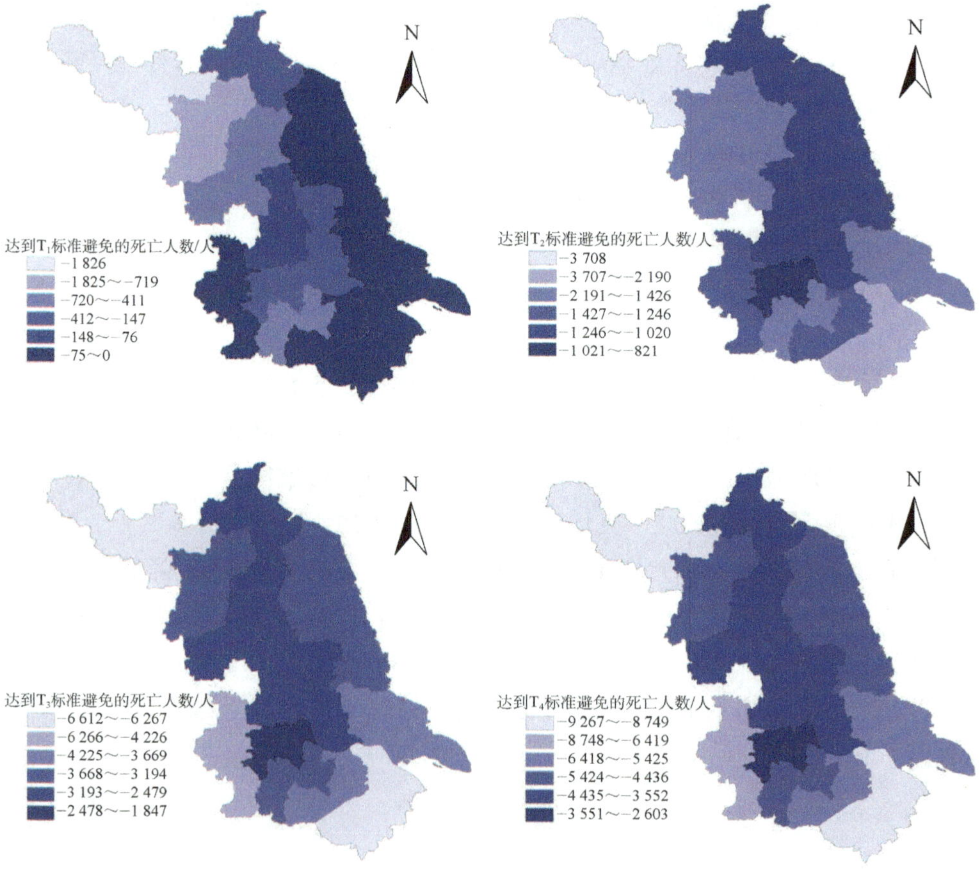

N

达到T_1标准避免的死亡人数/人
−1 826
−1 825～−719
−720～−411
−412～−147
−148～−76
−75～0

N

达到T_2标准避免的死亡人数/人
−3 708
−3 707～−2 190
−2 191～−1 426
−1 427～−1 246
−1 246～−1 020
−1 021～−821

N

达到T_3标准避免的死亡人数/人
−6 612～−6 267
−6 266～−4 226
−4 225～−3 669
−3 668～−3 194
−3 193～−2 479
−2 478～−1 847

N

达到T_4标准避免的死亡人数/人
−9 267～−8 749
−8 748～−6 419
−6 418～−5 425
−5 424～−4 436
−4 435～−3 552
−3 551～−2 603

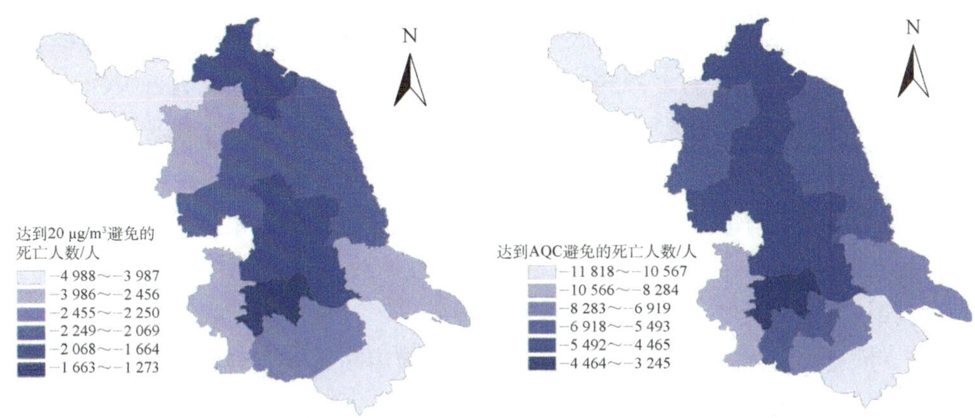

图 7-15　江苏省各阶段城市情况

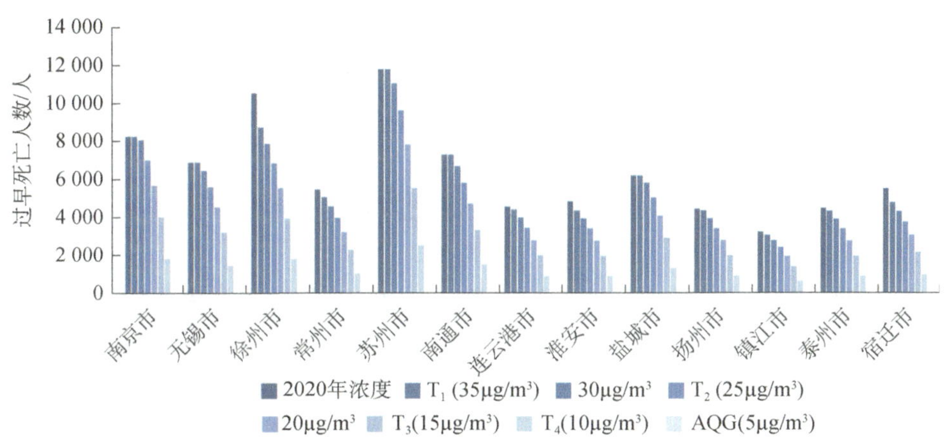

图 7-16　不同 $PM_{2.5}$ 浓度各设区市归因于 $PM_{2.5}$ 的长期慢性过早死亡人数

第三节　空气质量持续改善路径与控制策略

一、控制策略

1. 源头治理策略

在全面实施国家强制性涂料产品标准的基础上，联合工信、市场监督等管理部门，逐步提高各设区市 VOCs 含量检测能力，建立长效监管制度，综合考虑行业特征与经济技术可行性，分阶段、分行业推广实施《低挥发性有机化合物含量涂料产品技术要求》（GB/T 38597—2020），逐步实现重点领域涂料低 VOCs 化。

（1）全面实施国家强制性涂料产品标准。2020 年 12 月，木器、船舶、汽车、工业防护、建筑用墙面、室内地坪涂料 6 项强制性标准实施，涉及家具制造、船舶制造、汽车制造、工程机械制造、电子电器制造、集装箱制造等多个工业行业以及面广量大的建筑领域。替代技术成熟领域全面推广低 VOCs 含量涂料，替代技术尚未全部成熟领域逐步实施替代。

（2）严格执行准入条件。禁止建设生产和使用高 VOCs 含量的涂料、油墨、胶粘剂等项目。自 2021 年起，江苏省工业涂装、包装印刷、纺织、木材加工等行业以及涂料、油墨等生产企业的新（改、扩）建项目需满足低（无）VOCs 含量限制要求。江苏省内市场上流通的水性涂料等低挥发性有机物含量涂料产品，严格执行国家《低挥发性有机化合物含量涂料产品技术要求》（GB/T 38597—2020）。

（3）加大鼓励力度。将生产、使用低 VOCs 含量产品的企业，按规定纳入正面清单管理，优先推荐参评绿色工厂、绿色产品及申请绿色融资。将低 VOCs 含量产品与使用低 VOCs 含量原辅材料的产品纳入政府采购名录，并在政府投资项目中优先使用。

分行业目标要求：汽车整车制造底漆、中涂、色漆，以及室外构筑物防护和道路交通标志使用比例达到 100%；汽车零部件、工程机械、船舶制造使用比例达到 80%以上；木质家具制造、钢结构制造使用比例达到 50%以上。推广使用水性、辐射固化等低 VOCs 含量油墨，塑料软包装印刷、印铁制罐、平版纸包装印刷的使用比例分别达到 30%、80%、90%以上。推广使用水基、本体型等低 VOCs 含量胶粘剂，塑料软包装印刷使用比例达到 75%，家具制造全面使用水性胶粘剂。到 2025 年，工业涂装企业基本完成一轮清洁生产审核，溶剂型工业涂料、溶剂型油墨使用比例分别降低 20 个百分点、15 个百分点，溶剂型胶粘剂使用量下降 20%。

2. 布局优化策略

“十四五”期间，$PM_{2.5}$ 和臭氧污染改善需控制的关键污染物是 NO_x 和 VOCs，钢铁、石化企业作为这两项污染物的排放大户，亟须分区域、分阶段实施产业结构调整与布局优化。既要用好沿海良好扩散条件，又要保障沿海—内陆清洁通道，以环境承载力定产能，对标国内、国际最先进的标准要求，站在高起点推进沿江地区战略性转型和沿海地区战略性布局。

加快推进沿江重点区域钢铁行业战略性转型升级，确保减量替代落实到位。到2025年，钢铁和石化产业布局较为集中的沿江重点城市中，南京、无锡、苏州等城市减排压力相对较小，可提前实现$PM_{2.5}$达标。而常州市各项污染物需在2019年基础上减排20%～52%方可达标，仅依靠末端治理难以完成减排任务，同时考虑沿江高排放区域的污染传输影响，建议提前谋划武澄沙区域内钢铁行业结构调整与布局优化。“十四五”期间应进一步压减中天、沙钢、永钢、东方特钢等重点钢铁企业产能，逐步淘汰“高炉—转炉”长流程装备产能，提升电弧炉短流程炼钢工艺比例，热风炉、套筒窑、轧钢加热炉应实施富氧燃烧或低氮燃烧改造，从源头控制NO_x的产生量。“十五五”期间，南钢、梅钢、中天钢铁实施搬迁或全面绿色转型，沿江区域基本淘汰长流程钢铁，保留企业实施超低排放改造，产品结构进一步优化。

沿海区域以环境承载力定产能，严控准入门槛。建议沿海钢铁新上项目以首钢迁钢公司等国内最先进工艺装备与污染控制水平为环境准入门槛，进一步减少新增量，也可为产能扩大争取排放指标。沿海地区应充分评估石化、钢铁行业联合布局带来的臭氧污染超标风险和二次污染问题，连云港市主城区周边地区集聚的石化、化工、医药等产业，应综合考虑毗邻山东日照钢铁基地等，NO_x与VOCs排放强度高，环境风险大，因此建议连云港徐圩港区不规划长流程钢铁冶炼产业基地。

相较于内陆地区，沿海地区布局污染排放项目对局地及江苏省的空气质量影响更小。整体上，沿海3市扩散能力好于内陆城市，尤其是南京市、徐州市。根据空气质量预报模式系统（WRF—CMAQ）的模拟结果，如布局等量的钢铁企业，盐城市、连云港市、南通市的$PM_{2.5}$浓度分别是南京市的65%、80%、52%，分别是徐州市的71%、80%、64%，分别是常州市的80%、90%、72 %。

沿海城市的产业布局在一定气象条件下会影响内陆城市空气质量。根据2019年气团影响分析，外源气团主要来自山东省、安徽省、浙江省和海洋，其中海上气团影响占比达37%，在盛行风向为东南风的春夏季节，海上气团将携带沿海地区的污染物输送至内陆地区，对江苏省其他城市大气环境质量造成影响。在相同的污染源下，沿海3市对江苏省不同地区的传输比例各不相同。南通、连云港、盐城 3 市对下风向沿江地区的传输比例分别为 37.8%、4.2%、14.9%，其中，南通市新增污染对沿江地区的空气质量影响最大；南通、连云港、盐城 3 市对苏北腹地的传输比例分别为 2.3%、35.3%、26.3%，其中，连云港市新增污染源对苏北腹地的空气质量影响最大。沿海地区处于新一轮发展的关键时期，建议基于城市空气质量持续改善的目标，在新增量平衡测算与空气质量目标可达性评估的基础上，科学制定主导产业发展规划、重大项目建设清单、落后产能淘汰清单，严格控制沿海地区新上钢铁、石化项目产能，保证沿海地区钢铁项目建设与内陆钢铁产能削减项目联动实施。

相同产能规模情况下，采用国内先进污染控制技术可进一步降低国控、省控站点 $PM_{2.5}$ 浓度的影响。模拟结果显示，在产能规模为 800 t/a 的情况下，在国内先进水平的情景下，沿海南通市 5 个国控站点 $PM_{2.5}$ 平均浓度升幅较超低排放情景降低 60.0%，如图 7-17 所示。

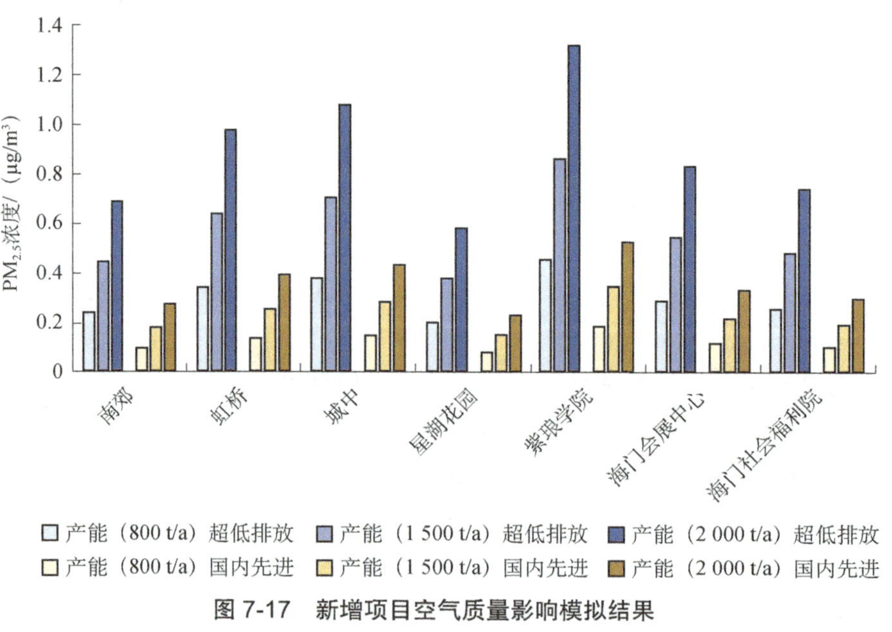

图 7-17 新增项目空气质量影响模拟结果

3. 协同减排策略

（1）推动结构与末端协同治理

按照“标杆建设、改造提升、优化整合、淘汰退出”的要求，加快行业产业转型升级，增强企业环保治理和发展内生动力，有效提升产业转型和污染防治水平，推动产业集群向高端绿色发展。坚持“减排是硬道理、管控是硬措施”，从4个结构上“动刀子”，从源头减少污染排放，推动大气环境质量更大幅改善。

产业结构上，突出落后产业“出清”。推动“清洁生产涂装园区/集群”创建。对化工园区实施泄漏检测统一监管。推进“嗅辨师”制度，研究制定“无异味园区”认定办法，推动“无异味园区”创建和动态化管理。持续推进工业园区和产业集群建设涉 VOCs“绿岛”项目，推动实施“单位面积效益与污染排放”综合评价，加速退出低端产业、高排放产业。加快推动绿色产业发展，形成一批科技含量高、资源消耗低、环境污染少的绿色产业集群。

能源结构上，突出非化石能源使用比重提升及煤炭总量控制。生态环境部《空气质量全面改善行动计划（2021—2025 年）》（征求意见稿）要求，可再生能源发电装机比重达到 50%以上，可再生能源年发电量占全社会用电量增量比重超过 50%。根据中国电力网数据计算，截至 2020 年 11 月，江苏省风电装机、光伏装机、可再生能源发电装机比重分别为 8.7%、12.2%、22.5%。《江苏省“十四五”可再生能源发展专项规划（征求意见稿）》（2020 年 11 月发布）中要求，风电装机增至 2 600 万 kW，光伏装机增至 2 600 万 kW；分别新增 1 053 万 kW、916 万 kW。可再生能源发电装机力争达 5 500 万 kW 以上，比重超 30%（风电、光伏、生物质、抽水蓄能分别达 2 600 万 kW、2 600 万 kW、300 万 kW、395 万 kW）。可再生能源电力消纳占全社会用电量增量比重超过 21%。假设风电、光伏、生物质和抽水蓄能按比例增加，按照可再生能源发电装机比重达到 50%以上的目标计算，风电装机、光伏装机较 2020 年分别需增加 2 847 万 kW、2 372 万 kW，至 2025 年均达到 4 043 万 kW。

运输结构上，突出车船结构升级。完成国一及以下排放标准汽油车淘汰，基本完成国三及以下排放标准中重型柴油货车淘汰，主要港口岸电使用量在 2019 年基础上翻一番。加大新能源车船推广力度，江苏省公交、出租等基本改用新能源或清洁能源汽车。

用地结构上，突出集约利用土地。严格“三线一单”硬约束，加强基于环境承载力的产业布局优化调整研究，高起点推进沿江地区战略性转型和沿海地区战略性布局。加强扬尘精细化管理，借鉴南京市的经验，全面推进“清洁城市”行动，持续削减降尘量。

（2）推动 NO_x 与 VOCs 协同治理

根据空气质量模型模拟的 13 个市的 EKMA 曲线结果，现阶段江苏省臭氧生成主要集中在 VOCs 控制及 VOCs 和 NO_x 协同控制区。针对江苏省所处的阶段，若单独控制 NO_x，NO_x 浓度需降低 40%后才能进入臭氧浓度下降通道，如图 7-18 中绿线所示；若协同控制 VOCs，达到 VOCs 和 NO_x 浓度 1∶1 的下降比例后，可遏制臭氧上升态势，如黄线所示；进一步降低 VOCs 浓度，可实现臭氧污染的改善，如蓝线所示。在 $PM_{2.5}$ 和臭氧“双减”“双控”的目标下，必须在 NO_x 减排的基础上，加大 VOCs 减排力度，并科学分析不同时期、不同区域臭氧污染对 NO_x 和 VOCs 排放的敏感性，动态优化 NO_x 和 VOCs 减排策略。

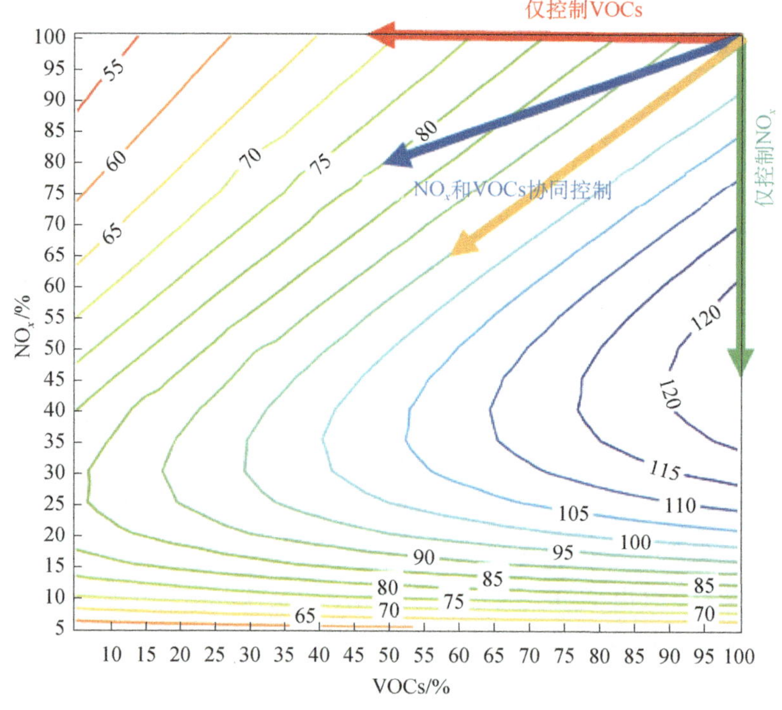

图 7-18　典型城市 EKMA 曲线

（3）推动短期与长效协同治理

江苏省臭氧污染仍未脱离气象影响型污染，臭氧污染具有长期性和反复性的特点，应保持战略定力，坚持减排不松懈，短期内为遏制臭氧上升，应坚持大力减排 VOCs，以活性 VOCs 物种控制为重点，强化减排与精细化监管，加强臭氧削峰，只有 VOCs 浓度下降比例大于 NO_x，才不致出现臭氧反弹。加大季节性调控措施力度，尤其针对夏秋季开展臭氧污染防治攻坚，在污染严重区域重点削减 VOCs 排放，协同削减 NO_x 排放。从 $PM_{2.5}$ 污染控制来看，自 2017 年以来，江苏省 $PM_{2.5}$ 中硝酸盐与二次有机组分比重均呈持续上升态势，2020 年二者之和超过 55%，硝酸盐占比最高（31.7%），由此可见 NO_x 与 VOCs 减排也是江苏省 $PM_{2.5}$ 污染控制的关键。在 $PM_{2.5}$ 和臭氧“双减”“双控”的长期目标要求下，应以区域 NO_x 减排为核心，协同开展 VOCs 治理。从美国的臭氧污染防治历程和经验来看，美国也是从 VOCs 减排为主过渡到 NO_x 深度减排为主，实现了臭氧浓度的长期改善，如图 7-19 所示。

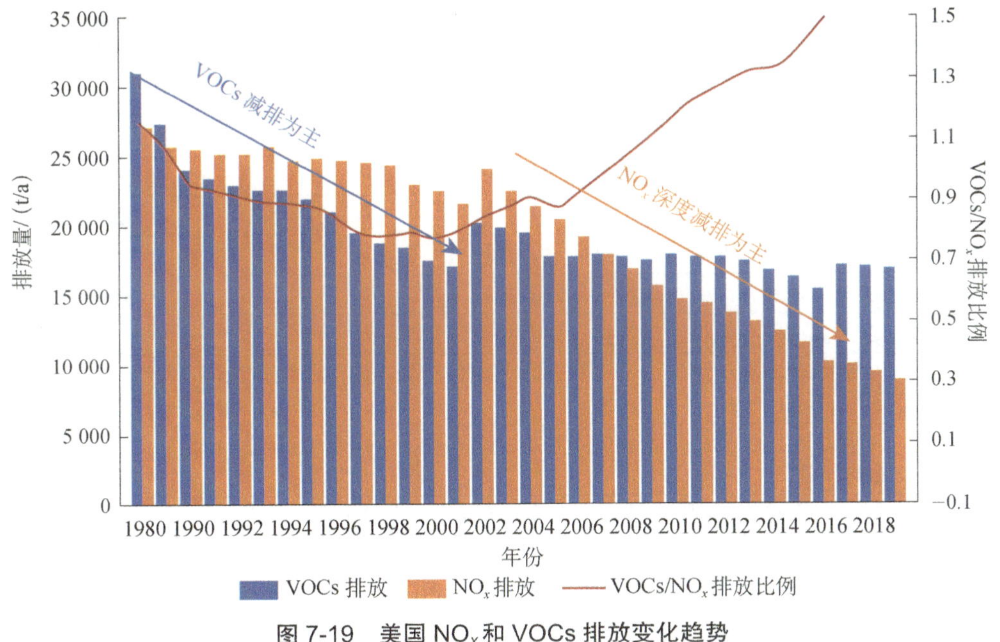

图 7-19　美国 NO_x 和 VOCs 排放变化趋势

基于空气质量达标可行性分析结果，“十四五”期间，仅靠末端治理（钢铁、电力、水泥行业超低排放改造、工业锅炉及其他行业的提标改造）实现 20% 的 NO_x 减排量，远不能满足江苏省 NO_x 总量减排和空气质量改善目标要求，必须协同实施工业结构调整、运输结构调整和能源结构调整。江苏省“十四五”期间重点控制措施及完成时间见表 7-6。

表 7-6 江苏省“十四五”期间重点控制措施及完成时间

污染源	控制措施	完成时间
工业源	钢铁超低排放	2021 年
	涂料企业原材料绿色化替代	2022 年
	钢铁清洁运输	2022 年
	水泥超低排放	2022 年
	工业锅炉提标改造	2022 年
	建成区及新建生物质锅炉全面达到超低排放	2022 年
	生物质电厂提标改造	2023 年
	其他行业提标改造	2022 年
	钢铁产业结构调整	2024 年
	水泥压缩产能	2024 年
	供热范围内燃煤锅炉和落后燃煤机组关停整合，苏南、苏北差别化实施	2025 年
	工业涂装企业基本完成一轮清洁生产审核	2025 年
移动源	多部门路检路测联合执法	2022 年
	全面淘汰国一及以下排放标准汽油车	2023 年
	全面实施重型柴油车辆国六排放标准	与国家同步
	油气回收效率提高 60%以上	2022 年
	加大公共交通发展建设补贴力度，鼓励公共交通出行	2023 年
	实施非道路移动柴油机械第四阶段排放标准	与国家同步
	全面淘汰国三及以下排放标准中重型柴油货车	2025 年
	实施绿色车轮计划，公共领域新增及更新车辆中新能源汽车比例原则上不低于 50%	2025 年
	公交、环卫、邮政等新增或者替换的车辆全面采用新能源汽车或清洁能源汽车	2025 年
	铁路货运量占比提高 0.5 个百分点，水路货运量年均增速超过 2%	2025 年

2025 年以后，江苏省应以碳达峰、碳中和为引领，推动全社会能源结构与产业结构发生重大变革，实现 NO_x 等大气污染物与二氧化碳协同减排效应，空气质量深度持续改善。江苏省按照“1.5℃目标”要求实施绿色发展，结合运输结构调整、产业结构调整措施，$PM_{2.5}$ 浓度在 2030 年力争达到 25～26 μg/m^3，在 2035 年力争达到 20～23 μg/m^3。建议优先实施减污降碳协同效益显著的治理措施，包括提升可再生能源利用比例，推动钢铁、水泥等高耗能行业尽早达峰，实施新的“绿车轮计划”，推动各行业节能改造等。2035 年后，结构减排效果显

现，到 2050 年 NO_x 减排预计可达到 70%以上，将越过 EKMA 曲线拐点，实现 $PM_{2.5}$ 与臭氧污染大幅改善，江苏省将以全面保障公众健康为宗旨，对标 WHO 相关标准，推动空气质量实现根本改善。具体见图 7-20 至图 7-22。

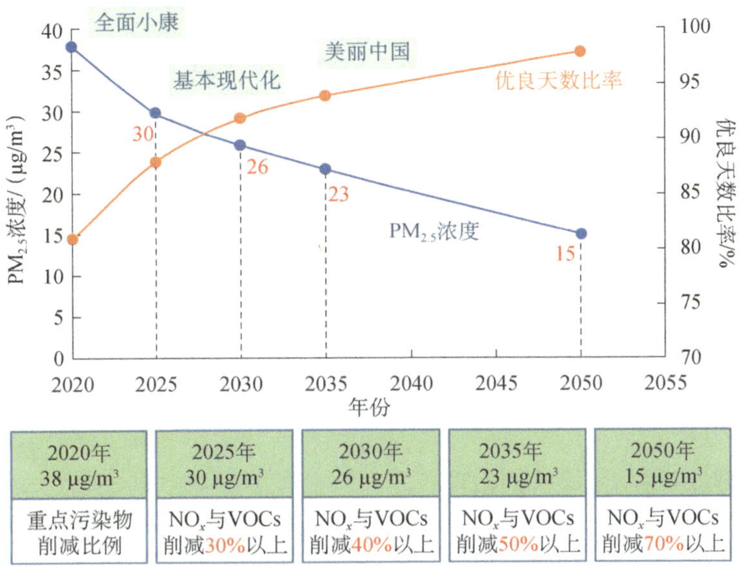

图 7-20 江苏省中长期空气质量改善路径（方案一）

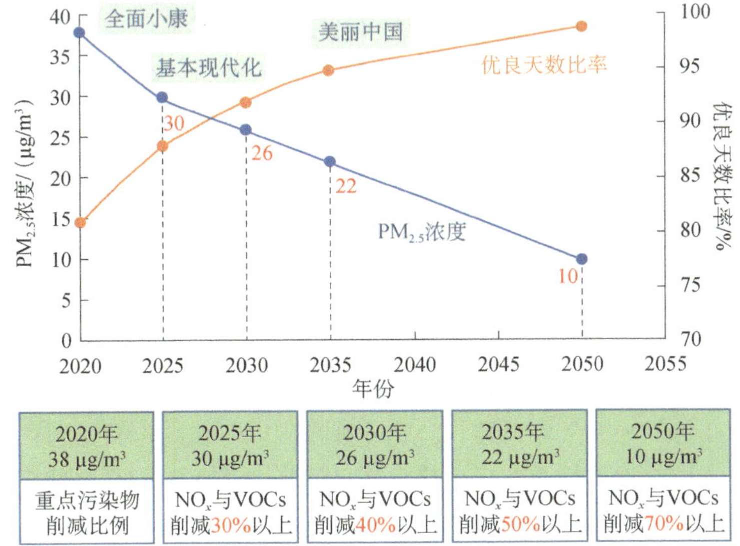

图 7-21 江苏省中长期空气质量改善路径（方案二）

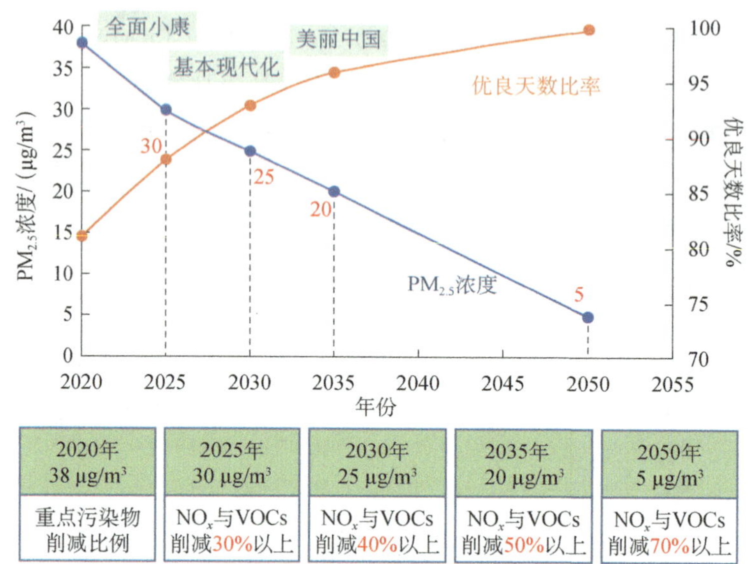

图 7-22 江苏省中长期空气质量改善路径（方案三）

（4）推动减污与降碳协同治理

到 2030 年，末端治理措施的减排潜力基本耗尽，必须通过强化应对气候变化行动降低源头排放。全球变化研究所和太平洋西北国家实验室联合开发的 GCAM 模型联合 WRF—Chem 模型的模拟结果如图 7-23 所示，在 CO_2 大幅减排的同时，二氧化硫（SO_2）和 NO_x 的协同减排效应较其他污染物更为明显；江苏省要按照“1.5℃目标”要求实施绿色发展，才能保障全省 $PM_{2.5}$ 浓度在 2030 年达到 30 μg/m^3，在 2035 年达到 25 μg/m^3。

4. 精细化治理策略

VOCs 减排应逐步向活性物质减排、差异化管控与精细化治理过渡，分行业制定深度治理方案与实施技术指南，引导企业合理选择治理路径，对主流末端治理装置出台运行管理技术规范，提升末端治理实际处理效率。对不能实施源头替代的中小企业，按照“集约建设、共享治污”要求，推进集中喷涂中心、活性炭脱附再生中心等“绿岛”项目建设。NO_x 减排应以运输结构调整为重点，加快能源结构调整，推动重点行业布局优化与产量达峰，强化在线监控设施覆盖率与数据质控。

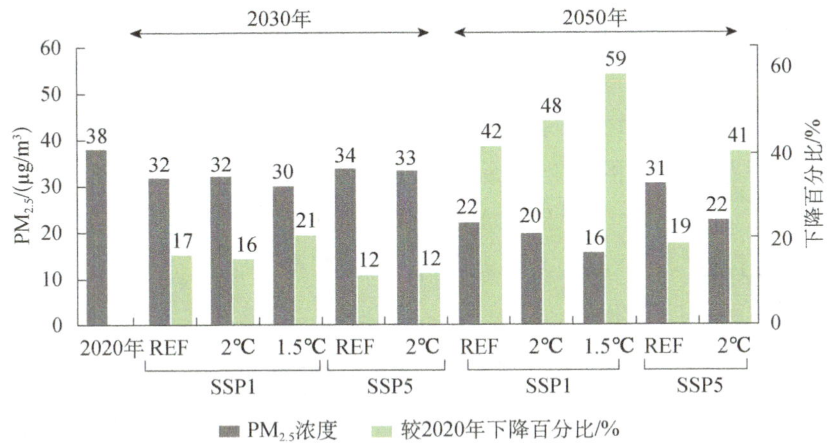

图 7-23　GCAM 模型联合 WRF—Chem 模型的空气质量改善情景分析结果

二、控制重点

将沿江区域作为臭氧污染的重点管控区域。从排放总量来看，沿江区域 VOCs、NO_x 排放量分别占江苏省排放总量的 76.3%、64.4%；从 VOCs 浓度来看，高值区主要集中在沿江 8 市，其较苏北 5 市偏高 16.3%；从对臭氧生成贡献来看，苏州市、无锡市、南通市臭氧生成潜势（OFP）结果较高，具体如图 7-24 所示。

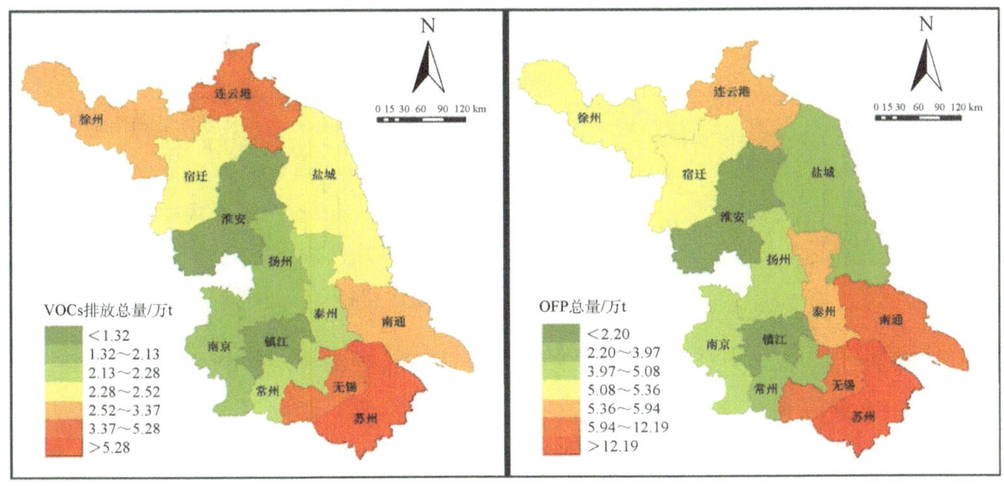

图 7-24　江苏省各城市 14 个重点行业 VOCs 排放总量与臭氧生成潜势（OFP）总量分布

加大工业涂装、石化化工、橡胶塑料等 VOCs 优控行业的管控力度。根据 2019 年大气污染源排放清单，2019 年江苏省 VOCs 排放量约为 127 万 t，其中工业源排放 76.9 万 t，占比 61%；面源排放 34.7 万 t，占比 27%；移动源排放 15.1 万 t，占比 12%。排放量最大的行业为涂装（13.3%）、橡胶塑料制品（12.9%）和有机化工（12.4%），其中涂装行业排放对 VOCs 的 OFP 贡献最大，达到 25.5%。针对 VOCs 优控行业（工业涂装、有机化工、橡胶塑料）加大减排力度（表 7-7），可取得更为显著的管控效果。

表 7-7 优控行业加大减排力度情景分析　　单位：%

	VOCs 减排比例							OFP 削减比例
	化工	涂装	橡胶塑料	纺织印染	木材加工	包装印刷	其他行业	
情景一	20	20	20	20	20	20	20	20
情景二	35	35	35	0	0	0	0	24
情景三	0	0	0	45	45	45	45	16

明确 VOCs 和 NO_x 排放重点行业的减排途径。工业涂装行业控制重点方向应为降低原辅料中 VOCs 含量，加大调漆、存储、转移、晾干过程以及废活性炭放置的无组织排放收集力度，提高整体收集效率和处理效率，具体见图 7-25。

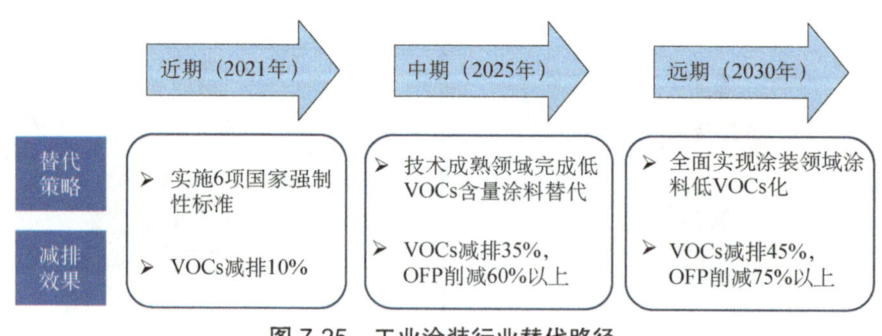

图 7-25 工业涂装行业替代路径

选择活性的末端治理技术，在工业涂装行业同等排放浓度相当的情况下，吸附法的 OFP 最高是燃烧法的 2.4 倍，受燃烧工况影响，燃烧法物种的波动较大。基于“减污降碳”综合评估的治理路径选择：相对于燃烧法末端治理，源头替代的 OFP 减排效果与其相当，粉末涂料 CO_2 减排效果最优。具体见图 7-26。

	技术路线	CO_2排放变化	VOCs排放变化	OFP排放变化	经济成本
溶剂型涂料无末端治理设施	溶剂型涂料+燃烧技术	75%～120%	−95%	−95%	++++
	水性涂料+活性炭吸附	35%～58%	−80%	−93%	++++
	粉末涂料（无末端治理）	5%～15%	−90%	−97%	++

图 7-26　涂装行业不同治理技术路线评估结果

石化化工行业重点控制方向是工艺装备的提升，储罐、装卸、废水环节无组织排放的收集效率的提升，LDAR 规范管理与末端治理效率的提升。钢铁行业管控重点为完善末端治理措施，稳定达到超低排放水平，通过技术改造降低能耗，通过长流程改为短流程、产品升级等提高排放绩效水平，提前谋划武澄沙区域内钢铁行业结构调整与布局优化。工业锅炉控制重点是燃气和生物质锅炉的提标改造、在线监控设施的安装与质控。机动车电动化方面，到 2025 年，公交车和出租车领域率先全面实现新能源化，公共领域车辆新能源化比例达到 80%以上，私家车新能源汽车渗透率超过 40%，以纯电动渣土车为突破口，完成典型地区中重型新能源载货汽车试点，并在江苏省逐步推广。

加大苯系物和烯烃类，特别是二甲苯、甲苯、乙烯的管控力度。基于 2019 年污染源排放清单物种分配结果，间/对-二甲苯、乙烯、丙烯、1, 3-丁二烯、甲苯、邻-二甲苯、1-丁烯、乙苯、1, 2, 4-三甲基苯、对-乙基甲苯、对-乙基甲苯被列为重点物种。综合考虑环境空气质量和污染源排放，基于 OFP，VOCs 的优控物种类别为苯系物和烯烃类，其中二甲苯、甲苯、乙烯为首要控制物种。

第八章

典型城市空气质量改善的案例研究

第一节　城市“一市一策”技术路线

1. 典型城市 $PM_{2.5}$ 与 O_3 污染特征分析

系统调研并收集城市自然环境状况、大气环境质量监测、污染物排放清单、污染源在线监测、气象条件等数据，以及能源消费、产业、空间布局、机动车、物料运输等基础资料。利用国（省）控站点、乡镇站点及网格化监测数据分析城市 $PM_{2.5}$ 和 O_3 污染现状、趋势和高值的区域和时段，跟踪研判典型 $PM_{2.5}$ 和 O_3 污染过程，统计分析污染事件发生频率、季节差异、空间分布、污染强度及持续时间，梳理污染事件发生时各大气污染物之间的关联性，利用污染玫瑰图、后向轨迹、相关性分析评估气象条件变化对 $PM_{2.5}$ 和 O_3 污染影响，总结污染事件发生发展的规律性特征。

2. $PM_{2.5}$ 与 O_3 污染来源解析与成因综合研判

针对秋冬季和春夏季分别开展污染过程 $PM_{2.5}$ 和 VOCs 强化观测实验，分析主要前体物、$PM_{2.5}$ 组分、VOCs 组分浓度水平及其时空分布特征，研究前体物浓度和二次 $PM_{2.5}$ 浓度的关联性，识别影响 $PM_{2.5}$ 的关键物种和主要来源，明确 O_3 生成主控因子，阐明对 O_3 生成贡献较大的关键 VOCs 物种及其来源，基于强化观测结果及空气质量模型，提出 VOCs 和 NO_x 的协同减排比例。

根据本地产业、能源、交通、用地结构和各类污染源排放特征，建立排放清单，筛选 NO_x、一次 $PM_{2.5}$、SO_2 排放量占比在 90%以上的重点行业和重点污染源。开展典型行业污染源排放 VOCs 成分谱研究，构建城市精细化、分物种 VOCs 动态化排放清单，明确对 O_3 生成有重要贡献的 VOCs 活性物种的排放区域和重点行业。组织专家开展 NO_x 与 VOCs 活性物种等污染物排放重点行业典型企业现场核查与监测，梳理 NO_x、VOCs 等主要前体物治理措施存在的突出问题，提出针对性强、可行有效的重点行业强化管控技术对策。

3. $PM_{2.5}$ 和 O_3 污染协同防控“一市一策”解决方案

基于 $PM_{2.5}$ 和 O_3 污染的共同来源与关键影响因素，综合评估 O_3 高污染季节和秋冬季 $PM_{2.5}$ 污染攻坚行动的实施效果；结合区域和行业的减排重点，设计减排情景，量化 O_3 浓度与前体物，特别是 NO_x、VOCs 等污染物排放的关系，同时结合 $PM_{2.5}$ 浓度和前体物的关系，确定 NO_x 和 VOCs 减排路径。以城市污染排放特征为基础，集成空气质量改善效果分析、费用成本分析等技术，提出不同行业、不同规模企业的治理技术路径。进一步综合分析经济社会发展、能源消费、城市布局、交通运输等宏观驱动力调整趋势，测算不同行业深度治理的最大减排潜力。根据国家、省、市“十四五”发展规划及碳达峰相关工作的要求，研判不同阶段 $PM_{2.5}$ 和 O_3 污染协同控制目标，提出满足不同阶段发展需求的大气污染防治对策建议。

第二节 南通市“一市一策”案例研究——产业发展约束下的深度挖潜

一、空气质量概况

1. 历史变化趋势

近年来，南通市空气质量改善显著，2018 年较 2013 年 $PM_{2.5}$ 浓度下降了 43.1%。但 O_3 日最大 8 h 平均浓度第 90 百分位数（O_3-8 h-90%）从 2013 年起持续上升，自 2015 年开始超标。2018 年 O_3-8 h-90%为 156 μg/m^3，较 2017 年下降了 12.8%，低于国家标准，但 O_3 变化趋势尚不稳定，总体呈持续上升态势。如图 8-1 所示。

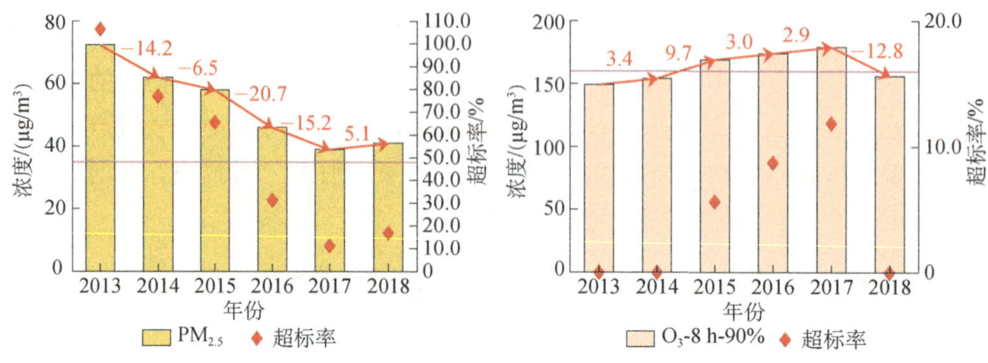

图 8-1　2013—2018 年南通市 $PM_{2.5}$ 与 O_3 年均浓度及超标率变化趋势

2013 年以来，南通市空气质量优良天数达标率呈上升趋势，各类污染天数整体呈逐年下降趋势，2018 年空气质量优良率较 2014 年提升了 8.9%，2014 年至今未出现严重污染天气。空气质量为优的天数明显增加，2014—2018 年分别为 35 d、55 d、86 d、72 d 和 99 d，2018 年较 2014 年增加了 64 d，约是 2014 年的 2.8 倍，如图 8-2 所示。

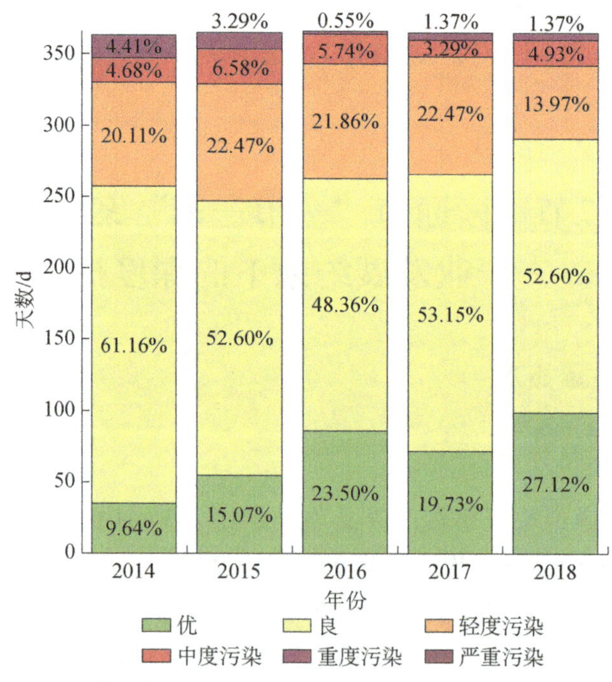

图 8-2　南通市 2014—2018 年各级空气质量天数占比变化

各污染因子的空气质量分指数计算结果表明，2014—2018 年南通市环境空气的首要污染物以 $PM_{2.5}$ 和 O_3 为主，但 $PM_{2.5}$ 作为首要污染物的天数逐年下降，除 2018 年外 O_3 和 NO_2 作为首要污染物的天数逐年增加，如图 8-3、图 8-4 所示。南通市的 O_3 污染问题日益突出，2017 年以 O_3 为首要污染物的污染天数远超 $PM_{2.5}$，占全年污染天数的 60%。2018 年 O_3 污染有所缓解，O_3 和 $PM_{2.5}$ 作为首要污染物的污染天数相同，均占全年污染天数的 45%。NO_2 作为首要污染物的污染天数均为轻度污染，但已从 2016 年的 3 d 增加到 2017 年的 10 d 和 2018 年的 5 d。近年来，南通市以 $PM_{2.5}$ 和 O_3 为主导的复合污染物特征显著。

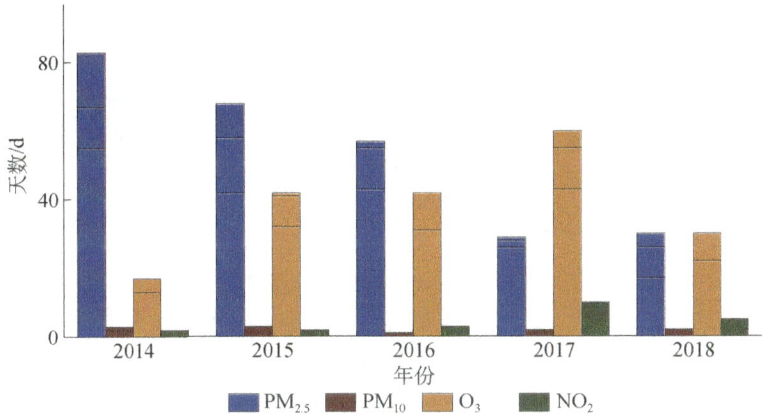

图 8-3　南通市 2014—2018 年首要污染物出现天数变化趋势
（颜色由深到浅分别为重度、中度、轻度污染）

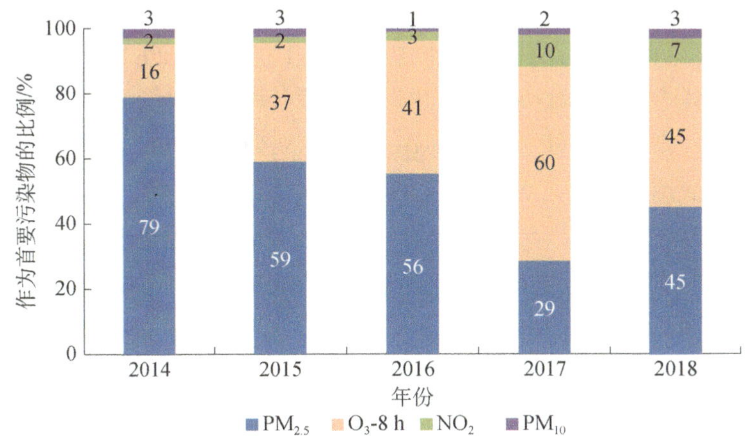

图 8-4　南通市 2014—2018 年各污染物在污染天作为首要污染物的比例

2. 污染物浓度现状特征

（1）近 3 年 $PM_{2.5}$ 改善幅度下降。2013—2017 年“大气十条”实施期间，南通市地区生产总值增加 53.5%，全省排名第 4；$PM_{2.5}$ 浓度下降 45.8%，年均改善幅度超过 8%，改善幅度全省排名第 2，仅次于南京，如图 8-5 所示。

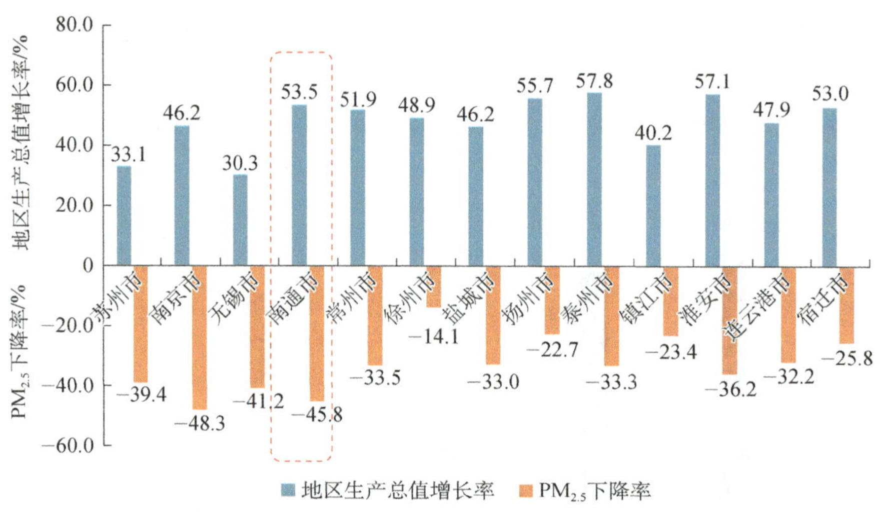

图 8-5 江苏省 2013—2017 年 13 个城市的地区生产总值和 $PM_{2.5}$ 浓度变化情况

2016—2018 年，南通市 $PM_{2.5}$ 浓度（标况）分别为 46 μg/m³、39 μg/m³ 和 41 μg/m³，2018 年 $PM_{2.5}$ 浓度较 2017 年不降反升，升幅 5.1%，距离 35 μg/m³ 的达标浓度还有较大差距。南通市 2018 年 $PM_{2.5}$ 浓度为 41 μg/m³，低于江苏省 48 μg/m³ 的均值，在江苏省 13 个城市中排名第 1。2016—2018 年，苏州市、南京市、无锡市和南通市 4 个城市的地区生产总值增长率分别为 20.2%、22.1%、24.2% 和 24.5%，$PM_{2.5}$ 则分别下降了 8.7%、10.4%、18.9%和 10.9%，如图 8-6 所示。南通市地区生产总值增长率居江苏省首位，$PM_{2.5}$ 浓度降幅排名第 2，同地区生产总值增长率相近的无锡市相比，南通市 $PM_{2.5}$ 浓度改善幅度比无锡市低 8 个百分点。

2018 年南通市 $PM_{2.5}$ 浓度（实况）为 39.3 μg/m³，较标况浓度减少了 1.7 μg/m³；2019 年南通市 $PM_{2.5}$ 浓度（实况）为 37.0 μg/m³，同比下降 5.9%。2017 年以来，南通市 $PM_{2.5}$ 浓度改善幅度明显下降，$PM_{2.5}$ 污染防治进入攻坚期。

从超标程度来看，2016—2018 年 $PM_{2.5}$ 超标以轻度超标与中度超标为主，如图 8-7 所示，64%～87%的超标日主要分布在超标 50%以内，即 112.5 μg/m³ 以

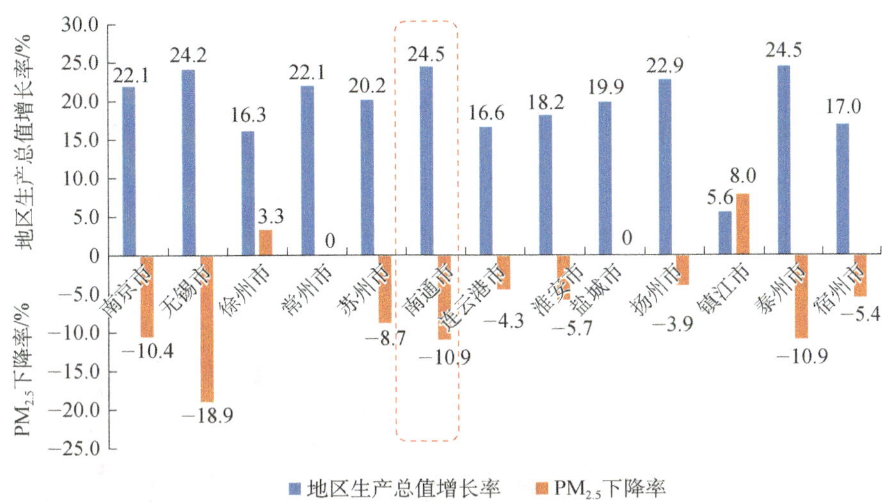

图 8-6 江苏省 13 个城市 2016—2018 年的地区生产总值和 $PM_{2.5}$ 浓度变化情况

下。在污染较为严重的 2016 年与 2018 年，超标 50%以上的天数占比分别为 27%、36%，是 $PM_{2.5}$ 超标天数最少年份—— 2017 年的 2.1～3.0 倍，说明 $PM_{2.5}$ 污染较为严重的年份中以中度污染为主。

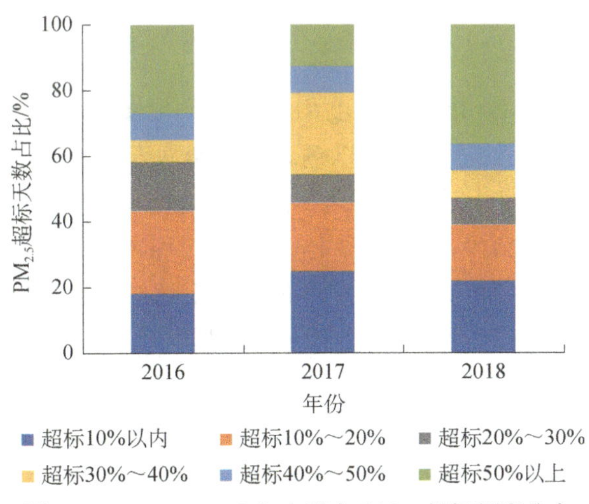

图 8-7 2016—2018 年南通市 $PM_{2.5}$ 超标频率分布

（2）O_3 浓度波动上升。2018 年，南通市 O_3-8 h-90% 为 156 μg/m^3（标况），在江苏省 13 个设区市中浓度最低，2017 年和 2018 年 O_3-8 h-90% 分别同比上升

2.9%和下降 12.8%，如图 8-8 所示。从江苏省 O_3 污染状况来看，2018 年江苏省 O_3-8 h-90% 为 177 μg/m^3（标况），同比持平，比 2016 年上升 7.3%，江苏省 13 个设区市中南通市 O_3 浓度升幅居中。从实况数据来看，2019 年南通市 O_3-8 h-90% 为 156.6 μg/m^3，在江苏省 13 个设区市中浓度最低。虽然能勉强达标，但较 2018 年的 O_3-8 h-90%实况浓度反弹上升了 7.3%，O_3 污染呈上升趋势。

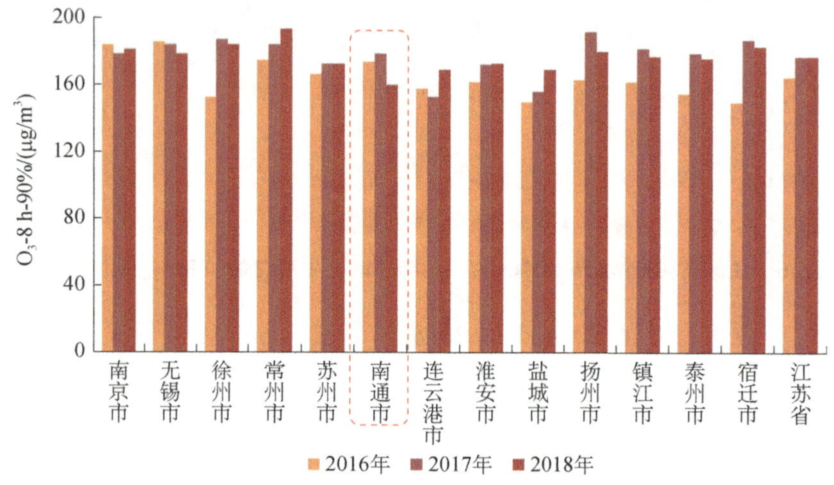

图 8-8 2016—2018 年江苏省 13 个设区市 O_3-8 h-90%（标况）

从超标天数来看，O_3 超标以轻度超标为主，如图 8-9 所示，超过 80%的超标日主要分布在 O_3 浓度超标 40%以内，即 224 μg/m^3 以下。超标最为严重的 2017 年，O_3 轻度污染天（超标率小于 20%）占比为 61%，分别比 2016 年、2018 年高 16%、5%。2019 年，全省 13 个设区市中南通市超标天数最少，超标 20%以内的 O_3 污染天占 56%，如图 8-10 所示。上述结果表明，在 O_3 污染较为严重的年份，削减 O_3 轻度污染天能有效增加空气质量优良天数。

（3）PM_{10}、SO_2、一氧化碳（CO）稳定达标且持续下降，NO_2 浓度保持平稳，如图 8-11 所示。2013 年以来，PM_{10}、SO_2 年均浓度及 CO 日均浓度第 95 百分位数（CO-95%）连续达标且呈逐年下降趋势，分别从 2013 年的 108 μg/m^3、28 μg/m^3、1.5 mg/m^3 下降至 2018 年的 63 μg/m^3、17 μg/m^3、1.3 mg/m^3。采用实况数据，2019 年 PM_{10}、SO_2 及 CO-95% 分别为 56.6 μg/m^3、10.5 μg/m^3、1.2 mg/m^3，较 2018 年分别降低了 4.9%、32.7%、8.3%。2018 年二氧化氮（NO_2）浓度较 2013 年未有改善，整体在波动中保持平稳。2014 年、2017 年的

NO_2还分别出现较上一年反弹上升的现象。

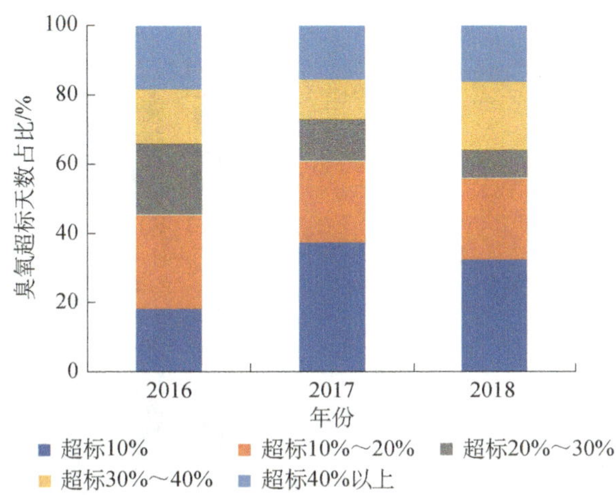

图 8-9　2016—2018 年南通市不同程度 O_3-8 h-90% 超标天数分布

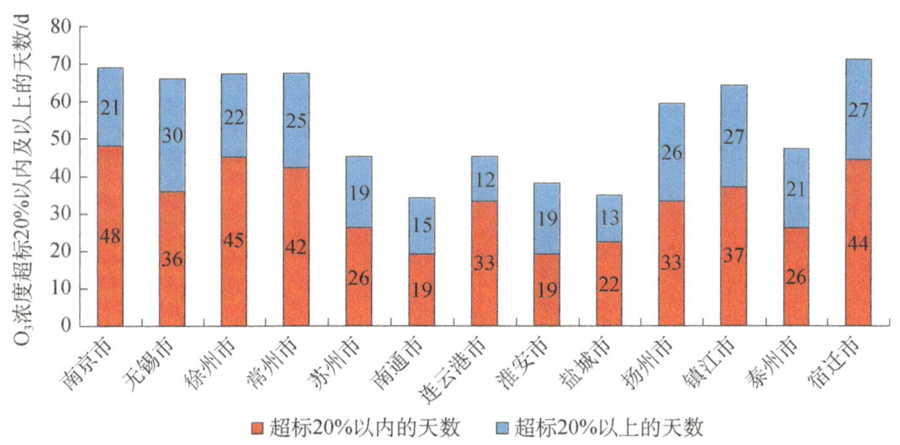

图 8-10　2019 年江苏省 13 个设区市 O_3 浓度超标 20%以内及以上天数

基于 TROPOMI 卫星，2020 年 2 月和 3 月的 NO_2 柱浓度（垂直单位面积上的总浓度）分布如图 8-12 所示，可以看到沿江区域 NO_2 柱浓度为江苏省的高值区，对照江苏省 2017 年大气污染源排放清单中工业企业的 NO_x 排放，NO_2 柱浓度的空间分布与区域内主要 NO_x 排放高架源的分布较为吻合，南通市 NO_2 浓度主要集中在城区。2019 年江苏省 13 个设区市中，南通市 NO_2 浓度排名第 8，与其他污染物相比，NO_2 浓度基本无改善。具体见图 8-13。

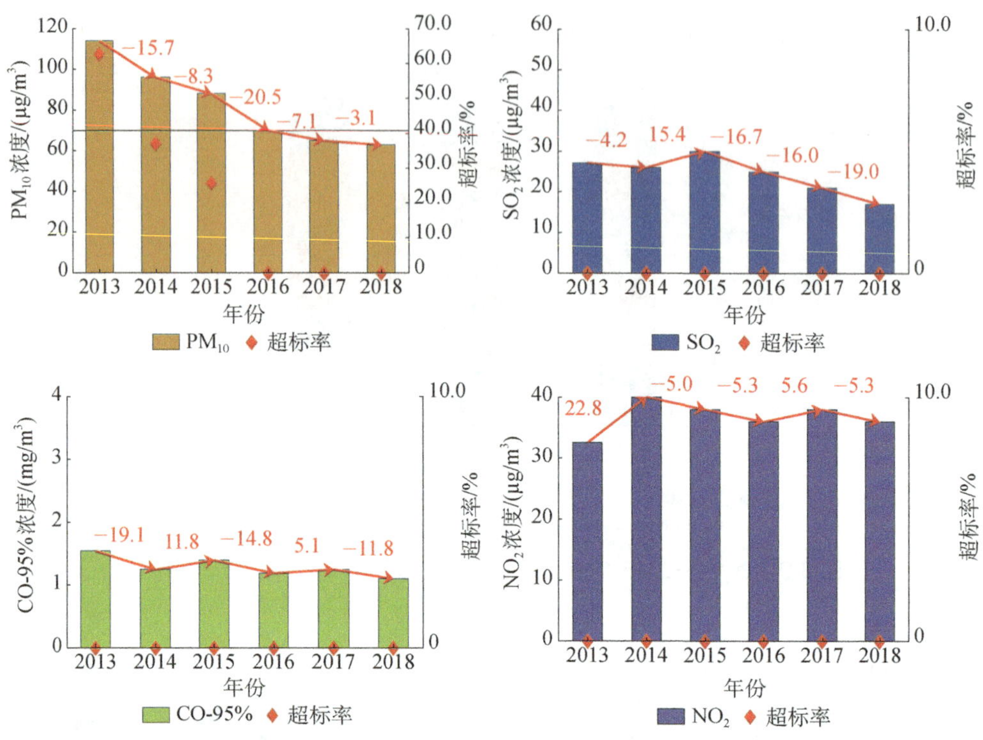

图 8-11　2013—2018 年南通市市区 PM_{10}、SO_2、CO-95%、NO_2 年均浓度及超标率变化趋势

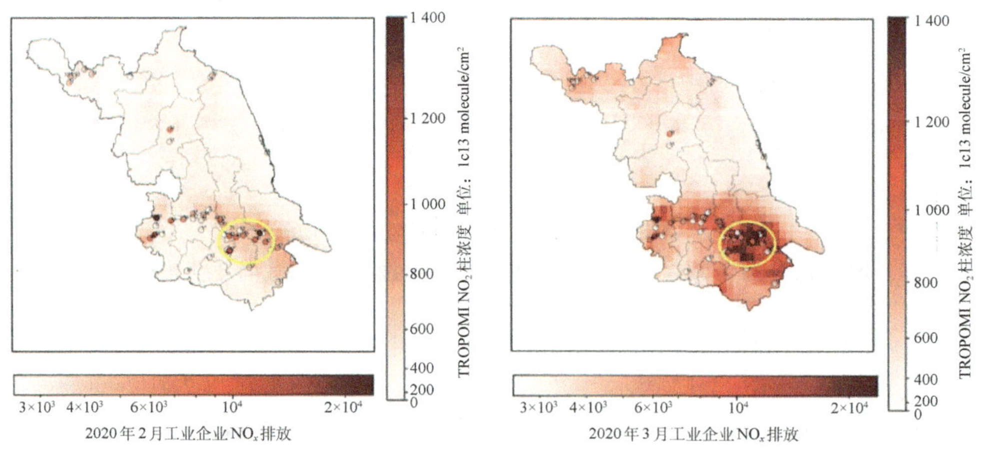

图 8-12　TROPOMI 卫星 2020 年 2 月、3 月南通市 NO_2 柱浓度空间分布

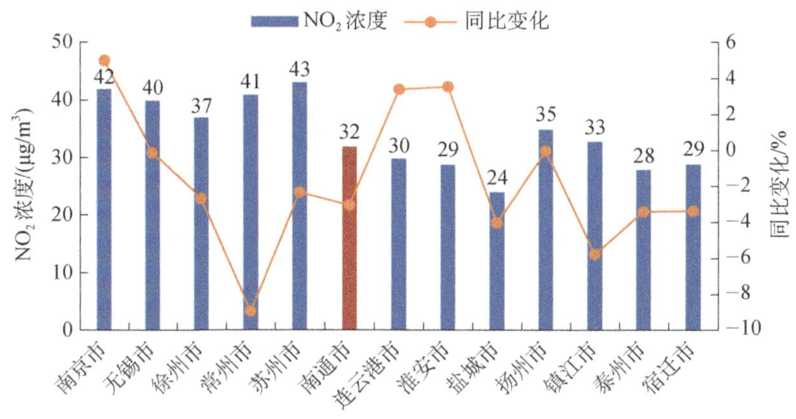

图 8-13　2019 年 13 个设区市 NO_2 浓度及同比变化

二、大气污染物排放特征

以 2018 年为基准年，南通市大气污染源排放清单覆盖南通市行政区及相关水域，包括市区（通州区、崇川区、港闸区、经开区）、启东市、海安市、如皋市、海门市和如东县。该清单涵盖了 CO、SO_2、NO_2、$PM_{2.5}$、PM_{10}、BC、OC、VOCs 和 NH_3 九大污染物，主要关注工业源、移动源和面源三大类人为排放源。清单中涉及的工业源根据国家标准《国民经济行业分类》（GB/T 4754—2017）进行分类，涵盖电力、化工、水泥、陶瓷、纺织、食品等 37 个大类行业，按照行业—部门—燃料/产品—工艺设备的四级排放源结构，涵盖 3 744 家企业；移动源包括机动车、船舶、农用机械、工程机械 4 类排放源；面源包括施工扬尘、道路扬尘、餐饮油烟、成品油储运、氮肥施用、畜禽养殖等 22 个子类。见图 8-14。

1. 大气污染物排放总量

通过对环境统计数据、第二次全国污染源普查数据、VOCs 总量核算系统资料、各管理部门资料、各主要统计年鉴和相关文献的整合计算分析，2018 年南通市大气污染源各类污染物的排放总量如下：CO 为 15.95 万 t，NO_x 为 6.42 万 t，SO_2 为 2.25 万 t，VOCs 为 9.64 万 t，$PM_{2.5}$ 为 3.02 万 t，PM_{10} 为 7.67 万 t，BC 为 0.09 万 t，OC 为 0.20 万 t，NH_3 为 3.21 万 t。其中，工业源对 CO、SO_2、VOCs、$PM_{2.5}$ 和 PM_{10} 的贡献较大，贡献比例分别为 46.0%、86.7%、61.4%、

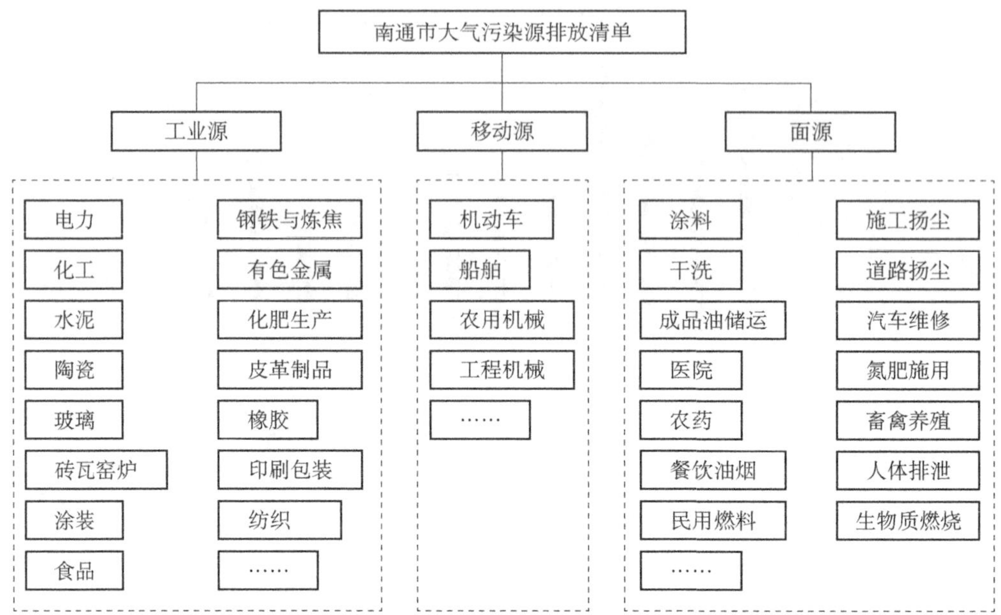

图 8-14 南通市大气污染源排放清单分类

54.4%和 52.6%。移动源对 NO_x 的贡献最大，贡献率为 61.1%，主要来自机动车的排放；其次是工业源排放，贡献率为 36.7%。此外，45.6%的 PM_{10} 排放来源于面源，其中主要贡献者为道路扬尘。面源对 NH_3 的排放贡献比例达到 91.7%，主要来源于畜禽养殖和氮肥施用。具体见表 8-1 。

表 8-1 2018 年南通市大气污染源排放占比 单位：%

污染源	各污染源排放占比								
	CO	NO_x	SO_2	VOCs	$PM_{2.5}$	PM_{10}	BC	OC	NH_3
工业源	46.0	36.7	86.7	61.4	54.4	52.6	20.5	37.7	5.9
移动源	39.8	61.1	12.2	11.7	4.0	1.7	52.3	10.3	2.4
面源	14.3	2.2	1.1	26.9	41.5	45.6	27.2	52.0	91.7
合计	100.0	100.0	100.0	100.0	100.0	100.0	100.0	100.0	100.0

2. 排放源构成

2018 年，南通市各类大气污染物（CO、SO_2、NO_x、$PM_{2.5}$、PM_{10}、BC、OC、VOCs 和 NH_3）的排放源构成如图 8-15 所示。

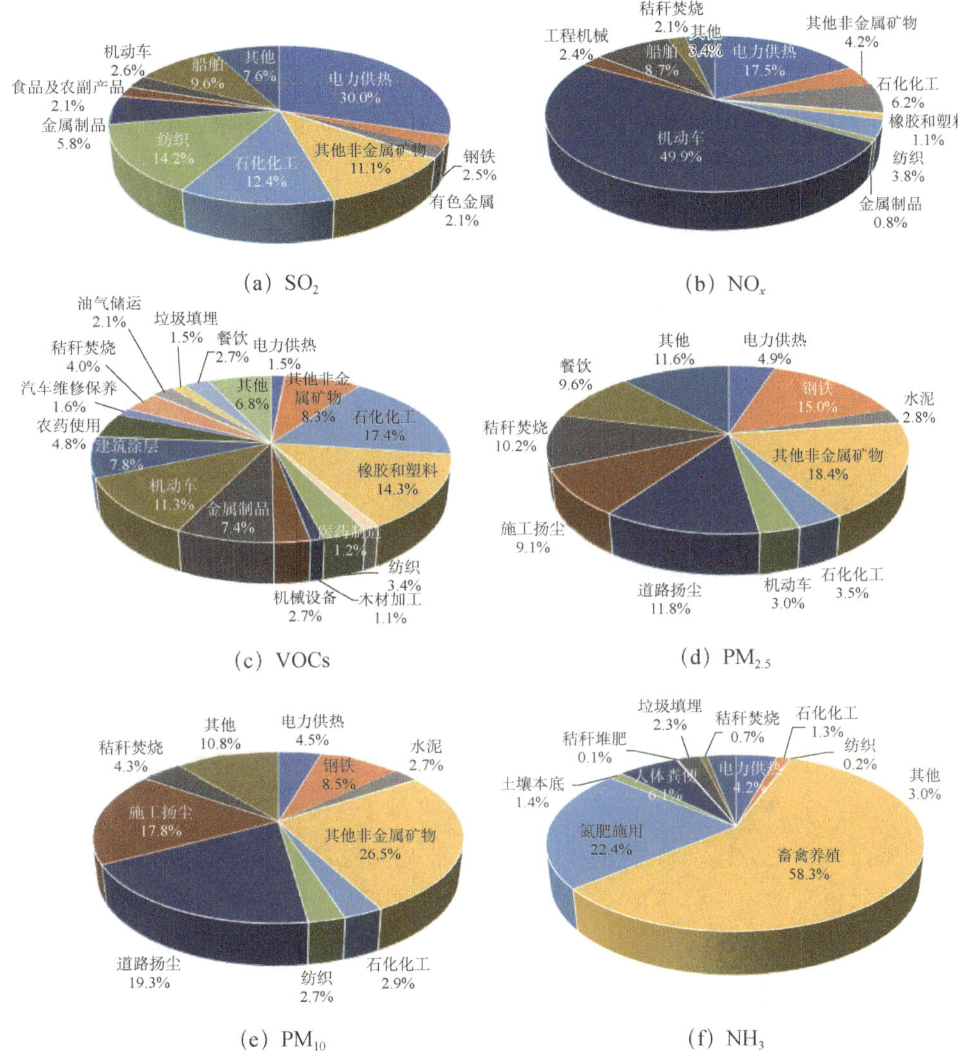

图 8-15 2018 年南通市大气污染排放源排放行业分布

SO_2 的主要来源为工业源重点行业，电力供热、纺织、石化化工和其他非金属矿物的排放较大，贡献率分别为 30.0%、14.2%、12.4%和 11.1%。此外，船舶排放贡献占比为 9.6%。

NO_x 的主要来源为机动车和电力供热行业，贡献率分别为 49.9%和 17.5%，而船舶、石化化工和其他非金属矿物行业也有较大贡献，贡献率分别为 8.7%、

6.2%和 4.2%。

VOCs 的来源比较复杂，工业源中贡献率较高的行业有石化化工、橡胶和塑料及其他非金属矿物，贡献率分别为 17.4%、14.3%和 8.3%；机动车和建筑涂层的贡献率分别为 11.3%和 7.8%。

$PM_{2.5}$ 的主要来源为其他非金属矿物、钢铁和道路扬尘，贡献率分别为 18.4%、15.0%和 11.8%。

其他非金属矿物、道路扬尘和施工扬尘对 PM_{10} 的贡献最大，贡献率分别为 26.5%、19.3%和 17.8%。

NH_3 的主要来源为畜禽养殖，贡献率为 58.3%；氮肥施用的分担率也较高，为 22.4%。

3. 污染物排放空间分布特征

根据汇总整理出的 2018 年南通市大气污染源排放清单，结合各类污染源地理分布特征，利用 ArcGIS 绘制出典型污染物 3 km×3 km 的空间分布图，如图 8-16 所示。

除城区和工业园区以外，南通市 NO_x 高值区一部分分布在路网上，这主要是由于 NO_x 不仅来源于工业企业，道路移动源也是其重要的来源。SO_2 和 VOCs 高值区主要分布在城区与工业区，二者主要来源于工业源的排放。$PM_{2.5}$ 高值区主要分布在城市工业区，其中非金属矿物行业是颗粒物最重要的排放源。除此以外，颗粒物也呈现出一部分的沿道路分布特征，因为道路扬尘也是颗粒物的重要排放来源。与其他污染物相比，NH_3 呈现明显的面源分布特征，因为农业源是 NH_3 排放的重要来源，其点源高值区主要来源于电力供热企业的烟气脱硝。

三、污染成因综合研判

1. $PM_{2.5}$ 化学组分分析

根据 2017—2018 年南通市虹桥超级站 $PM_{2.5}$ 离子在线监测数据，2017 年硫酸根（SO_4^{2-}）、硝酸根（NO_3^-）和铵根（NH_4^+）离子占比分别为 22%、29%和 18%，2018 年占比分别为 18%、25%和 15%，2018 年二次无机离子（SNA）在 $PM_{2.5}$ 中的占比均有所降低。有机碳（OC）和元素碳（EC）在 2017 年占比分别

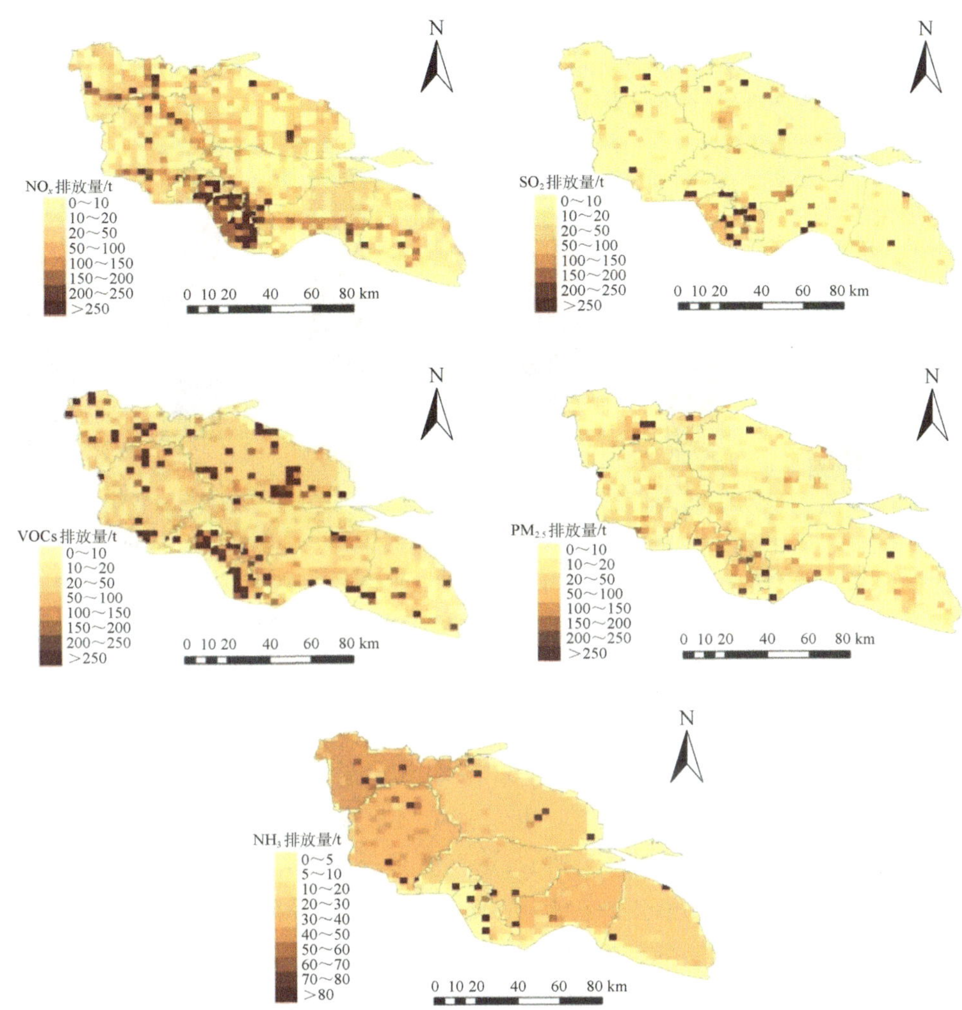

图 8-16　2018 年南通市大气污染源高分辨率排放空间分布特征（3 km×3 km）

为 18%和 5%，2018 年占比分别为 14%和 4%。

根据 2019 年南通市虹桥超级站点颗粒物组分在线观测数据，将 $PM_{2.5}$ 浓度分为低浓度（<75 μg/m³）、中浓度（75～150 μg/m³）、高浓度（>150 μg/m³）。各个化学组分的质量浓度随着 $PM_{2.5}$ 浓度的增大而增大。其中，在颗粒物浓度由低浓度转变为高浓度的过程中，硝酸根离子在 $PM_{2.5}$ 中的占比不断加大，由 33%增加至 45%，有机碳及硫酸根的质量浓度占比不断减小，分别由 15%、22%减少至 10%、17%，铵根离子及无机碳的占比变化不大，如图 8-17 所示。2019 年重污染过程分析中，也显示了同样的规律，硝酸根离子在 $PM_{2.5}$ 污染过程中占比为 27%～35%，清洁天占比仅为 15%左右。

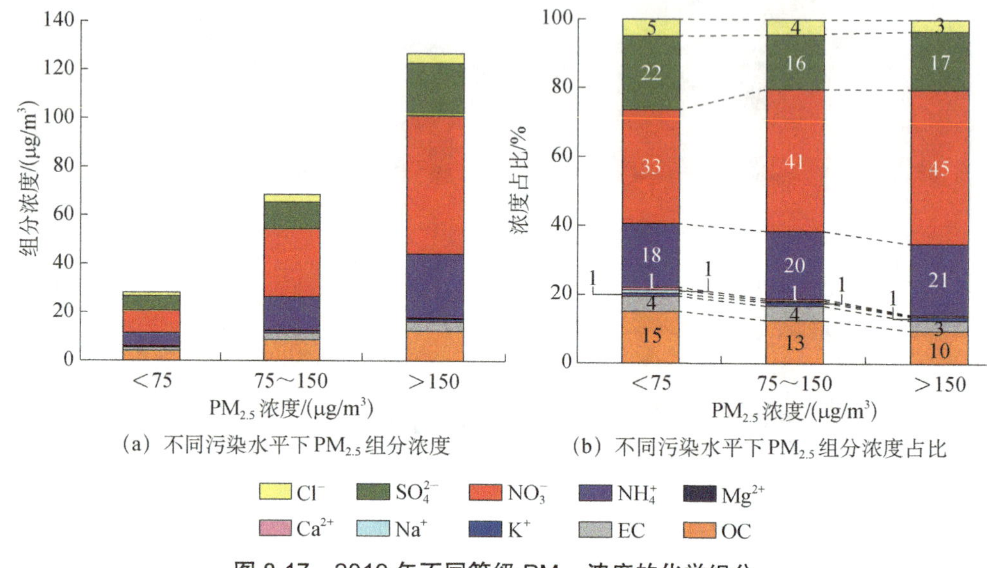

图 8-17　2019 年不同等级 $PM_{2.5}$ 浓度的化学组分

图 8-18 给出了 2018 年 $PM_{2.5}$ 质量浓度的时间变化序列。$PM_{2.5}$ 浓度在 2018 年 1 月末和 12 月初达到较高水平，其日均浓度最高值分别达到了 216 μg/m³ 和 180 μg/m³。夏季时段（7—8 月）$PM_{2.5}$ 浓度普遍处于较低水平，均值为（22.7±12.0）μg/m³。从不同浓度水平 $PM_{2.5}$ 的化学组成来看，随着 $PM_{2.5}$ 浓度不断升高，硝酸根离子浓度所占的比例也随之升高。硝酸根离子浓度在夏季低颗粒物浓度时段的占比仅为 15%，而在 $PM_{2.5}$ 重污染时段（1 月末）的占比高达 28%，硝酸盐浓度升高是南通市 $PM_{2.5}$ 污染期间的重要特征。

秸秆等农作物的焚烧是导致南通市大气 $PM_{2.5}$ 污染的重要因素之一。南通市是江苏省的农业大市，2017 年南通市农作物总播种面积排名为全省第 3，其农业排放为沿江 8 市最高。生物质燃烧是颗粒物中有机碳、钾离子的主要来源之一，秸秆焚烧期间 $PM_{2.5}$ 中有机碳与无机碳浓度比值（OC/EC）往往较高。通过分析 2016—2019 年颗粒物中有机碳、无机碳及钾离子浓度水平及有机碳与无机碳的比值（图 8-19），发现平均每年有 2～3 个秸秆污染过程，表明生物质燃烧是南通市 $PM_{2.5}$ 污染的来源之一。

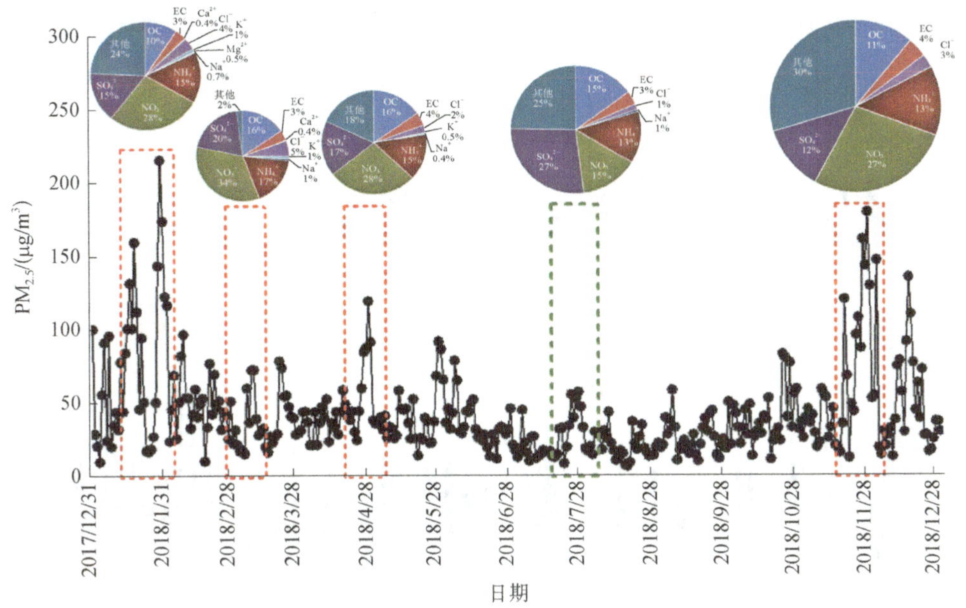

图 8-18　清洁天/污染天 $PM_{2.5}$ 化学组分

2. $PM_{2.5}$ 来源解析

利用南通市超级站的 $PM_{2.5}$ 污染源数据，采用 PMF 模型，针对 2019 年 1—3 月、10—12 月开展清洁天/轻度污染天的 $PM_{2.5}$ 来源解析，具体见图 8-20。相较清洁天，轻度污染天情况下的工业源贡献比例和二次无机来源贡献显著增加，分别由 26%、43%上升到 33%、48%，而扬尘贡献由 9%下降至 3%。

结合一次排放解析结果和排放清单，我们对南通市 $PM_{2.5}$ 进行再解析。不同季节的来源及其贡献见图 8-21，分别为：春季，扬尘（19%）、机动车（23%）、工业源（26%）、燃煤（21%）、船舶尾气（3%）、生物质燃烧（2%）及其他（6%）；夏季，扬尘（19%）、机动车（21%）、工业源（27%）、燃煤（21%）、船舶尾气（5%）及其他（4%）；秋季，扬尘（15%）、机动车（26%）、工业源（27%）、燃煤（21%）、船舶尾气（3%）、生物质燃烧（3%）及其他（5%）；冬季，扬尘（16%）、机动车（25%）、工业源（27%）、燃煤（21%）、船舶尾气（2%）、生物质燃烧（3%）及其他（6%）。不同季节 $PM_{2.5}$ 的来源差异显示秋冬季机动车为南通市大气 $PM_{2.5}$ 最主要来源，夏季船舶排放不容忽视。

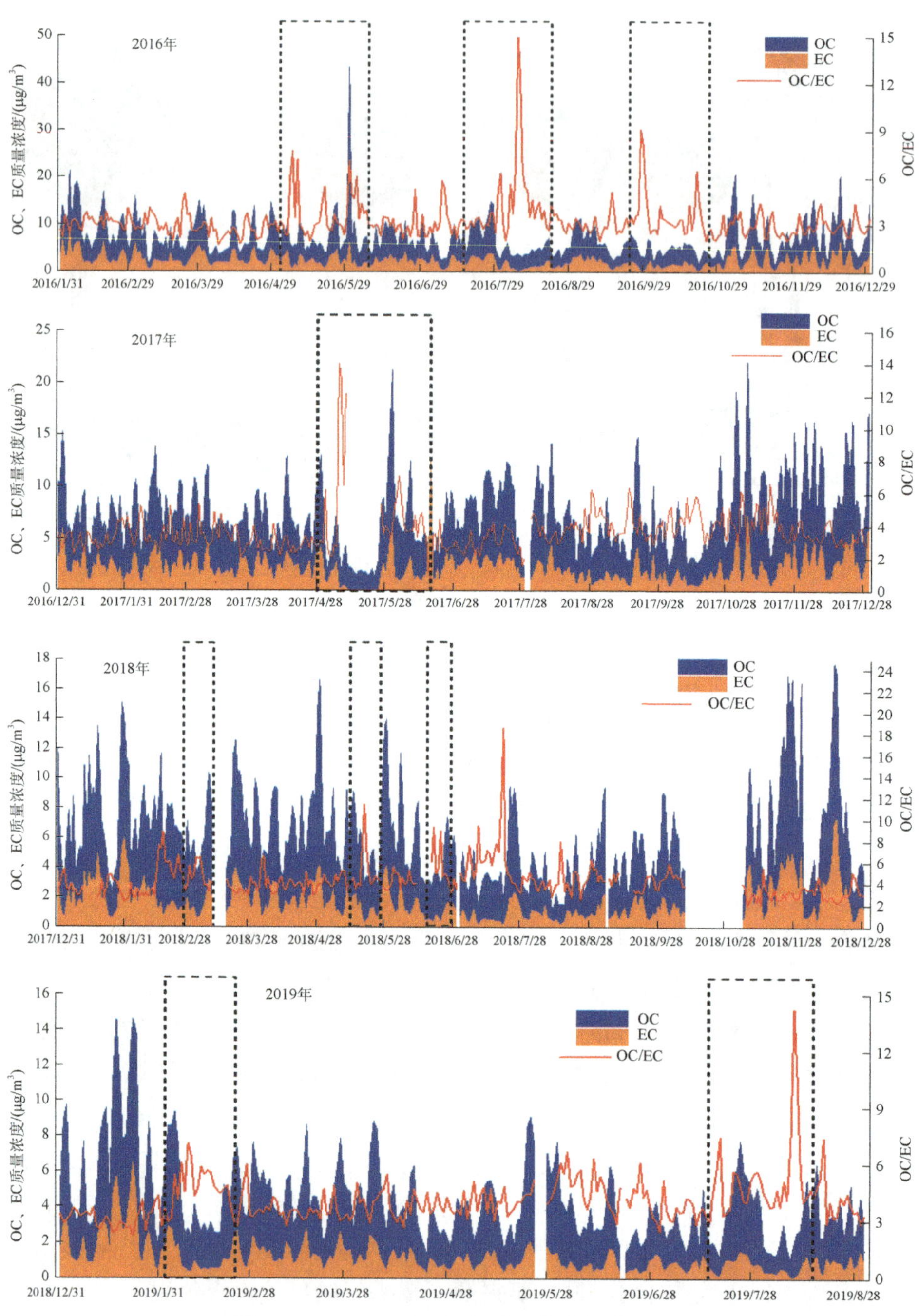

图 8-19 2016—2019 年秸秆燃烧污染过程

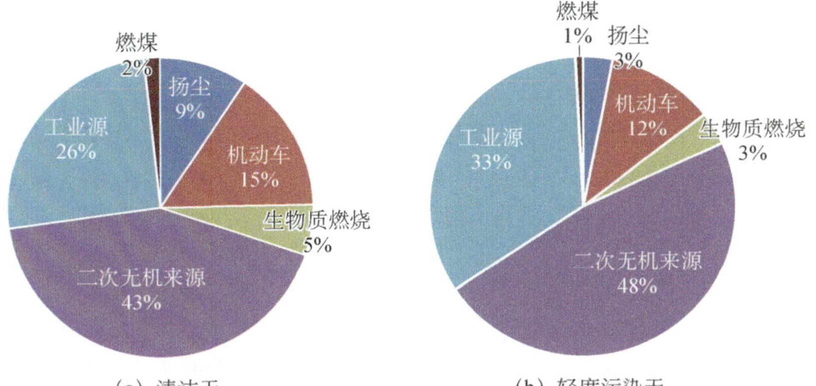

(a) 清洁天　　(b) 轻度污染天

图 8-20　南通市清洁天与轻度污染天的 $PM_{2.5}$ 来源解析

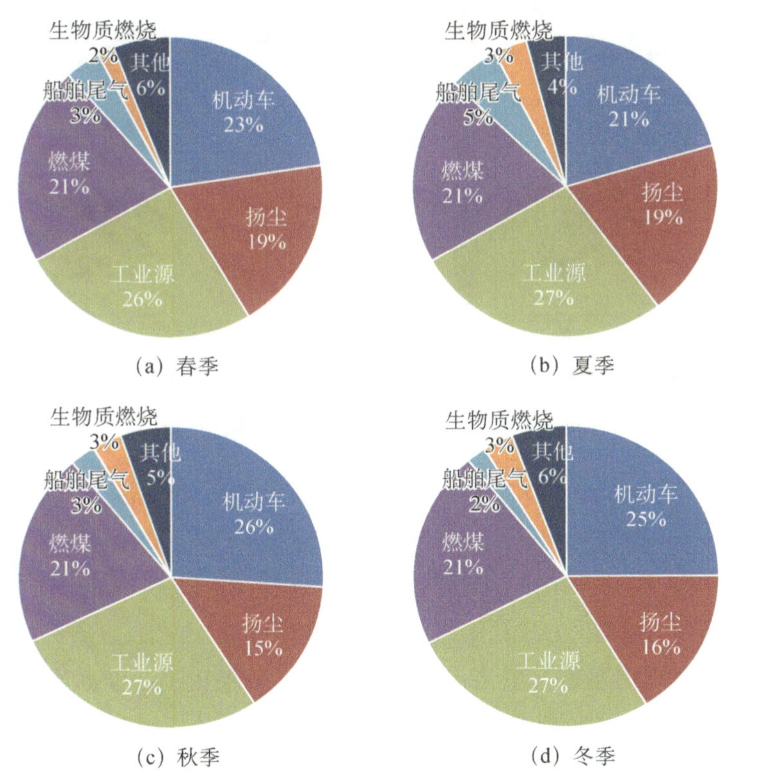

(a) 春季　　(b) 夏季

(c) 秋季　　(d) 冬季

图 8-21　南通市不同季节 $PM_{2.5}$ 的综合来源结果

3. 臭氧污染成因分析

（1）臭氧超标日主要受 VOCs 控制

利用哨兵 5 号卫星的产品，本书计算了 2019 年 8 月江苏省甲醛（HCHO）与二氧化氮（NO_2）的柱浓度比值，并将其作为臭氧敏感性指示剂分析南通市臭氧生成主控因子。一般情况下，当 $HCHO/NO_2$ 比值小于 1 时，南通市处于 VOCs 控制区；比值大于 2 时，南通市处于 NO_x 控制区；介于 1～2 时，南通市处于 NO_x—VOCs 协同控制区。如图 8-22 所示，2019 年 8 月南通市属于 VOCs 及 NO_x—VOCs 协同控制区；在臭氧超标日，南通市处于明显的 VOCs 控制区。

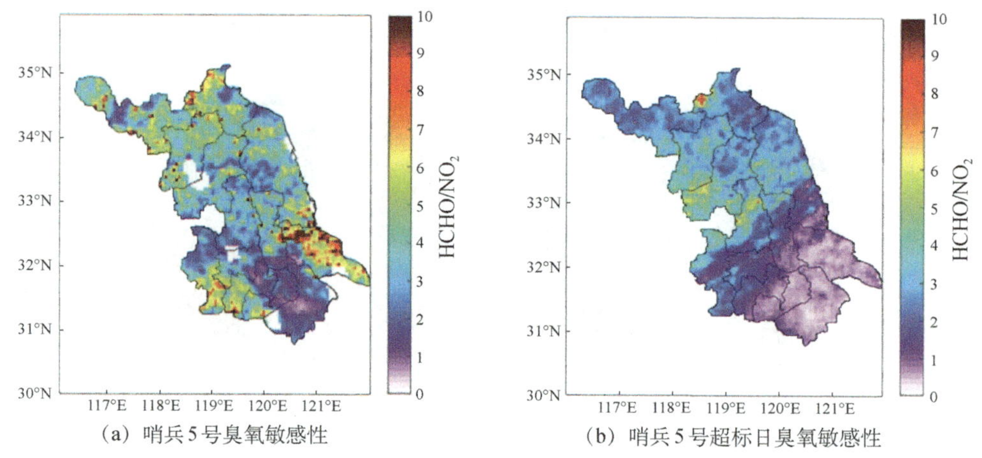

（a）哨兵 5 号臭氧敏感性　　（b）哨兵 5 号超标日臭氧敏感性

图 8-22　2019 年 8 月江苏省臭氧敏感性和超标日臭氧敏感性的 $HCHO/NO_2$ 分布

本书设置了 NO_x 与 VOCs 不同减排情景，模拟南通市臭氧污染变化情况，如表 8-2 提出 5 种减排情景：华东区域 VOCs 和 NO_x 协同减排 10%、华东区域 VOCs 和 NO_x 协同减排 20%、江苏省区域 VOCs 和 NO_x 协同减排 20%、江苏省区域 VOCs 减排 10%和江苏省区域 VOCs 减排 20%。结果显示，华东区域大范围协同减排有利于南通市臭氧浓度下降，但减排效果较小；但如果华东区域大范围 NO_x 与 VOCs 同时减排 20%，臭氧浓度反而上升 2.0%；江苏省区域减排 VOCs 效果较好，臭氧浓度下降幅度随着 VOCs 减排比例加大而增大，减排 20% 臭氧浓度将会下降 5.3%。

表 8-2 不同减排情景下南通市臭氧浓度变化比例 单位：%

	华东区域 VOCs 和 NO_x 协同减排 10%	华东区域 VOCs 和 NO_x 协同减排 20%	江苏省区域 VOCs 和 NO_x 协同减排 20%	江苏省区域 VOCs 减排 10%	江苏省区域 VOCs 减排 20%
臭氧浓度变化比例	−0.9	−2.1	2.0	−2.7	−5.3

（2）VOCs 关键活性物种为苯系物

2019 年 4 月 27 日—6 月 5 日开展了 VOCs 在线监测，2018 年 9 月、2019 年 4—8 月开展了 VOCs 手工离线监测。从在线监测结果中各类 VOCs 组分对总 OFP（臭氧生成潜势）的贡献来看，芳香烃体积浓度在 TVOC 中仅占 15.6%，但对 OFP 贡献最大，占 59.8%；烯烃、OVOCs 和烷烃对 OFP 的贡献相当，三者各占 12%左右。离线监测结果也显示，体积浓度仅占 8.6%的芳香烃对 OFP 的贡献最大，达 39.3%，其次是烯烃、烷烃和 OVOCs 对 OFP 的贡献，约各占 20%；卤代烃和乙炔对 OFP 的贡献较小。离线监测结果与在线监测结果较为一致。具体结果如图 8-23 所示。

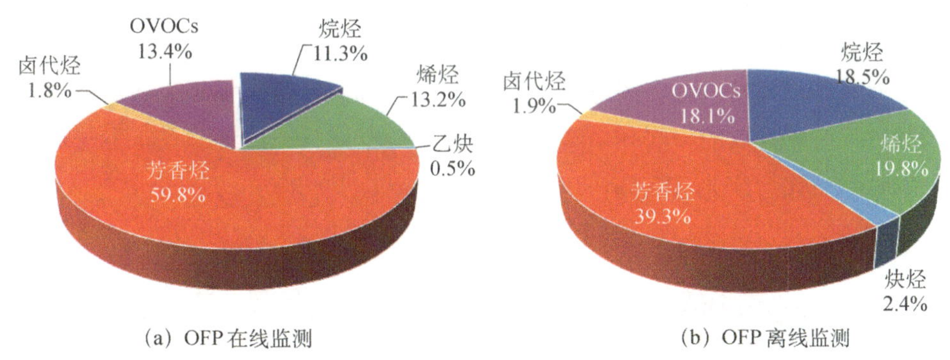

（a）OFP 在线监测 （b）OFP 离线监测

图 8-23 监测期间各类组分对 OFP 的贡献

在线监测期间，OFP 排名前 10 的组分其 OFP 值之和占总体（106 种组分）的 71.1%，其中 OFP 最高的是间/对-二甲苯，其 OFP 值远高于其他物质，其次是邻-二甲苯、甲苯和乙烯、乙基苯。离线监测期间，OFP 排名前 10 的组分其 OFP 值之和占总体（106 种组分）的 67.2%，排名前 3 的组分依次是间/对-二甲苯、甲苯和乙烯，其次是丙酮和丙烯醛、2-丁酮。具体见图 8-24。

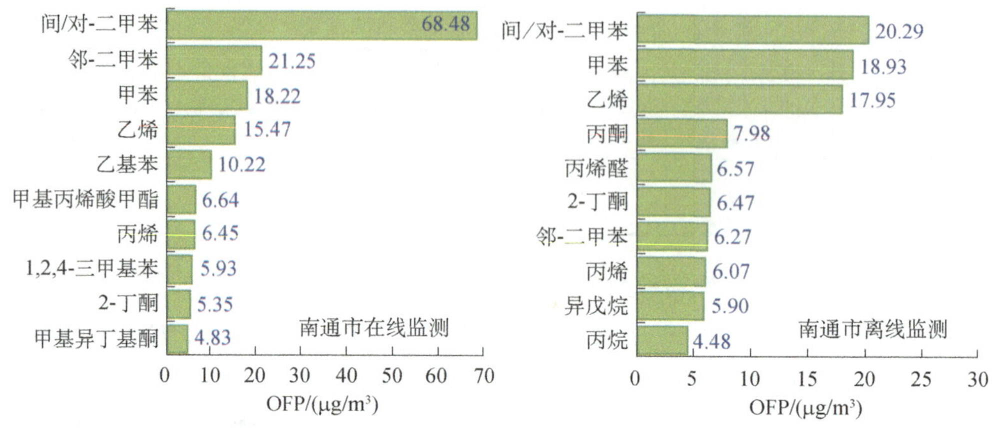

图 8-24 监测期间对 OFP 的贡献排名前 10 的关键组分

（3）城区 VOCs 主要来源于溶剂使用

根据 PMF 模型解析结果，南通市的 VOCs 主要来自工业排放，占比为 28.4%，其次是机动车尾气，其分担率为 21.8%，溶剂使用及燃烧源的贡献与机动车相当，占比约为 20%；油气挥发源的分担率为 11.3%。与交通排放相关（机动车尾气+油气挥发）的合计占比为 33.1%。

不同排放源对臭氧生成的影响结果见图 8-25，溶剂使用对臭氧生成贡献最大，虽然其对环境中 VOCs 浓度的贡献仅占 20.1%，但其对臭氧生成潜势的贡献占 45.9%，是最重要的一类排放源。其次是机动车尾气、燃烧源及工业排放，臭氧生成贡献占比分别为 28.1%、10.6%和 10.0%。

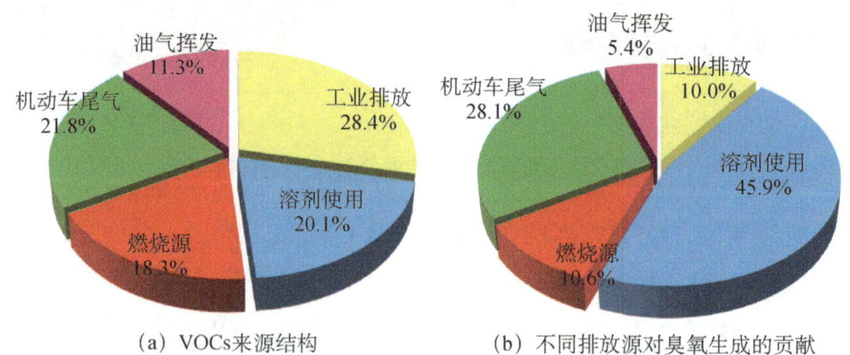

（a）VOCs来源结构　　（b）不同排放源对臭氧生成的贡献

图 8-25 南通市 VOCs 来源结构及不同排放源对臭氧生成的贡献

从排放清单结果来看，南通市 VOCs 排放重点行业为化工、橡胶塑料和工业涂装。

四、区域传输特征

本书应用 WRF—CAMx 模式模拟区域内各项大气污染物的浓度，并使用 PSAT/OSAT 方法来解析 $PM_{2.5}$ 和 O_3 生成的来源，提供基于模式模拟的污染物生成来源。本书将模拟区域划分为 18 个分区，分别是江苏省 13 个地市、上海和浙江、安徽、山东与河南、海洋以及模拟第三层区域内其他未被归类的区域。

1. $PM_{2.5}$ 区传输贡献及来源

通过分析南通市国控监测站点位的 $PM_{2.5}$ 组分的排放位置来源，解析南通市 $PM_{2.5}$ 浓度受本地源排放和外来源排放的贡献占比。图 8-26 显示了 2018 年 1 月、4 月、7 月、10 月南通市国控点位 $PM_{2.5}$ 的来源。

南通市国控站点 $PM_{2.5}$ 的来源主要有本地排放、长距离输送、省内其他地区输入（苏北、苏中、苏南地区的输入）、外部输入（上海、浙江、安徽、河南等外部输入）。一年中不同季节根据不同的气象条件、污染发生类型，各污染来源所占的比例也各不相同。代表冬季情况的 1 月是 $PM_{2.5}$ 浓度较高的月份之一，本地排放占比较一年平均值略高，达到 64%，第二位是长距离输送，占比达到 19%，而来自外部输入及省内其他地区输入的比例为 17%，表明冬季污染以本地排放累积型和污染物长途输入型为主。从 $PM_{2.5}$ 浓度日变化来看，本地排放占比最大可达 77%。4 月与 7 月 $PM_{2.5}$ 传输特征相似，即本地排放占比偏低，为 49%～53%，外部输入与苏南地区输入的比例增大，占到 22%～31%。10 月本地排放占比为一年中最大，可达 77%，其中最大单日占比可达 88.2%，长距离输送比例为 14%，表明 $PM_{2.5}$ 的主要排放来源是本地，外源影响较小。从全年来看，南通市 $PM_{2.5}$ 本地排放贡献约为 61%，其次为长距离输送，约为 17%，外部输入及苏南地区输入的比例为 18%。

2. O_3 区域传输贡献及来源

图 8-27 为南通市夏季（8 月）臭氧污染区域传输贡献特征，由图 8-27 可见，南通市 O_3 本地贡献为 43%，外源贡献占 57%，区域传输对 O_3 的影响贡献突出。外源输送中，江苏省内沿江城市对南通市臭氧贡献最大，苏州市、泰州

市、无锡市、常州市输送比例分别为 8%、7%、8%、6%，共占 29%；浙江省、上海市对南通市臭氧贡献均为 6%。

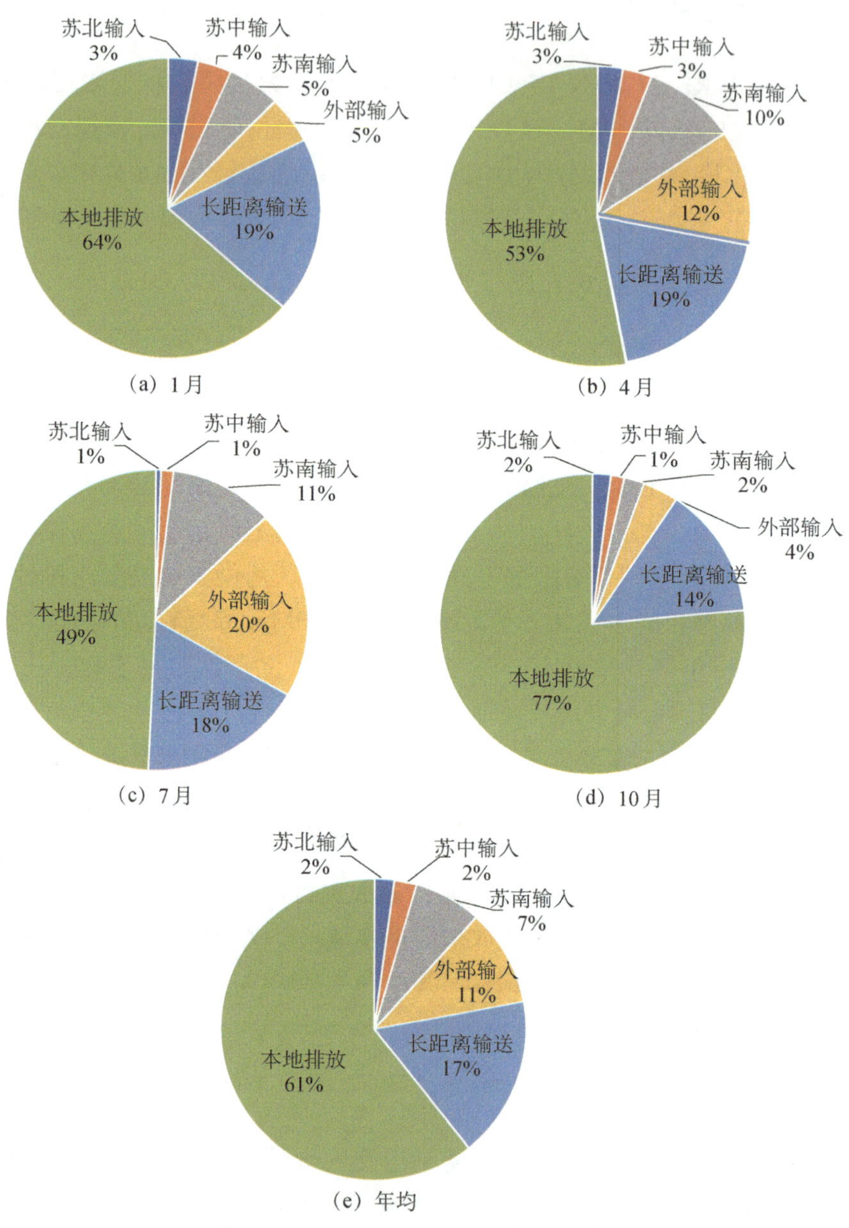

图 8-26　2018 年 $PM_{2.5}$ 区域传输特征

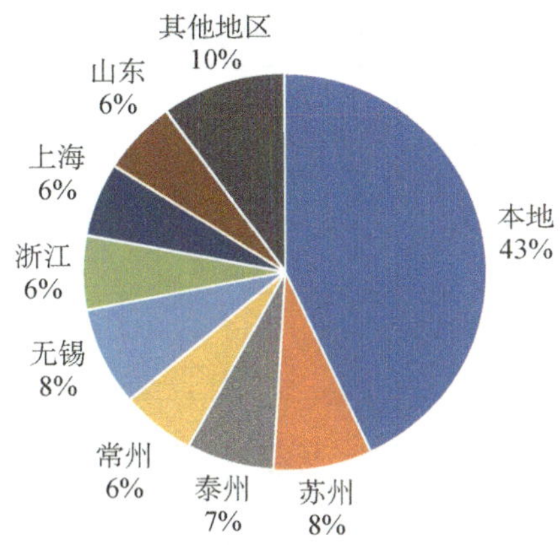

图 8-27　南通市夏季臭氧污染传输来源

五、空气质量目标及可达性分析

1. 空气质量目标

现状：2019 年，南通市 $PM_{2.5}$ 年均浓度为 37 μg/m^3，O_3-8 h-90% 为 156.6 μg/m^3，优良天数比率为 80.8%。

达标期限：到 2021 年，除 O_3 以外的主要大气污染物在 2021 年实现全面达标，南通市 O_3 浓度升高趋势基本得到遏制。

到 2020 年，市区 $PM_{2.5}$ 平均浓度达到 36 μg/m^3，空气质量优良天数比例达到 80.8%。

到 2021 年，除 O_3 以外的主要大气污染物平均浓度达到《环境空气质量标准》（GB 3095—2012）二级标准要求，市区 $PM_{2.5}$ 年均浓度控制在 35 μg/m^3 以内，空气质量优良天数比例达到 81.8%以上。

到 2025 年，大气污染物排放总量持续稳定下降，基本消除重污染天气，市区 $PM_{2.5}$ 年均浓度稳定达标的同时，力争年均浓度继续下降，全市域范围内 $PM_{2.5}$ 浓度稳定达到 33 μg/m^3，O_3 浓度出现下降拐点。

南通市空气质量达标规划指标见表 8-3。

2. 总体战略

以不断降低 $PM_{2.5}$ 浓度，持续增加优良天数，明显增强人民的蓝天幸福感为

表 8-3 南通市空气质量达标规划指标

序号	环境质量指标	2018 年现状值（标况）	2019 年现状值（实况）	2021 年目标值	2025 年目标值	《环境空气质量标准》（GB 3095—2012）	属性
1	SO_2 年均浓度/（μg/m^3）	17	11	≤10	≤10	≤60	约束
2	NO_2 年均浓度/（μg/m^3）	36	32	≤30	≤30	≤40	约束
3	PM_{10} 年均浓度/（μg/m^3）	63	57	≤65	≤60	≤70	约束
4	$PM_{2.5}$ 年均浓度/（μg/m^3）	41	37	≤35	≤33	≤35	约束
5	CO 日平均值的第 95 百分位数/（mg/m^3）	1.3	1.2	≤1.5	≤1.5	≤4	约束
6	O_3 日最大 8 h 滑动平均第 90 百分位数/（μg/m^3）	156	157	≤160	≤160	≤160	预期
7	空气质量优良天数比率/%	79.7	80.8	≥81.8	≥83	—	预期

核心目标，实施 $PM_{2.5}$ 和 O_3 协同控制，统筹兼顾，重点突破。以加强工业污染深度治理，推进柴油货车监管和老旧柴油车淘汰，提升扬尘、港口码头和工业无组织颗粒物排放管控水平，提升检测监控管理水平为重点，促进产业结构、运输结构和用地结构调整，不断提升清洁生产水平，提高能源清洁化与集中利用水平，实现南通市环境空气质量持续改善。促进 $PM_{2.5}$ 和 O_3 协同控制，以化工、涂装、橡胶制品、纺织印染等行业为重点，实施活性优先的控制策略，推进南通市 VOCs 污染防治，推进区域联防联控，提升大气污染精细化防控能力。

3. 空气质量目标可达性分析

（1）情景设计

根据江苏省战略环境影响评价产业专题对江苏省宏观经济发展趋势的预测结

果，结合《南通市国民经济和社会发展第十三个五年规划纲要》等规划，分2019—2021年、2022—2025年两个阶段对南通市新增排放量进行测算。“十四五”期间，南通市经济保持中高速增长，地区生产总值年均增长保持在7%左右。

新建钢铁项目预计在2022—2025年落地，各项大气污染物排放量按照超低排放标准测算。其他根据宏观预测，由于经济、人口增长和城市化水平的提高，考虑未来装备制造、船舶制造、新材料制造等行业的进一步发展，按生产工艺和污染控制先进水平测算VOCs重点行业的新增量。各类汽车年增长率控制在近10年的平均水平，机动车年增长率不低于8%。

到2021年，新增SO_2、NO_x、$PM_{2.5}$和VOCs排放量分别达到0.12万t、0.55万t、0.05万t和0.26万t。到2025年，800万t中天钢铁等重点工业项目落地后，新增SO_2、NO_x、$PM_{2.5}$和VOCs排放量将达到0.68万t、1.59万t、0.58万t、0.79万t，如钢铁产能达到2 300万t，重点工业项目的SO_2、NO_x、颗粒物新增排放量将达到1.25万t、2.55万t、1.21万t。具体见表8-4。

表8-4 2019—2025年南通市大气污染物新增排放量测算结果 单位：万t

行业	2019—2021年新增量				2022—2025年新增量			
	SO_2	NO_x	$PM_{2.5}$	VOCs	SO_2	NO_x	$PM_{2.5}$	VOCs
工业源	0.07	0.13	0.02	0.12	0.60	1.08	0.53	0.50
移动源	0.05	0.42	0.01	0.10	0.08	0.51	0.02	0.23
面源	—	—	0.02	0.04	—	—	0.03	0.06
合计	0.12	0.55	0.05	0.26	0.68	1.59	0.58	0.79

基准情景以2018年为基准年，在考虑新增排放量的基础上，基于产业结构、柴油货车管控和淘汰、VOCs强化管控、扬尘管控等主要控制措施，考虑设计减排情景如表8-5所示，减排核算结果见表8-6、表8-7。

表8-5 南通市2018—2025年情景方案设计

年份	减排比例	情景名称	控制方向
2018	BASE情景	基准情景	模型验证
2020	情景方案一	基本控制情景	蓝天保卫战要求
2021	情景方案二	达标情景	1. 蓝天保卫战要求； 2. 交通结构优化； 3. 监管能力提升

续表

年份	减排比例	情景名称	控制方向
2021	情景方案三	优化达标情景	在情景二基础上，采取以下措施： 1. 面源深度治理； 2. 火电深度减排
2022	情景方案四	中天钢铁情景	在情景三基础上增加 585 万 t 中天钢铁项目
2025	情景方案五	全要素减排+800 万 t 钢铁情景	在情景三基础上，采取以下措施： 1. 能源与交通结构优化； 2. VOCs 深度治理； 3. 面源精细化管控
	情景方案六	全要素减排+1 500 万 t 钢铁情景	在情景五基础上，采取以下措施： 增加 700 万 t 钢铁
	情景方案七	全要素减排+2 300 万 t 钢铁情景	在情景五基础上，采取以下措施： 增加 1 500 万 t 钢铁项目

表 8-6 重点减排措施减排量核算结果

类别	减排措施	减排量/t			
		SO_2	NO_x	一次 $PM_{2.5}$	VOCs
工业	火电深度治理：50%的 10 万 kW 以上煤电机组的 SO_2、NO_x、烟（粉）尘排放浓度分别达到 15 mg/m³、25 mg/m³ 和 5 mg/m³，10 万 kW 以下机组达到超低排放限值	729	2 094	504	—
	生物质锅炉治理：2019 年年底前建成区生物质锅炉实施超低排放改造，2021 年年底前生物质锅炉完成超低排放改造	1 418	381	200	—
	燃气锅炉低氮燃烧：2020 年年底前全面完成燃气锅炉低氮燃烧，NO_x 排放限值不高于 50 mg/m³	—	292	—	—
	燃煤锅炉治理：65 t/h 及以上燃煤锅炉完成节能和超低排放改造，其他燃煤锅炉达到特别排放限值要求。2021 年年底前，关停整合 30 万 kW 及以上热电联产电厂供热半径 30 km 范围内的燃煤锅炉和小热电	4 319	2 870	1 647	—
	工业炉窑整治：2020 年年底前淘汰炉膛直径 3 m 以下燃料类煤气发生炉、燃煤热风炉、热电联产供热管网覆盖范围内的燃煤加热、烘干炉及铸造（10 t/h 及以下）、岩棉等行业冲天炉，工业炉窑严格执行行业排放标准相关规定，配套建设高效脱硫脱硝除尘设施，确保稳定达标排放	593	2 203	16	—

续表

类别	减排措施	减排量/t			
		SO_2	NO_x	一次 $PM_{2.5}$	VOCs
工业	重点行业 VOCs 深度治理：重点监管企业完成“一企一策”，综合治理效率达到 85%以上；储存与装卸、废水、装卸、非正常工况等无组织废气实现无组织排放达标治理；家具、汽修、电子行业全面完成低 VOCs 原料替代；完成橡胶塑料、皮革、铸造等小微型企业产业结构调整	—	—	—	16 998
	无组织排放深度治理：电力、铸造、建材等行业完成无组织深度治理，实施原料堆场密闭化改造；实施粉磨车间封闭改造	—	—	965	—
交通	船舶污染控制：淘汰老旧船舶 300 艘以上，推广使用电动等清洁能源或新能源船舶，推进港口岸电建设工作，鼓励新建船舶配备受电系统，在用船舶逐步开展受电系统改造	108	278	10	13
	柴油车淘汰：国三及以下排放标准柴油车淘汰总数不少于 1.5 万辆	66	5 171	228	226
	柴油车监管：国三及以下排放标准的柴油货车通行管理方案，明确禁限行区域、路段等，严控重型车辆进城。加强柴油车油品监管、排放抽测等监管	42	1 594	78	38
	新能源车替代：公交车全部改用新能源或清洁能源汽车。港口、铁路货场及城市建成区内的其他企业新增或更换作业车辆应以使用新能源或清洁能源为主	—	1 184	49	85
	非道路移动机械控制：淘汰老旧非道路移动机械，加快推进非道路移动机械摸底调查和备案工作，划定区域禁止使用国三排放标准以下的非道路移动机械；开展建成区范围内的施工工地、港口码头、工业企业堆场内工程机械的燃油抽检并实施处罚	—	78	5	—
面源与农业源治理	餐饮油烟：重复遭投诉的餐饮经营单位必须安装油烟净化在线监控设施，与当地生态环境部门联网；餐饮油烟治理效率稳定达标；执行北京市《餐饮业大气污染物排放标准》	—	—	603	540
	扬尘：25 000 m^2 以上的建筑工地安装在线监测和视频监控；拆迁工地洒水或喷淋措施执行率达到 100%；城市道路机械化清扫率达到 90%，县城达到 85%；将腾退空间优先用于留白增绿；建设城市绿道绿廊；各区县实施降尘综合考核，不得高于 5 t/（月·km^2）	—	—	1 172	—

续表

类别	减排措施	减排量/t			
		SO_2	NO_x	一次 $PM_{2.5}$	VOCs
面源与农业源治理	秸秆燃烧：加大秸秆综合利用和禁烧工作力度，加强巡查管控，严明考核奖惩，确保“零火点”“零影响”	90	663	1 156	1 439
合计		7 365	16 808	6 633	19 339

表 8-7 各情景减排比例核算结果

年份	减排比例	SO_2/%	NO_x/%	$PM_{2.5}$/%	VOCs/%	NH_3/%	其他/%
2018	基准情景	本地化清单					MEIC 清单
2020	情景方案一（基本控制情景）	25.5	8.3	7.5	7.6	4.3	长三角 8%，京津冀 10%
2021	情景方案二（达标情景）	22.9	10.8	12.1	11.8	8.9	长三角 12%，京津冀 15%
	情景方案三（优化达标情景）	26.8	15.1	18.1	16.0	8.9	长三角 12%，京津冀 15%
2022	情景方案四（中天钢铁情景）	13.6	5.5	9.3	11.2	8.9	长三角 17%，京津冀 20%
2025	情景方案五（全要素减排+800 万 t 钢铁情景）	8.0	11.6	16.6	19.5	12.0	长三角 28%，京津冀 35%
	情景方案六（全要素减排+1 500 万 t 钢铁情景）	−7.8	0.1	10.6	19.3	12.0	长三角 28%，京津冀 35%
	情景方案七（全要素减排+2 300 万 t 钢铁情景）	−26.0	−13.0	−1.6	19.1	12.0	长三角 28%，京津冀 35%

（2）空气质量目标可达性分析

基于 2018 年南通市大气环境质量现状，设计大气污染物排放情景方案，通过空气质量模式 CMAQ 结合中尺度气象模式 WRF 进行数值模拟，模拟不同减排情景方案下的大气污染物浓度，分析其与空气质量目标的差距，调整优化后提出南通市空气质量达标的措施建议。

本书中气象场和污染物场的模拟采用 WRF—CMAQ 模式进行研究，模型选择 WRF v4.0+CMAQ v5.3，该版本模型修订了之前版本中存在的缺陷与不足，采用了更完备的光化学反应机制与气溶胶过程，能更好地代表实际大气中的污染物转化生成沉降等反应。模型模拟设置具体参数与输入资料如下：

利用 WRF—CMAQ 模式，在固定排放源（考虑月、周、日变化基础上）的情况下，模拟了南通市 2018 年 1 月、4 月、7 月、10 月的环境空气质量状况。模拟评估区域采用了三层网格嵌套，嵌套区域以南通市为中心，最外层区域覆盖了中国大部分地区，分辨率为 27 km×27 km，网格数为 163×163；中间层区域覆盖长三角地区，分辨率为 9 km×9 km，网格数为 127×127；最内层区域覆盖南通市全域以及周边相邻城市地区，分辨率为 3 km×3 km，网格数为 118×118。为更精细模拟三维风场的情况，模式垂直分层为 33 层，其中在 2 km 以下的边界层区域有 15 层。模式的物理参数化方案对模拟的气象场（如温度、辐射、边界层高度、风场等）有重要影响，进而影响污染物的传输、扩散以及光化学反应，臭氧与气溶胶颗粒物的形成等。模式的云为物理参数化方案采用 New Thompson et al. scheme 方案，长、短波辐射方案采用快速辐射传输模式 RRTM 方案，边界层方案与 CMAQ 模式保持一致，选用 ACM2 方案。

CMAQ 模式采用与 WRF 模式结果相同的三层嵌套网格。为了减少气象场侧边界条件的影响，水平方向上每层模拟区域的边界比 WRF 模拟网格略小，三层区域的网格数分别为 158×158、122×122、113×113。气象化学模块使用 SAPRC07TC 化学反应机制，该机制包含 117 种反应物质、565 种大气化学反应，包括芳香族化合物、烷烃、烯烃、萜烯等 VOCs 组分与各种无机物如 NO、NO_2、SO_2、CO 等的反应。气溶胶颗粒物模块选用了 aero 方案，该方案考虑了 OC、EC、硫酸化合物、硝酸化合物、H_2O、Na、Cl、NH_4、非碳性有机气溶胶 NCOM、Al、Ca、Fe、Si、Ti、Mg、K、Mn 以及其他组分。

CMAQ 模式输入所需的排放清单化学物种主要包括 SO_2、NO_x、颗粒物（PM_{10}、$PM_{2.5}$ 及其详细盐组分）、NH_3 和 VOCs（含多种化学组分）等污染物。该模式使用的排放清单分为两部分，其中南通市以外区域采用 2016 年清华大学研制的中国多尺度排放清单模型 MEIC（http://www.meicmodel.org/），考虑各省（自治区、直辖市）的预测排放量削减比例，将清单调整到 2018 年量级。该清单包含工业、农业、电厂、交通和居民五大类源排放，空间分辨率为 0.25°×0.25°，原始时间分辨率为每月。南通市区域采用现场核查、污染源普查数据等多种手段结合，通过精细化的活动水平和排放因子建立本地化区域且分辨率为 3 km×3 km 的排放清单。该清单对排放部门进行细致划分，分为电厂、钢厂、水泥、石化、化工、其他工业园、机动车、道路与施工扬尘、生物质燃烧以及其他面源。生物源 VOCs 排放数据源于自然源排放模型 MEGAN 的在线运算。

模式输入清单中，2018 年南通市各主要大气污染物的排放总量（包括电力、钢铁、水泥、化工等工业源、生物质燃烧、道路与建筑施工扬尘源、农业源以及其他面源）分别为 SO_2 2.28 万 t、NO_x 6.35 万 t、$PM_{2.5}$ 2.80 万 t、PM_{10} 7.03 万 t、CO 16.02 万 t、NH_3 3.27 万 t、VOCs 9.44 万 t。

针对 2018 年 1 月、4 月、7 月和 10 月 4 个月（分别代表一年四季）进行基准年大气污染物浓度模拟，以验证模式与排放清单对南通市大气环境模拟的能力。

选取南通市 5 个国控监测站点（南郊、虹桥、城中、星湖花园、紫琅学院）的观测数据平均值与模式模拟结果对应点的平均值进行比较，结果如图 8-28 所示。

根据污染减排措施的效果分析以及“十三五”期间污染物排放的变化情况，测算现有源、新增源的各项污染物排放变化情况。将测算结果制作为污染物未来年份的预测排放清单，使用 WRF—CMAQ 模式进行模拟以验证管控效果的可达性。

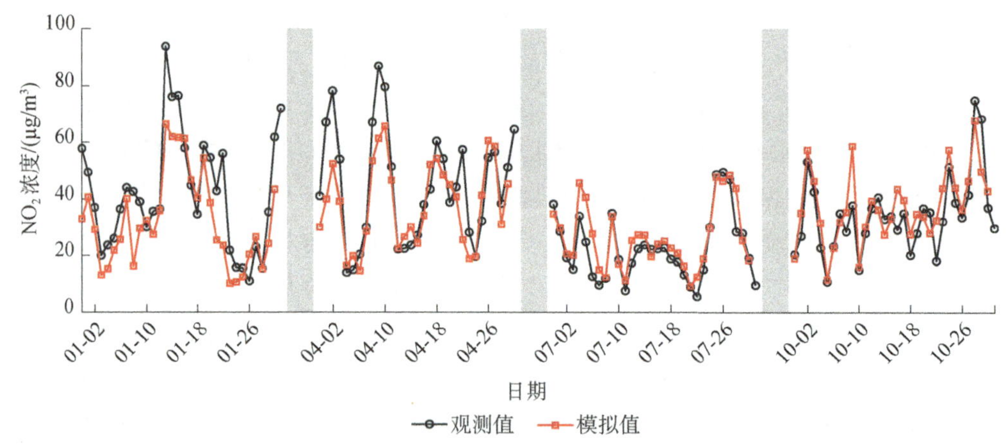

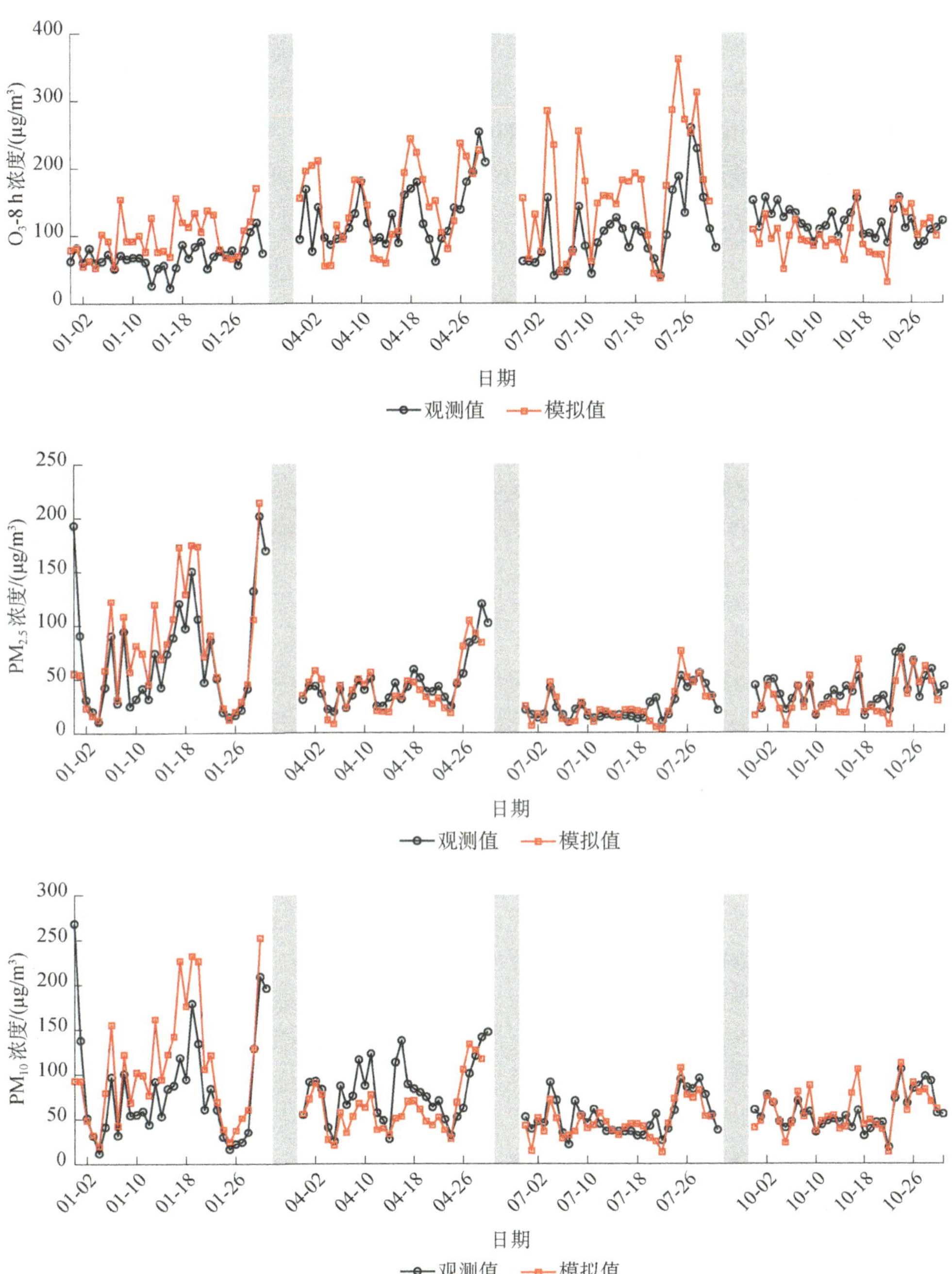

图 8-28 5 个国控监测站点（南郊、虹桥、城中、星湖花园、紫琅学院）观测数据平均值与模式模拟结果对应点的平均值

减排情景一：

根据情景方案一（基本控制情景）中的设置，南通市实施蓝天保卫战行动计划相关措施后，2020 年整体 SO_2、NO_x、一次 $PM_{2.5}$、VOCs 减排比例分别为 25.5%、8.3%、7.5%、4.3%。江苏省内其他城市减排比例按照各市“十三五”减排要求的时间进度进行估算，上海、安徽、浙江等省级行政区的减排比例按照《“十三五”节能减排综合工作方案》中减排要求的时间进度进行估算，长三角区域约减排 8%，京津冀等其他地区约减排 10%。

根据情景方案一空气质量模拟结果（表 8-8），管控措施对 SO_2、$PM_{2.5}$、PM_{10}、NO_2 的浓度都有较大的影响，对 O_3 有一定的降低作用。不同季节的管控措施对污染物浓度的影响幅度接近，且不同污染物在四季的减排特征均不一致。臭氧在冬季减排效果差、$PM_{2.5}$ 四季减排效果接近、PM_{10} 夏季减排较弱、NO_2 秋季减排较弱。这与不同季节的气象特点有关，其污染物的扩散传输能力不同决定了减排效果的差异，也与这些排放前体物的化学消耗、生成有关。其中，$PM_{2.5}$ 平均降低 2.9 μg/m^3，下降比例为 7.4%；PM_{10} 平均降低 3.6 μg/m^3，下降比例为 6.1%。根据测算，在基本控制情景下，可以实现 2020 年 $PM_{2.5}$ 达到 36 μg/m^3 的阶段性目标。同时，通过对每日污染物浓度模拟下降比例进行计算，优良天数比率提升幅度为 0.5～1.6 个百分点，折算全年优良天数比率平均能提高 1.2 个百分点，可达到 80.8%的优良天数比率目标。

表 8-8 情景方案一空气质量模拟结果

污染物	项目	1 月	4 月	7 月	10 月
SO_2	削减峰值/（μg/m^3）	2.9	3.8	2.3	4.8
	平均减排/（μg/m^3）	1.2	1.6	1.3	2.2
	减排比例/%	6.5	9.8	10.8	15.2
NO_2	削减峰值/（μg/m^3）	2.0	3.7	2.7	3.5
	平均减排/（μg/m^3）	0.9	1.5	1.2	2.0
	减排比例/%	2.8	3.8	4.5	5.4

续表

污染物	项目	1月	4月	7月	10月
O_3	削减峰值/（μg/m^3）	14.8	14.5	11.2	8.3
	平均减排/（μg/m^3）	1.3	12.0	10.5	2.9
	减排比例/%	0.9	4.4	3.6	2.0
$PM_{2.5}$	削减峰值/（μg/m^3）	14.4	10.7	7.8	6.6
	平均减排/（μg/m^3）	4.0	3.0	2.2	2.4
	减排比例/%	6.0	7.5	8.8	7.4
PM_{10}	削减峰值/（μg/m^3）	14.4	10.6	7.7	7.2
	平均减排/（μg/m^3）	5.0	3.6	2.7	3.1
	减排比例/%	5.6	6.2	5.9	5.7

减排情景二：

根据情景方案二（达标情景），量化不同污染源各类污染物的减排量，南通市整体 SO_2、NO_x、一次 $PM_{2.5}$、VOCs、NH_3 的减排量分别为 22.9%、10.8%、12.1%、11.8%和 8.9%。江苏省内其他城市减排比例按照各市“十三五”减排要求的时间进度进行等比例估算，上海、安徽、山东、浙江、河南、河北、山西等省级行政区的减排比例按照《“十三五”节能减排综合工作方案》中减排要求的时间进度进行等比例估算。长三角区域约减排 12%，京津冀等其他地区约减排 15%。

将情景方案二空气质量模拟结果（表 8-9）与基准情景模拟结果比较，情景方案二（达标情景）可有效降低各污染物峰值浓度。其中，SO_2 削减比例最高，秋季减排效果最好；NO_2 削减比例相对较小，约 5.5%，可能与机动车等城区移动源减排比例相对较小有关；臭氧的削减比例为 5.6%。$PM_{2.5}$ 与 PM_{10} 的减排比例分别达到 11.2%、7.3%，$PM_{2.5}$ 浓度约为 34.6 μg/m^3。根据模拟结果，优良天数比率提升幅度为 1.5～3.6 个百分点，折算全年优良天数比率平均能提高 2.0 个百分点，空气质量优良率可达到 81.7%，实现目标有一定风险。

表 8-9 情景方案二空气质量模拟结果

污染物	项目	1 月	4 月	7 月	10 月
SO_2	削减峰值/（μg/m³）	6.9	6.8	3.9	7.8
	平均减排/（μg/m³）	3.4	3.0	2.0	3.6
	减排比例/%	19.0	18.4	17.1	25.3
NO_2	削减峰值/（μg/m³）	3.2	5.2	3.7	4.7
	平均减排/（μg/m³）	1.4	2.1	1.6	2.7
	减排比例/%	4.5	5.3	6.1	7.2
O_3	削减峰值/（μg/m³）	23.4	21.8	20.0	17.1
	平均减排/（μg/m³）	7.2	17.4	17.2	7.6
	减排比例/%	4.7	6.4	5.9	5.2
$PM_{2.5}$	削减峰值/（μg/m³）	16.4	13.4	9.4	8.2
	平均减排/（μg/m³）	6.8	4.8	2.7	3.3
	减排比例/%	9.6	12.3	12.1	11.0
PM_{10}	削减峰值/（μg/m³）	17.8	15.2	10.6	9.9
	平均减排/（μg/m³）	7.5	5.6	3.3	3.8
	减排比例/%	7.0	8.9	6.8	6.5

减排情景三：

根据情景方案三（优化达标情景），量化不同污染源各类污染物的减排量，南通市整体 SO_2、NO_x、一次 $PM_{2.5}$、VOCs、NH_3 的减排量分别为 26.8%、15.1%、18.1%、16.0%和 8.9%。江苏省内其他城市减排比例按照各市“十三五”减排要求的时间进度进行等比例估算，上海、安徽、山东、浙江、河南、河北、山西等省级行政区的减排比例按照《"十三五"节能减排综合工作方案》中减排要求的时间进度进行等比例估算。长三角地区约减排 12%，京津冀等其他地区约减排 15%。

将情景方案三空气质量模拟结果（表 8-10）与基准情景模拟结果比较，情景方案三可有效降低各污染物峰值浓度。由于增加火电等减排措施，SO_2 削减比例较情景方案二更高；NO_2 削减比例较情景方案二略有增加，由于 VOCs 减排措施更为全面；O_3 的削减比例较情景方案二更高，为 8.5%。$PM_{2.5}$ 与 PM_{10} 的减排比例分别可达到 13.6%、11.0%，$PM_{2.5}$ 浓度可达到 33.7 μg/m^3。根据模拟结果，优良天数比率提升幅度在 2.1～4.6 个百分点，折算全年优良天数比率平均能提高 2.6 个百分点，空气质量优良率可达到 82.3%，可实现 81.8%的目标。

表 8-10　情景方案三空气质量模拟结果

污染物	项目	1 月	4 月	7 月	10 月
SO_2	削减峰值/（μg/m^3）	9.1	7.7	4.4	9.1
	平均减排/（μg/m^3）	4.5	3.6	2.4	4.4
	减排比例/%	25.2	21.8	20.5	30.5
NO_2	削减峰值/（μg/m^3）	5.2	5.9	4.5	4.7
	平均减排/（μg/m^3）	2.7	2.6	1.9	3.1
	减排比例/%	8.3	6.6	7.4	8.3
O_3	削减峰值/（μg/m^3）	28.6	23.7	21.6	21.1
	平均减排/（μg/m^3）	9.9	19.4	18.8	9.3
	减排比例/%	8.4	9.1	8.4	8.3
$PM_{2.5}$	削减峰值/（μg/m^3）	22.5	15.1	9.8	12.7
	平均减排/（μg/m^3）	9.7	5.8	3.2	5.2
	减排比例/%	12.2	13.6	12.8	15.8

续表

污染物	项目	1月	4月	7月	10月
PM_{10}	削减峰值/（$\mu g/m^3$）	29.7	17.7	11.2	17.0
	平均减排/（$\mu g/m^3$）	12.7	7.3	3.9	7.3
	减排比例/%	11.8	11.5	8.3	12.3

（3）中长期空气质量改善可达性分析

2022 年，中天钢铁 585 万 t 产能投产后，如不采取措施，$PM_{2.5}$ 浓度较 2021 年将反弹 0.67 $\mu g/m^3$，具有一定的超标风险，需要进一步在移动源、扬尘等方面加强管控；2025 年，实施全要素减排措施后，钢铁产能达到 800 万 t，$PM_{2.5}$ 浓度较 2018 年的削减比例约为 11.9%，约达到 33.3 $\mu g/m^3$；钢铁产能达到 1 500 万 t，$PM_{2.5}$ 浓度削减比例约为 14.5%，约达到 34.5 $\mu g/m^3$；钢铁产能达到 2 300 万 t，$PM_{2.5}$ 浓度削减比例约为 9.8%，年均浓度将超标。具体见表 8-11。另外，由于 NO_x 排放量的大幅增加，当钢铁产能达到 1 500 万 t 或以上，O_3 浓度在不利气象条件下超标风险较大。从季节影响看，除 O_3 外，SO_2、NO_x、颗粒物的夏季减排比例相对较小，可能与主导风向有关，而秋冬季节的影响较大。

表 8-11　空气质量模拟结果

情景方案	污染物	污染物浓度减排比例/%			
		1月	4月	7月	10月
情景方案四	SO_2	18.1	15.8	15.2	21.3
	NO_x	7.0	4.9	5.7	7.5
	$PM_{2.5}$	11.1	11.8	11.7	12.9
	PM_{10}	10.4	10.0	7.4	9.8
	O_3-1 h	3.9	6.3	5.8	5.0
情景方案五	SO_2	28.8	24.6	21.6	28.7
	NO_x	18.7	13.1	16.2	14.6
	$PM_{2.5}$	16.0	15.0	10.0	16.0
	PM_{10}	14.5	14.1	11.0	9.9
	O_3-1 h	3.2	10.2	8.3	6.5

续表

情景方案	污染物	污染物浓度减排比例/%			
		1 月	4 月	7 月	10 月
情景方案六	SO_2	20.0	21.0	11.0	19.0
	NO_x	13.8	9.2	13.0	11.4
	$PM_{2.5}$	14.0	11.9	7.3	13.7
	PM_{10}	13.0	15.0	13.0	11.0
	O_3-1 h	1.0	6.0	4.0	5.0
情景方案七	SO_2	12.5	17.5	8.1	10.0
	NO_x	8.8	7.0	11.0	7.9
	$PM_{2.5}$	12.0	12.0	5.0	10.0
	PM_{10}	11.7	13.8	11.9	9.6
	O_3-1 h	−0.8	3.5	2.8	3.8

利用拉格朗日扩散模式，将通州湾新增钢铁项目作为释放点，以 2018 年为代表年，每 3 h 进行一次模拟，模拟未来 72 h 的气团扩散情况，如图 8-29 所示。新增项目排放的影响逐渐向外形成辐射状，总体来看，对新增项目的正南方向和正东方向影响较大；而南通市各国控站点基本都在新增项目的偏西方向，且与新增项目的直线距离均在 60 km 左右，距离相对较远，受到的排放影响较小。

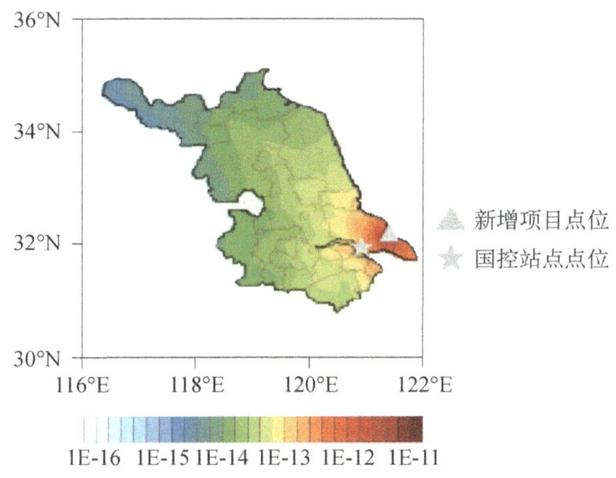

图 8-29　江苏省新增钢铁项目年均影响范围分布

本书选择 2018 年 1 月、4 月、7 月和 10 月 4 个代表时段，以每小时为间隔，利用 LPDM 模式模拟气团扩散情况，统计结果如表 8-12。从结果中可以看出，在不同的月份，各站点受气团影响比例有所差异，受其影响最大为 1 月的星湖花园站，影响比例达 1.15%，而该站点其他月份受气团影响较小，均低至 0.01%。南郊站与紫琅学院站 1 月受气团影响较大，比例分别为 0.19%和 0.38%，在其他月份受气团影响比例较低。除此之外，虹桥站受气团影响较大的月份为 1 月和 7 月，比例分别为 0.19%和 0.20%；而城中站为 1 月和 4 月，比例分别为 0.19%和 0.23%。总体来看，各站点受气团影响比例较大的时段集中在 1 月。

表 8-12　2018 年新增项目排放对国控站点气团影响比例

国控站点名称	经度/（°）	纬度/（°）	约距新增项目/km	气团影响比例/%			
				1 月	4 月	7 月	10 月
南郊	120.913 0	31.960 0	56	0.19	0.17	0.07	0.07
虹桥	120.860 0	32.000 5	58	0.19	0.11	0.20	0.07
城中	120.870 0	32.020 0	56	0.19	0.23	0.14	0.14
星湖花园	120.940 0	31.930 0	56	1.15	0.01	0.01	0.01
紫琅学院	120.810 0	32.041 7	61	0.38	0.11	0.14	0.05

六、“一市一策”解决方案

1. 深化调整能源结构，加强能源清洁利用

（1）控制煤炭消费总量

严格落实煤炭消耗总量。严格执行国家和江苏省煤炭消费减量替代相关规定。新上大型用煤项目原则上均需落实减量替代指标，按照煤炭消费量最小化原则实施项目建设。加快农村“煤改电”电网升级改造。编制实施市、县农村电网改造升级规划和项目储备库，突出抓好 35 kV 以上项目和小城镇、中心村项目，抓好省定帮扶县和片区项目。各地政府对“煤改电”配套电网工程建设应给予支持，统筹协调“煤改电”“煤改气”建设用地。

（2）大力推进集中供热

加大对纯凝机组和热电联产机组的技术改造力度，加快供热管网工程建设，充分释放和提高供热能力。按照热电联产规划，推进海门市、如皋市、海安市、

如东县、启东市的热电整合。加快整合工业园区（工业聚集区）现有热源点，扩大热力供应范围。到 2025 年，供热半径 30 km 范围内的落后燃煤小热电和燃煤锅炉关停整合，企业自备电站全部纳入集中供热管网，实施燃料清洁化改造或超低排放改造计划。

（3）提升清洁能源占比

坚持集中开发与分散利用并举，优化风能、太阳能开发布局。加快推广余热余压利用成熟技术，提升工业领域余热余压利用水平。

抓好天然气产供储销体系建设。新增天然气量优先用于城镇居民生活和高污染燃料锅炉（炉窑）等设施的燃煤替代，实现“增气减煤”。新增“煤改气”项目坚持增气减煤同步，以气定改，燃气机组实施深度脱氮。严格审批新建煤气发生炉项目，实施减量置换。

（4）强化高污染燃料使用监管

严格落实高污染燃料禁燃区管理要求以及《商品煤质量管理暂行办法》。淘汰集中供热范围内的散煤，鼓励用热企业向集中供热项目有效供热半径范围内集聚。各区、县政府将高污染燃料禁燃区监管纳入“网格化”管理范围，组织街道、乡镇加大动员和检查力度，严肃查处违反高污染燃料禁燃区管理要求的行为，完成主城区以及区县建成区散煤治理工作。

2. 调整产业结构，减少污染物排放

（1）严格准入条件

将主体功能区划、生态红线作为产业布局的前提条件，合理确定重点产业发展布局、结构和规模。严格执行国家、江苏省产业结构调整限制、淘汰和禁止目录、行业准入要求、清洁生产标准，以及南通市“三线一单”（生态保护红线、环境质量底线、资源利用上线和环境准入清单），全市生态保护红线范围内禁止新建污染大气污染物排放项目。

严禁新增电解铝、铸造、水泥和平板玻璃等产能，严禁新增重点项目规划外的钢铁产能和独立炼焦产能，严格执行钢铁等行业产能置换实施办法。对确有必要新建或改造升级的高端建设项目，原则上应使用天然气或电等清洁能源，实施等量或减量置换，并将产能置换方案报送省级工业和信息化主管部门。

严控燃煤发电项目，除符合国家和江苏省相关规划要求，实现煤炭等量或减

量替代的燃煤背压热电项目以及江苏省因电力平衡确需布局在沿海地区的大型燃煤发电项目外，严禁新上燃煤发电项目。禁止新建 35 t/h 及以下的燃煤锅炉，新建工业生产项目禁止配套建设自备燃煤电站。新建高耗能项目单位产品（产值）能耗要达到国际先进水平。

严把化工园区及项目准入关口，一律不批新的化工园区，一律不批化工园区外化工企业（除化工重点监测点和提升安全、环保、节能水平及油品质量升级、结构调整以外的改扩建项目），一律不批化工园区内环境基础设施不完善或长期不能稳定运行企业的新改扩建化工项目。

合理构建钢铁行业协调发展新格局，新建钢铁、焦化等高耗能项目要同时配置最先进的污染治理装备，单位产品（产值）能耗和污染物排放强度要达到国际先进水平。厂界排放浓度稳定小于 1 mg/m^3，物料和产品通过清洁方式运输的比例达到90%以上，汽车运输全部达到国六排放标准或使用新能源汽车。打造工艺装备先进、生产效率高、资源利用率高、安全环保水平高的优质钢铁企业，推动沿海钢铁重点示范项目建设。

（2）加大产业布局调整力度

加快形成“一核两带”整体产业布局。积极打造中心城区高端要素和高端服务集聚核，提升城市首位度。融合崇川区、港闸区、南通经济技术开发区、通州区、通州湾示范区“五片区”中心城区发展布局。依托区位条件和空间资源优势，优化布局沿江、沿海发展两大产业带。推动产业高端化集聚转型发展。沿江地区化工行业重点实施压减、转移、改造和提升计划。高起点、高标准规划建设沿海精品钢基地。凡搬迁转移、产能置换进入南通市的钢铁冶炼项目，只允许在沿海地区规划实施。切实推进沿海地区化工产业结构转型升级，大幅淘汰落后化工产能，重点实施先进、高效、绿色化工项目。

规范提升化工园区发展水平。严格执行江苏省化工园区规范发展综合评价指标体系，根据评价结果对园区进行分类整合、改造提升、压减淘汰。

（3）加大淘汰力度

依托已建立的镇、村网格化管理机制，根据国家、江苏省产业结构调整指导目录和《关于印发江苏省化工产业结构调整限制、淘汰和禁止目录（2020 年本）的通知》，深入排查明确的淘汰和禁止类工业装备和产品。对排查发现的落后工艺装备和产品，坚决予以淘汰。各地已明确的退城企业，要明确时间表，逾期不退城的坚决予以停产。

建立镇村产业聚集区淘汰机制。各区清理整治镇村产业聚集区内不符合产业政策尤其是被列入江苏省化工产业结构调整限制类的企业，相关部门建立对镇村产业聚集区的用电用水量、污染排放量综合考评机制。自2021年起，重点对年度考评位于南通市倒数10%的镇村产业聚集区，采取疏解、淘汰、整合、升级改造等措施，实现“腾笼换鸟”提质增效。

全面深化“散乱污”企业排查和整治工作。各区、县（市）完成新一轮拉网式排查“散乱污”企业，并实施台账管理。依法采取关停取缔、升级入驻工业园区等措施，完成对在册“散乱污”企业的分类整治。各乡镇（街道）、村（社区）要加强日常巡查，相关部门要加强用电用水量监控和大气污染热点网格技术应用，严防“散乱污”企业“死灰复燃”。

3. 推进工业领域全行业、全要素达标排放

（1）进一步控制 SO_2、NO_x 和烟（粉）尘排放

全面实施提标改造。构建排污许可“一证式”管理体系，明确对排污单位的原辅材料、生产工艺、污染治理设施、总量控制、错峰生产等要求。实现国家排污许可管理名录规定的行业“全覆盖”。

持续推进工业污染源全面达标排放，全市范围内 SO_2、NO_x、颗粒物、VOCs 全面执行大气污染物特别排放限值。持续推进火电、建材、工业炉窑、燃气轮机等重点行业深度治理，按照江苏省地方标准排放限值要求，做好进一步提标改造的技术和政策储备。加大超标处罚和联合惩戒力度，未达标排放的企业一律依法停产整治。全面完成燃气机组深度脱氮。

新建钢铁企业在规划建设时应同时配置最先进的生产工艺，从源头控制污染物的产生，减少污染物的初始排放量，做到源头控制、过程减排、循环利用与末端治理相结合。烧结烟气在基准氧含量16%的条件下，颗粒物、SO_2、NO_x 排放浓度分别不高于 10 mg/m^3、35 mg/m^3、50 mg/m^3，其他主要生产工序分别不高于 10 mg/m^3、50 mg/m^3、150 mg/m^3，对小时均值浓度出现超标的烧结机（球团）实施停产 24 h 惩罚措施。

深入推进工业锅炉治理。全面完成燃气锅炉低氮改造，改造后 NO_x 排放浓度不高于 50 mg/m^3，并符合相应的锅炉安全技术要求。建立并动态更新生物质

锅炉清单，积极推进生物质锅炉实施超低排放改造，对工业聚集区内存在多台分散生物质锅炉的，实施拆小并大。2021 年年底前，南通市建成区内生物质锅炉、燃气锅炉全部达到超低排放限值要求。

开展工业炉窑治理专项行动，坚持“突出重点、分类施策”推动炉窑深度治理。对以煤、石油焦、渣油、重油等为燃料的工业炉窑，加快使用清洁低碳能源以及利用工厂余热、电厂热力等进行替代。禁止掺烧高硫石油焦（硫含量大于 3%）。淘汰炉膛直径 3 m 以下燃料类煤气发生炉；集中使用煤气发生炉的工业园区，暂不具备改用天然气条件的，原则上应建设统一的清洁煤制气中心。对粉磨站水泥磨主收尘器废气烟囱加装在线监测装置，水泥粉磨站粉磨包装车间呼尘限值达到 1.5 mg/m^3。

实施工业企业颗粒物无组织排放深度治理。对物料（含废渣）运输、装卸、储存、转移和工艺过程等无组织排放环节，燃煤发电、垃圾焚烧发电、建材、有色、铸造、船舶运输、港口码头等行业完成颗粒物无组织排放深度治理，内部运输皮带、廊道的密闭，上料、下料、破碎、筛分、喂料、混料口等产尘点采取喷淋措施或加装收尘设施，清洁运输比例不低于 80%。完成堆场、料厂储存环节密闭化改造，并配备喷淋或雾炮设施。严格实施《江苏省港口粉尘综合治理专项行动实施方案》，主要港口的大型煤炭、矿石码头堆场建设防风抑尘设施或实现封闭储存。取缔无证无照和达不到环保要求的干散货码头，进一步加强混凝土搅拌站整治。从事易起尘货种装卸的港口、码头以及重点工业企业颗粒物在线监测覆盖率达到 100%，监测数据与生态环境部门联网。

（2）强化 VOCs 污染专项治理

推进清洁原料替代。禁止生产、销售和使用不符合国家及地方 VOCs 含量限值标准的涂料、油墨、胶粘剂和清洗剂。家具制造、工程机械制造、汽车制造行业全面推广粉末、水性、高固体分、辐射固化等低 VOCs 含量的涂料，船舶制造企业机舱内部及上建内部完成低 VOCs 含量涂料替代，VOCs 含量限值应符合《低挥发性有机化合物含量涂料产品技术要求》（GB/T 38597—2020）。广泛征集、实施低 VOCs 含量涂料替代示范项目，树立标杆企业，建立技术交流平台。将全面使用符合国家要求的低 VOCs 含量原辅材料企业纳入正面清单和政府绿色采购清单，排放浓度稳定达标且排放速率、排放绩效等满足相关规定的企业，相应生产工序可不要求建设末端治理设施。

加强无组织排放控制。全面落实《挥发性有机物无组织排放控制标准》（GB 37822—2019）要求，以 VOCs 物料储存、VOCs 物料转移与储存、设备与管线组件 VOCs 泄漏、敞开液面 VOCs 逸散以及工艺过程五大环节为重点，严格无组织排放监管。按照“应收尽收、分质收集”的原则，提高废气收集率，优先采用密闭集气罩收集方式。完成重点监管企业 LDAR 项目实施效果评估。加大含 VOCs 物料储存和装卸治理力度，实施化工行业储罐升级改造与综合治理。企业应当制定无组织排放控制规程，细化到具体工序和生产环节。除大型工件外，禁止敞开式喷涂、晾（风）干作业，船舶制造行业室内涂装比例不低于 60%；禁止化工行业使用敞口式、明流式装备。加强非正常工况排放控制，建立化工企业开、停工备案制度，规范化工装置开、停工及维检修流程。

强化末端治理设施升级改造与运行维护。对 NMHC 初始排放速率高于 2 kg/h（含）的企业，淘汰单一活性炭吸附、等离子、光催化、喷淋、光氧化技术，鼓励企业采用燃烧法及多种技术的组合工艺，提高 VOCs 治理水平，不得稀释排放。加强治理设施运行维护管理，企业按要求记录治理设施运行维护台账。采用活性炭吸附技术的应配备脱附工艺，或安装压差计、在线监测设备等对活性炭吸附效率进行实时监控。

深入精细化管理。根据排放与治理情况逐年更新 VOCs 重点监管企业名录，逐步扩大“一企一策”实施范围。列入重点监管企业名录的企业，应自查 VOCs 排放情况，编制“一企一策”方案。地方组织专家开展企业综合整治效果的核实评估、委托第三方抽取一定比例 VOCs 重点监管企业进行核查，确保治理见成效。全面完成重点监管企业“一企一策”方案实施与核查评估。对未按时完成治理任务或治理效果未通过评估的企业，将其列入重污染天气应急管控企业名单。以企业使用原辅料的成分、排放监测数据等为依据，针对芳香烃、烯烃、醛酮类等优控活性物种，摸排辖区内涉活性物种的企业和生产工序，建立涉 VOCs 活性物种的管控企业清单，加大治理与监管力度。

（3）强化工业园区环境治理

加强工业园区能源替代利用与资源共享。积极推广集中供气供热或建设清洁低碳能源中心等，替代工业炉窑燃料用煤；充分利用园区内工厂余热、焦炉煤气等清洁低碳能源，加强分质与梯级利用，提高能源利用效率，促进形成清洁低碳高效产业链。集中使用煤气发生炉的工业园区，暂不具备改用天然气条件的，原则上应建设统一的清洁煤制气中心。

加强环境基础设施建设。大幅提升污染物收集、污染物处置和生态环境监测监控能力，定期开展环境绩效评价。推进园区循环化改造。南通市省级以上开发区和所有化工园区实施循环化改造。以家具、化工、电子、机械加工、纺织印染、制药、橡胶塑料制品、汽修等行业为重点，开展企业集群排查，制定整改方案，对不符合产业政策、整改达标无望的企业依法关停取缔。

加快推进有机废气集中治理设施建设。针对家具、汽车维修等喷涂工艺类似的产业集中区，推进涉 VOCs“绿岛”项目，加快建设共享喷涂中心、活性炭集中处理中心、溶剂回收中心，实现同类污染物集中处理。到 2025 年，对活性炭使用集中的地区，建设 1～2 个区域活性炭再生基地，对有机溶剂使用集中且种类单一的地区，推进建设有机溶剂集中回收处置中心。

严格化工园区管理。依法依规逐步退出化工生产企业，通过严格考核、限期整改、区域限批、行政约谈、挂牌督办、园区退出等措施，倒逼园区高标准完善园区基础设施，按上下游产业链规划布局化工生产企业，加大园区整治提升力度。对保留的化工企业实行最严格的环保标准、安全标准、技术标准、监管标准，坚决关停不符合标准、无法整改到位的化工生产企业，彻底淘汰安全系数低、污染问题严重的小化工生产企业。南通市园区环保基础设施和企业大气污染物排放全面达标，园区边界监控点大气污染物浓度达标。

化工园区建立统一的“一园一档环境信息管理平台”，涵盖园区基本情况、企业基础档案、特征污染物名录库、环保专项业务管理、环境监控预警、LDAR 管理系统、园区污染溯源分析、园区风险与应急指挥以及园区环境视频监控等。平台应支持数据动态更新，具备数据展示与查询、统计与分析及远程控制，与省级“一园一档”环境信息管理平台联网。

4. 加强交通行业大气污染防治

（1）优化调整交通运输结构

加快国三及以下排放标准柴油车淘汰。采取经济补偿、限制使用、严格超标排放监管等方式，大力推进国三及以下排放标准营运柴油货车提前淘汰更新，加快淘汰采用稀薄燃烧技术和“油改气”的老旧燃气车辆。

推动车辆结构升级。研究制定以推进柴油车电动化为重点的新能源车推广专项实施方案。南通市公交车全部改用新能源或清洁能源汽车；新增和更新的公交、环卫、邮政、出租、通勤、轻型物流配送车辆基本使用新能源或清洁能源汽车，港口、铁路货场及城市建成区内的其他企业新增或更换作业车辆应基本使用新能源或清洁能源。邮政、城市快递、轻型环卫车辆（4.5 t 以下）、轻型物流配送车辆（4.5 t 以下）基本为电动车；推进公交、环卫、物流等公共服务领域充电设施建设和城市公用充电设施建设，在物流园、产业园、工业园、大型商业购物中心、农贸批发市场等物流集散地建设集中式充电桩和快速充电桩。

优化调整货物运输方式。提高沿海港口集装箱铁路、水路集疏港比例，在沿海主要港口的煤炭集港改水路运输的基础上，加快其他货物运输结构调整。统筹发展内河港至沿海港的海河直达运输，推进集装箱运输“水水中转”。沿海主要港口的矿石、焦炭等大宗货物原则上主要由铁路或水路运输，铁路货物发送量比 2017 年增长 15 万 t。加快发展江海联运和江海直达运输，基本形成集装箱、大宗散货江海河联运协调发展格局。

（2）加强高排放车辆监督执法

严格高排放车辆联合执法。完善公安交管、生态环境、交通运输、质监、住房和城乡建设等部门联合执法的常态化工作机制，开展在用车超标排放联合执法。按照生态环境部门检测、公安交通管理部门检测、交通运输部门监督维修的联合监管机制，每年在市区重点道路、物流园、工业园、货物集散地、公交站场等车辆停放集中的重点场所，以及物流货运、工矿企业、长途客运、维修等重点单位，按“双随机”模式开展定期和不定期监督抽测，完成 100 万辆次以上的重型柴油车检查。强化机动车遥感监测，筛选疑似超标车辆，责令强制检验，检验不合格的依法处置，并优先列入淘汰名单。建立机动车超标排放信息数据库，加大超标车监管力度。

在限行区域内设立卡口或依托超限超载检查站开展机动车尾气检测，不合格者由交警部门当场暂扣车辆行驶证，车主在 7 d 内进行维修整改，凭复检合格证明换回行驶证。在用柴油车监督抽测排放合格率达到 95%以上，排气管口冒黑烟现象基本消除。

具备条件的重型柴油车安装远程在线监控，并与生态环境部门联网。推进老旧柴油车深度治理，具备条件的安装污染控制装置、配备实时排放监控终端，并与生态环境等部门联网。

深化公路货运车辆超限超载治理。强化高速公路出入口管控，全面实施高速公路入口称重检测。配合实施货运车辆违法超限超载“黑名单”管理制度和严重违法失信联合惩戒制度。高速公路货运车辆平均违法超限超载率不超过0.5%。

（3）开展船舶和港口大气污染防治

推进港口码头和船舶的供受电建设。2019年1月1日及以后建造的中国籍公务船、内河船舶（液货船除外）和江海直达船舶应具备船舶岸电系统船载装置，2020年1月1日及以后建造的中国籍国内沿海航行集装箱船、邮轮、客滚船，3 000总吨及以上的客船和5万t级及以上的干散货船应具备船舶岸电系统船载装置，自2022年1月1日起，使用的单台船用柴油发动机输出功率超过130 kW且不满足《国际防止船舶造成污染公约》第二阶段NO_x排放限值要求的中国籍公务船、内河船舶（液货船除外），以及中国籍国内沿海航行集装箱船、客滚船、3 000总吨及以上的客船和5万t级及以上的干散货船，应加装船舶岸电系统船载装置，在用船舶逐步开展受电系统改造。新建码头同步规划、设计、建设岸电设施。沿海港口新增、更换拖船优先使用清洁能源。

进一步推广船舶使用LNG等清洁能源，加快推进长江干线等高等级航道加气、充（换）电设施的规划和建设。2020年船舶使用能源中LNG占比在2015年基础上增长200%。在南通市内河通航水域推进船舶排放控制区的建设，强化内河船舶使用国家规定标准普通柴油的监督检查，船舶在排放控制区内所有内河港口靠岸停泊期间应使用硫含量不大于0.5%的燃油或等效的替代措施，海船进入排放控制区，应使用硫含量不大于0.5%的船用燃油，大型内河船和江海直达船舶应使用符合新修订的船用燃料油国家标准要求的燃油；其他内河船应使用符合国家标准的柴油。海船进入内河控制区，应使用硫含量不大于0.1%的船用燃油。

加大船舶更新升级改造和污染防治力度，全面实施新生产船舶发动机第一阶段排放标准。对不符合船舶污染物排放新标准要求的船舶，完成有关设施、设备的配备或改造，经改造仍不能达到要求的，限期予以淘汰；从2021年起，投入使用的新建船舶执行船舶污染物排放新标准，严禁新建不达标船舶，禁止不达标船舶进入运输市场。推广使用电、天然气等新能源或清洁能源船舶。

（4）加强油品供应和质量保障

全面供应符合国六排放标准的车用汽柴油，停止销售低于国六排放标准的汽柴油，实现车用柴油、普通柴油、部分船舶用油“三油并轨”。内河和江海直达船舶必须使用硫含量不大于 10 mg/kg 的柴油。推进船舶油气动力改造工作，鼓励内河船舶使用液化天然气等清洁燃料。

制定高品质燃油供应保障方案，加强油品供应保障。定期开展油品质量监督检查活动，禁止生产、进口、销售和使用不符合国家和江苏省相关标准的机动车船和非道路移动机械用燃料。加大对不符合《车用柴油》（GB 19147—2016）的油品以及无证无照经营行为的打击力度，强化对加油站（点）、储油库、炼油企业、机动车和非道路移动机械、船舶等的监管。每年对加油站（点）的抽查比例达到 20%，储油库抽查全覆盖；开展柴油货车油箱、尿素箱抽取样品监督检查，从柴油货车油箱和尿素箱抽取检测柴油样品和车用尿素样品分别不少于 100 个；对高速公路、国道和省道沿线加油站（点）销售车用尿素情况的抽查比例达到 20%；开展船舶燃油质量抽检 200 艘次，督促到港船舶使用符合长三角船舶排放控制区要求燃油。全面取缔黑加油站（点）（含加油车船），以超标重型柴油车、群众举报、企业自备油罐为突破口，以城乡接合部、高速公路、国省道等重型柴油车集中通行路线为重点，开展打击取缔黑加油站（点）专项行动，对发现的黑加油站（点），要逐站核查、挂牌督办、逐站销号。

采用更严格的汽油蒸汽压控制要求，全面降低企业蒸发排放，参考北京市车用汽油地方标准，6—9 月对车用汽油实施 42～62 kPa 的夏季蒸汽压要求。

开展原油和成品油码头、船舶油气回收治理，新建的原油、汽油、石油等装船作业码头全部安装油气回收设施，新造油船逐步具备码头油气回收条件，自 2020 年 1 月 1 日起建造的 150 总吨以上油船应具备码头油气回收条件。

（5）加强非道路移动机械污染防治

严格执行《关于划定南通市建筑工地禁止高排放非道路移动机械使用区域的通知》及《市政府关于划定市区禁止使用高排放非道路移动机械区域的通告》，加大执法检查力度，督促相关单位有效落实相关要求。严格执行长三角水域船舶排放控制区管理政策。结合本地实际，适时增加禁用机械种类，扩大禁用区域范围，提高管控要求。

严厉打击新生产销售不达标非道路移动机械的违法行为。按照江苏省统一部署，采用信息公开核查、污染控制装置、抽车检测 3 种方式之一，对生产、销售的检查比例达到 80%以上。

持续推进非道路移动机械摸底调查和备案工作，并联合有资质的第三方检测机构，对辖区内在用非道路机械提高尾气排放抽检频次，加强部门非道路移动机械联合执法监管，实施精准管控。推进排放不达标工程机械的清洁化改造，鼓励淘汰老旧工程机械；鼓励淘汰老旧农业机械，推进排放不达标的农业机械改造和淘汰；推进排放不达标港作机械的清洁化改造和淘汰；鼓励优先使用新能源或清洁能源非道路移动机械，港口、铁路货场、物流园新增和更换的作业机械主要采用清洁能源或新能源。

制定南通市非道路移动机械排气污染防治相关管理条例，生态环境主管部门可以会同市规划和自然资源、住房和城乡建设、城乡管理、交通运输、水务、农业农村、市场监督管理、园林等部门，在非道路移动机械集中停放地、维修地、使用地等对非道路移动机械的大气污染物排放状况进行监督检查，排放不合格的，不得继续使用。

市场监督管理部门应负责和加强对影响非道路移动机械排放大气污染物的燃料、NO_x还原剂和车用油品清净剂等有关产品的质量进行监督检查。

5. 严格控制扬尘污染

（1）严格区域降尘考核

开展降尘量监测，实施降尘考核。不断提升降尘考核目标，2024 年年底前，不得高于 4 t/（月 · km^2）。市生态环境局每月公布区、县降尘量监测结果，并纳入污染防治攻坚战成效考核。对不达标的地区，从严控制夜间施工审批许可数量。

（2）强化施工扬尘管控

全面推进绿色施工。定期动态更新施工工地管理清单，严格落实工地周边围挡、物料堆放覆盖、土方开挖湿法作业、路面硬化、出入车辆清洗、渣土车辆密闭运输“六个百分之百”和包干净、包秩序、包美化“门前三包”的扬尘防治要求。重点施工工地实现洒水或喷淋设施全覆盖。鼓励工地聘用第三方专业公司进行施工扬尘治理。施工现场作业区应按施工体量配备移动雾炮机、洒水车等进行常态化、不间断喷雾洒水降尘，在拆除、土方开挖、石材切割、清扫等作业时，应大幅增加雾炮、洒水作业。施工现场出入口内侧必须配备自动化冲洗装置，同时配备不少于 2 把高压消防水枪，安排专职冲洗人员负责对物料、渣土运输车辆的车轮、车身等进行二次冲洗，凡车厢密闭不严、冲洗不净的运输车辆，一律不得驶离施工现场。

严格落实渣土运输车辆密闭运输。不符合要求的责令限期整改；逾期未整改的，依法予以罚款，情节严重的，依法吊销建筑垃圾处置（运输）许可证。针对港闸区等重点区域，开展渣土车夜间运输集中整治，严厉查处非法运输、抛撒滴漏、带泥上路、冒黑烟等违法行为。制定新型渣土车市场准入标准，全面完成新型渣土车更新换代，严格排放标准，完善密闭措施及智能管理系统，实现车辆运输全过程监控。

扩大扬尘在线监测系统覆盖面。占地面积 2 500 m^2 以上的各类建筑施工工地以及混凝土搅拌站、砂石料厂、建筑垃圾渣土消纳场等，安装视频监控设备、颗粒物在线监测系统，并与住房和城乡建设、生态环境、城管执法、水利交通等相关部门联网。

加强扬尘违法行为处理。各级城管执法部门加强现场执法检查，对视频监控、在线监测发现的违法行为要在 24 h 内现场核验，依法处罚。凡检查不合格、“六个百分百”不落实的工地，一律停工整改。对屡改屡犯的企业和项目，要采取停工整改、约谈告诫、经济处罚、信用扣分、媒体曝光、一票否决等措施，加大处罚力度。

（3）提高道路保洁水平

改进道路保洁监管方式。制定更高的道路清扫保洁质量与作业标准。加大清扫保洁资金投入，落实环卫劳动定额和预算定额，建立区、乡镇（街道）、村（社区）三级道路清扫保洁体系。推行“以克论净”考核办法，城市主次干道、绕城公路、机场高速等道路积尘、积泥、杂物量应低于 3 g/m^2，重点管控区域道路积尘、积泥、杂物量应低于 1 g/m^2。开展南通市道路洁净度检测评定，运用车载光散射、走航监测车等新技术，检测评定主要道路扬尘状况并反馈至各区。各区政府明确道路清扫责任主体，建立相应的通报、整改、提升等工作机制并定期调度，组织道路扬尘排名落后的责任主体及时整改。

更新机械化清扫设备，提高机械化作业水平。增加城乡接合部、背街小巷、各区县连接区域等易污染路段保洁频次，鼓励使用雾炮降尘等先进手段，确保路面无积尘。到 2020 年年底前，建成区道路机械化清扫率达到 90%以上，县城达到 80%以上。严格渣土运输车辆规范化管理，渣土运输车需密闭，不符合要求的一经查处依法取消其承运资质。严格执行冲洗、限速等规定，严禁渣土运输车辆带泥上路。

（4）强化裸地治理

使用卫星遥感等手段每年开展一次南通市裸露地面排查工作，对新排查发现的裸地因地制宜全面治理，严格落实覆盖、绿化、硬化等治理措施。建立定期巡查机制，持续排查扬尘隐患并对治理措施进行增补，防止污染反弹。

每年秋冬季前开展裸土覆盖专项整治，全面开展裸露地面防尘覆盖和绿化覆盖综合整治，重点对土方作业区、长期闲置土地、临时渣土堆场、河道河床及主次干道两侧裸土进行整治覆盖。每月至少开展 2 次巡查，对发现的问题，立即责令整改，对存在的违法行为严肃查处。

6. 加强服务业和生活污染防治

（1）进一步加强汽修行业污染整治

汽修行业涂料 VOCs 含量限值应满足《低挥发性有机化合物含量涂料产品技术要求》（GB/T 38597—2020）中对汽车修补涂料的要求，调漆工序应在专门的调漆室内操作，喷漆、流平和烘干工序应在喷烤漆房内操作，使用溶剂型涂料的喷枪应密闭清洗。无组织排放废气收集处理系统应符合《挥发性有机物无组织排放控制标准》（GB 37822—2019）的规定。依法取缔未经审批从事喷涂作业的汽车维修企业和露天喷涂、烘干作业。城市核心区汽修企业退出钣金、喷漆工艺，一类、二类、三类汽修企业全面完成污染治理。南通市每年对汽修企业执法检查不低于 2 000 家（次），定期对各区的执法检查率、违法查处率进行排名、通报。

（2）推进建筑领域 VOCs 污染防治

严格执行国家建筑涂料、胶粘剂、清洗剂产品标准，逐步实现建筑领域低 VOCs 含量产品替代。建筑用墙面涂料、道路标志线涂料执行《低挥发性有机化合物含量涂料产品技术要求》（GB/T 38597—2020）中 VOCs 限量要求，建筑内外墙装饰禁止使用溶剂型涂料。地坪涂料、防水涂料逐步推广使用低 VOCs 含量涂料产品。探索实施建筑领域涂料 VOCs 含量等级标签制度。

（3）加强餐饮油烟排放控制

各设区市对辖区内餐饮企业进行全面摸底排查，分类列出管理台账，掌握污染防治设施安装、运行情况。按照“整合一批、提升一批、淘汰一批”的原则，开展综合治理工作。“无证无照”等违法餐饮企业清理一批，守法经营提升一批，问题突出餐饮企业整治一批，对超标排放拒不改正的，依法采取责令停业整治等措施。禁止露天烧烤，建成区内排放油烟的餐饮企业和单位食堂全部安装高效油烟净化设施，实现达标排放，营业面积在 500 m^2 以上、就餐座位 250 座

（含）以上产生油烟的餐饮经营单位餐饮企业应当安装油烟净化设施及油烟在线监控设施，并与当地生态环境部门联网。研究制定高效油烟净化设备推广使用鼓励政策，推行政府购买服务方式，餐饮油烟在线监测，建立油烟管控长效机制。

7. 推进农业污染防治

（1）加强秸秆综合利用

坚持堵疏结合，全面加强秸秆综合利用，加大政策支持力度，完善秸秆收储体系，加快推进秸秆综合利用产业化。建立网格化监管制度，持续开展秸秆禁烧，在夏收和秋收阶段开展秸秆禁烧专项巡查。严防因秸秆露天焚烧造成区域性重污染天气。

（2）控制农业源氨排放

减少化肥使用量，增加有机肥使用量，继续推广测土配方施肥。推进非有机溶剂型农药等产品创新，积极开发缓释肥料等新品种，减少生产和使用过程中VOCs和氨的排放。

科学调整畜禽养殖区域与规模，强化畜禽粪便处理利用。发展畜禽粪便处理中心、发酵床生态养殖、规模养殖沼气工程，减少气态氨排放。改善养殖场通风环境，增加禽舍内的粪、尿清理频次；在饲料中添加适量的粗纤维和小麦。开展大气氨排放控制试点。

8. 加强重污染天气应对

（1）开展秋冬季攻坚行动

制定并实施南通市秋冬季大气污染治理攻坚行动方案，聚焦重点领域、重点问题，以减少重度中度污染天气为着力点，明确错峰生产、扬尘管控和错峰运输等重点措施，企业、工地等制定具体落实措施。分解落实攻坚目标，将任务要求细化分解到各区县、各部门，明确时间表和责任人，主要任务纳入地方党委和政府督查督办重要内容。

加大秋冬季工业企业生产调控力度，完善化工、建材、铸造等高排放行业企业错峰生产方案，实施差别化管理，并将错峰生产方案细化到企业生产线、工序和设备，载入排污许可证；凡未按期完成治理改造任务的，一并纳入错峰生产方案，实施停产；凡未列入管理清单的工业炉窑、生物质锅炉一律纳入秋冬季错峰生产方案；没有完成年度目标的地区，要加大错峰生产力度；属于国家《产业结构调整指导目录》限制类的相关行业企业，提高错峰限产比例或实施停产。实施异地交叉执法、驻地督办。严格新建钢铁企业重污染应急管控措施。

开展钢铁、建材、有色、化工、矿山等涉及大宗原材料及产品运输的重点用车企业筛查。针对重点行业大宗物料运输的重点用车企业以及港口码头，制定错峰运输方案，纳入重污染天气应急预案中，在橙色及以上重污染天气预警期间和重点时段，原则上不允许重型载货车进出厂区（保证安全生产运行、运输民生保障物资或特殊需求产品，以及为外贸货物、进出境旅客提供港口集疏运服务的达到国五及以上排放标准的车辆除外）。

（2）开展夏秋季 VOCs 强化管控

开展重点行业专项执法检查。4—9 月臭氧污染高发期间，以化工、涂装、电子、纺织印染等 VOCs 排放重点行业，引导企业开展生产工艺和治理设施升级改造，加强 VOCs 专项检查和监督性抽测，对采取单一活性炭吸附、喷淋、光催化、吸收、光氧化等治理措施的企业，以及未完成“一企一策”治理的重点监管企业进行重点抽查，依法依规查处违法排污企业，对治理效果不达标、造假等第三方治理单位禁止其在江苏省内开展相关业务。

强化油品储运销管控。4—9 月臭氧污染高发期间，组织开展一轮储油库、汽油油罐车、加油站油漆回收专项检查和整改工作，对储油库油气密闭收集系统进行一次检测，任何泄漏点排放的油气体积分数浓度不应超过 0.05%。确保储油库和年销售汽油量大于 5 000 t 的加油站已完成油气回收自动监控设备安装，并与生态环境部门联网。对联网数据建立定期审查制度，发现数据异常的，应责令限期排查原因并整改。

加强溶剂使用过程监管。引导南通市建筑装饰作业（大中型装修工程、外立面改造工程、道路划线作业、道路沥青铺设作业）合理安排施工时间，臭氧污染时段（4—9 月）10—18 时限制涉 VOCs 高排放作业（应急施工工程除外）。以夏秋季为重点，定期开展涂料、油墨、清洗剂及胶粘剂产品 VOCs 含量联合执法，严查含 VOCs 原辅料生产、销售与使用过程中违法违规行为。

（3）有效应对重污染天气

加强环境空气质量预测预报能力建设。开展环境空气质量中长期趋势预测工作。修订重污染天气应急预案，调整预警分级标准，细化限产限排等应急管控清单，强化区域应急联动。实行“省级预警、市县响应”机制，依据省、市统一预警信息，各地、各部门按级别启动应急响应措施，实施应急联动。建立大气环境质量异常情况预警管控机制，进一步提升精准治气水平。

夯实应急减排清单。黄色、橙色、红色级别减排比例原则上分别不低于30%、40%、50%。将应急减排措施落实到企业各工艺环节，量化细化应急减排比例，实施“一厂一策”清单化管理。细化具体措施、明确责任人，确保应急措施可操作、能落地、可考核；全面排查、建立台账，按照不低于减排比例要求的原则，建立属地停限产等应急减排措施清单，并动态更新。

实施差异化应急管理。严格落实《江苏省秋冬季错峰生产及重污染天气应急管控停限产豁免管理办法（试行）》《关于提前落实秋冬季大气污染综合治理攻坚行动便民服务措施的通知》的要求，科学精准实施差别化管控措施，充分调动企业治污积极性。对于污染排放水平明显高于同行业其他企业或者涉及重大民生保障的企业，在确保符合环境管理要求和达标排放的前提下，在实施秋冬季错峰生产计划时，免予执行停产、限产，或者在重污染天气应急管控过程中，原定预警响应级别要求停产的，免予执行停产，按照最低限产比例执行限产。涉及供暖、协同处置城市垃圾或危险废物等保民生任务的，应保障基本民生需求。

实施精准管控，在重点错峰生产管控企业安装污染防治设施配用电监测与管理系统；重点企业和单位在车辆出入口安装视频监控系统，并保留监控记录3个月以上，秋冬季期间每日登记所有柴油货车进出情况，并保留至次年4月底。

参 考 文 献

[1] 张涵，姜华，高健，等. $PM_{2.5}$与臭氧污染形成机制及协同防控思路[J]. 环境科学研究，2022，35（3）：611-620.

[2] 严刚，薛文博，雷宇，等. 我国臭氧污染形势分析及防控对策建议[J]. 环境保护，2020，48（15）：15-19.

[3] 张恺，骆春会，陈旭锋，等. 中国不同尺度大气污染物排放清单编制工作综述[J]. 中国环境监测，2019，35（3）：59-68.

[4] Streets D G，Bond T C，Carmichael G R，et al. An inventory of gaseous and primary aerosol emissions in Asia in the year 2000 [J]. Journal of Geophysical Research，2003，108（D21）：8809.

[5] Zhang Q，Streets D G，Carmichael G R，et al. Asian emissions in 2006 for the NASA INTEX-B mission [J]. Atmospheric Chemistry and Physics，2009，9：5131-5153.

[6] Ohara T，Akimoto H，Kurokawa J，et al. An Asian emission inventory of anthropogenic emission sources for the period 1980-2020 [J]. Atmospheric Chemistry and Physics，2007，7：4419-4444.

[7] Kurokawa J，Ohara T，Morikawa T，et al. Emissions of air pollutants and greenhouse gases over Asian regions during 2000-2008：Regional Emission inventory in Asia（REAS）version 2 [J]. Atmospheric Chemistry and Physics，2013，13：11019-11058.

[8] Lei Y，Zhang Q，Nielsen C P，et al. An inventory of primary air pollutants and CO_2 emissions from cement industry in China，1990-2020 [J]. Atmospheric Environment，2011，45：147-154.

[9] Liu F，Zhang Q，Tong D，et al. High-resolution inventory of technologies，activities，and emissions of coal-fired power plants in China from 1990 to 2010 [J]. Atmospheric Chemistry and Physics，2015，15：13299-13317.

[10] Zheng J，Zhang L，Che W，et al. A highly resolved temporal and spatial air pollutant emission inventory for the Pearl River Delta region，China and its uncertainty assessment [J]. Atmospheric Environment，2009，43：5112-5122.

[11] Wang L T，Jang C，Zhang Y，et al. Assessment of air quality benefits from national air pollution control policies in China. Part Ⅱ：Evaluation of air quality predictions and air quality benefits assessment [J]. Atmospheric Environment，2010，44：3449-3457.

[12] Huang C，Chen C H，Li L，et al. Emission inventory of anthropogenic air pollutants and VOC species in the Yangtze River Delta region，China [J]. Atmospheric Chemistry and Physics，2011，11：4105-4120.

[13] 杨柳林，曾武涛，张永波，等. 珠江三角洲大气排放源清单与时空分配模型建立[J]. 中国环境科学，2015，35（12）：3521-3534.

[14] Chen X J，Liu Q Z，Sheng T，et al. A high temporal-spatial emission inventory and updated emission factors for coal-fired power plants in Shanghai，China [J]. Science of the Total Environment，2019，688：94-102.

[15] 黄成，刘娟，陈长虹，等. 基于实时交通信息的道路机动车动态排放清单模拟研究[J]. 环境科学，2012，33（11）：3725-3732.

[16] 王霞，曹亚丽，徐文文. 2019 年江苏省内河船舶（不含长江）大气污染物排放清单[J]. 环境科学学报，2023，43（4）：142-152.

[17] 曹惠玲，苗佳禾，苗凌云，等. 基于实际飞行数据的首都机场飞机发动机日排放清单估算方法研究[J]. 环境科学学报，2019，39（8）：2699-2707.

[18] 胡雪，王鑫，刘启贞，等. 典型大气污染源动态排放清单编制方法及应用研究[J]. 中国环境监测，2020，5（36）：54-62.

[19] 王臻. 上海市霾污染过程大气中 VOCs 变化特征研究[D]. 上海：上海交通大学，2015.

[20] 唐孝炎，张远航，邵敏. 大气环境化学[M]. 北京：高等教育出版社，2006.

[21] 李先国，范莹，冯丽娟. 化学质量平衡受体模型及其在大气颗粒物源解析中的应用[J]. 中国海洋大学学报，2006，3：225-228.

[22] 戴树桂，朱坦，白志鹏. 受体模型在大气颗粒物源解析中的应用和进展[J]. 中国环境科学，1995，15（4）：252-257.

[23] 杨凌霄. 济南市大气 $PM_{2.5}$ 污染特征、来源解析及其对能见度的影响[D]. 济南：山东大学，2008.

[24] 耿柠波. 郑州市高新区大气颗粒物 $PM_{2.5}$ 中金属元素分析及污染源解析[D]. 郑州：郑州大学，2012.

[25] Miller M S，Friedlander S K，Hidy G M. A chemical element balance for the pasadena aerosol [J]. Journal of Colloid & Interface Science，1972，39（1）：165-176.

[26] Cooper J，John G. Watson J R. Receptor oriented methods of air particulate source apportionment [J]. Air Repair，1980，30（10）：1116-1125.

[27] Paatero P，Tapper U. Positive matrix factorization：A non-negative factor model with optimal utilization of error estimates of data values [J]. Environmetrics，2010，5（2）：111-126.

[28] Pia Anttila，Pentti Paatero，Unto Tapper，et al. Source identification of bulk wet deposition in Finland by positive matrix factorization [J]. Atmospheric Environment，1995，29（14）：1705-1718.

[29] Wanna Chueint，Philip K Hopke，Pentti Paatero. Investigation of sources of atmospheric aerosol at urban and suburban residential areas in Thailand by positive matrix factorization [J]. Atmospheric Environment，2000，34：3319-3329.

[30] Yiu-Chung Chana，David D Cohen，Olga Hawas，et al. Apportionment of sources of fine and coarse particles in four major Australian cities by positive matrix factorization [J]. Atmospheric Environment，2008，42：374-389.

[31] 刘慧丽，何宗健，彭希珑. 受体模型在环境空气中大气颗粒物源解析研究进展[J]. 江西化工，2004（4）：32-34.

[32] Pires J C M，Sousa S I V，Pereira M C，et al. Management of air quality monitoring using principal component and cluster analysis-Part Ⅱ：CO，NO_2 and O_3 [J]. Atmospheric Environment，2008，42（6）：1261-1274.

[33] Atkinson R. Gas-phase tropospheric chemistry of organic compounds：A review [J]. Atmospheric Environment Part A General Topics，1995，24（1）：1-41.

[34] 张振华. $PM_{2.5}$浓度时空变化特性、影响因素及来源解析研究[D]. 杭州：浙江大学，2014.

[35] L-W Antony Chen，John G Watson，Judith C Chow. Chemical mass balance source apportionment for combined $PM_{2.5}$ measurements from U.S. non-urban and urban long-term networks [J]. Atmospheric Environment，2010，44：4908-4918.

[36] A K Gupta，Kakoli Karar，Anjali Srivastava. Chemical mass balance source apportionment of PM_{10} and TSP in residential and industrial sites of an urban region of Kolkata，India [J]. Journal of Hazardous Materials，2007，142：279-287.

[37] C Samara，Th Kouimtzis，R Tsitouridou，et al. Chemical mass balance source apportionment of PM_{10} in an industrial urban area of Northern Greece [J]. Atmospheric Environment，2003，37：41-54.

[38] Eugene Kim，Timothy V Larson，Philip K Hopke，et al. Source identification of $PM_{2.5}$ in and arid Northwest U.S. City by positive matrix factorization [J]. Atmospheric Research，2003，66：291-305.

[39] Bzdusek P A，Christensen E R，Li A，et al. Source apportionment of sediment PAHs in Lake Calumet，Chicago：Application of factor analysis with non-negative constraints [J]. Environ Sci Technol，2004，38：97-103.

[40] Chen A，Watson J G，Chow J C，et al. $PM_{2.5}$ source apportionment：Reconciling receptor models for U.S. non-urban and urban Long-Term networks [J]. Journal of the Air & Waste Management Association，2011，61：1204-1207.

[41] Eddie Lee，Chak K Chan，Pentti Paatero. Application of positive matrix factorization in source apportionment of particulate pollutants in HongKong [J]. Atmospheric Environment，1999（33）：3201-3212.

[42] 肖锐，李冰，杨红霞，等. 北京市大气颗粒物及其铅的来源识别和解析[J]. 环境科学研究，2008，21（6）：148-155.

[43] 陈涛. 成都市中心城区细粒子来源解析研究[D]. 成都：西南交通大学，2009.

[44] 王同桂. 重庆市大气 $PM_{2.5}$污染特征及来源解析[D]. 重庆：重庆大学，

2007.

[45] 李剑东. 长沙市郊区可吸入颗粒物化学组分特性及源解析[D]. 长沙：中南大学，2009.

[46] Scheff P A，Wadden R A. Receptor modeling of volatile organic compounds. Ⅰ：Emission inventory and validation [J]. Environmental Science & Technology，1993，27（4）：617-625.

[47] Fujita E M，Watson J G，Chow J C，et al. Validation of the chemical mass balance receptor model applied to hydrocarbon source apportionment in the southern California air quality study [J]. Environmental Science & Technology，1994，28（9）：1633-1649.

[48] Watson J G，Chow J C，Fujita E M. Review of volatile organic compound source apportionment by chemical mass balance [J]. Atmospheric Environment，2001，35（9）：1567-1584.

[49] Vega E，Mugica V，Carmona R，et al. Hydrocarbon source apportionment in Mexio City using the chemical mass balance receptor model [J]. Atmospheric Environment，2000（34）：4121-4129.

[50] Na K，Kin Y P. Chemical mass balance receptor model applied to ambient C_2-C_9 VOCs concentration in Seoul Korea：Effect of chemical reaction losses [J]. Atmospheric Environment，2007，41：6715-6728.

[51] Brown S G，Frankel A，Hafner H R. Source apportionment of VOCs in the Los Angeles area using positive matrix factorization [J]. Atmospheric Environment，2007，41（2）：227-237.

[52] 王宇亮，张玉洁，刘俊锋，等. 2009 年北京市苯系物污染水平和变化特征[J]. 环境化学，2011，30（2）：412-417.

[53] 蔡长杰，耿福海，俞琼，等. 上海中心城区夏季挥发性有机物（VOCs）的源解析[J]. 环境科学学报，2010，30（5）：926-934.

[54] Li J，Wu R，Li Y，et al. Effects of rigorous emission controls on reducing ambient volatile organic compounds in Beijing，China [J]. Science of the Total Environment，2016，557-558：531-541.

[55] Wu F K，Yu Y，Sun J，et al. Characteristics. Source apportionment and

reactivity of ambient volatile organic compounds at Dinghu Mountain in Guangdong Province，China [J]. Science of the Total Environment，2016，548-549：347-359.

[56] 雷宇，薛文博，燕丽，等. 面向美丽中国的空气质量改善路线图[M]. 北京：中国环境出版集团，2022.

[57] Wang S，Zhao M，Xing J，et al. Quantifying the air pollutants emission reduction during the 2008 Olympic Games in Beijing [J]. Environmental Science & Technology，2010，44：2490-2496.

[58] Liu H，Wang X M，Pang J M，et al. Feasibility and difficulties of China's new air quality standard compliance：PRD case of $PM_{2.5}$ and ozone from 2010 to 2025 [J]. Atmospheric Chemistry and Physics，2013，13：12013-12027.

[59] Chen J，Su J P，Cui T，et al. Dominant role of emission reduction in $PM_{2.5}$ air quality improvement in Beijing during 2013-2017：A model-based decomposition analysis [J]. Atmospheric Chemistry and Physics，2019，19：6125-6146.

[60] Tong D，Geng G N，Jiang K J，et al. Energy and emission pathways towards $PM_{2.5}$ air quality attainment in the Beijing-Tianjin-Hebei region by 2030 [J]. Science of the Total Environment，2019，692：361-370.

[61] Yu M F，Zhu Y，Lin C J，et al. Effects of air pollution control measures on air quality improvement in Guangzhou，China [J]. Journal of Environmental Management，2019，244：127-137.

[62] Zhang C L，Wang H，Bai L，et al. Should industrial bagasse-fired boilers be phased out in China? [J]. Journal of Cleaner Production，2020，265：1-9.

[63] Dolwick P D，Jang C N，Possiel B. Summary of Results from a Series of Models-3/CMAQ Simulations of Ozone in the Western United States. Air & Waste Management Association，2001：1-18.

[64] Kang J Y，Yoon S C，Shao Y，et al. Comparison of vertical dust flux by implementing three dust emission schemes in WRF/Chem [J]. Journal of Geophysical Research：Atmospheres，2011，116：1-18.

[65] Sun X W，Cheng S Y，Lang J L，et al. Development of emissions inventory and identification of sources for priority control in the middle reaches of Yangtze River Urban Agglomerations [J]. Science of the Total Environment，2018，625：155-167.

[66] Wang P，Wang T，Ying Q. Regional source apportionment of summertime ozone and its precursors in the megacities of Beijing and Shanghai using a source-oriented chemical transport model [J]. Atmospheric Environment，2020，224：1-10.

[67] 张艳，余琦，伏晴艳，等. 长江三角洲区域输送对上海市空气质量影响的特征分析[J]. 中国环境科学，2010，30（7）：914-923.

[68] 胡晓宇，李云鹏，李金凤，等. 珠江三角洲城市群 PM_{10} 的相互影响研究[J]. 北京大学学报：自然科学版，2011，47（3）：519-524.

[69] 刘宁，王雪松，胡泳涛，等. 珠江三角洲秋季 PM_{10} 污染模拟与形成过程分析[J]. 中国环境科学，2012，32（9）：1537-1545.

[70] Wang T，Jiang F，Deng J，et al. Urban air quality and regional haze weather forecast for Yangtze River Delta region [J]. Atmospheric Environment，2012，58：70-83.

[71] 王自发，李杰，王哲，等. 2013 年 1 月我国中东部强霾污染的数值模拟和防控对策[J]. 中国科学：地球科学，2014，44（1）：3-14.

[72] Li J L，Zhang M G，Tang G Q，et al. Assessment of dicarbonyl contributions to secondary organic aerosols over China using RAMS-CMAQ [J]. Atmospheric Chemistry and Physics，2019，19：6481-6495.

[73] 罗淦，王自发. 全球环境大气输送模式（GEATM）的建立及其验证[J]. 大气科学，2006，30（3）：504-518.

[74] Xing J，Wang S X，Jang C，et al. Nonlinear response of ozone to precursor emission changes in China：A modeling study using response surface methodology [J]. Atmospheric Chemistry and Physics，2011，11（10）：5027-5044.

[75] 龙世程. 多区域大气污染控制响应曲面模型的改进与应用[D]. 广州：华南理工大学，2015.

[76] Krzyscin J W，Jaroslawski J，Rajewska W B. Beginning of the ozone recovery over Europe? Analysis of the total ozone data from the ground-based observations，1964-2004 [J]. Annales Geophysicae European Geophysical Society，2005，23（160）：1685-1695.

[77] Krzyscin J，Krizan P，Jaroslawski J. Long-term changes in the tropospheric column ozone from the ozone soundings over Europe [J]. Atmospheric Environment，

2007，41（3）：606-616.

[78] European Environment Agency. Air quality in Europe：2016 report [R]. Luxembourg：Publications Office of the European Union，2016.

[79] Xin H，Aijun D，Jian G，et al. Enhanced secondary pollution offset reduction of primary emissions ruing COVID-19 lockdown in China [EB/OL]. National Science Review，2020-06-20，https://doi.org/10.1093/nsr/nwaa137.

[80] 吴烨，张少君，王书肖，等. 中国大城市电动车发展的空气质量影响评估：北京和深圳案例分析[R]. 北京：清华大学，2020.

[81] 苗雨，罗纯，刘旭，等. 铅锌冶炼行业工业炉窑大气污染治理研究进展及管控建议[J]. 环境保护前沿，2022，12（4）：906-912.

[82] Wang H Q，Zhou J T，Li X，et al. Review on recent progress in on-line monitoring technology for atmospheric pollution source emissions in China [J]. Journal of Environmental Sciences，2023，123：367-386.

[83] Zhang X G，Fung J C H，Zhang Y M，et al. Assessing $PM_{2.5}$ emissions in 2020：The impacts of integrated emission control policies in China [J]. Environmental Pollution，2020，263：1-10.